U0363552

献给我的父亲母亲

本项研究获得第五届“王保树商法学优秀博士论文奖”项目的资助

ESG投资与信义义务的冲突与协调

刘杰勇 —— 著

The Conflict and Coordination Between ESG Investment and Fiduciary Duty

北京

序

刘杰勇于2023年从北京大学法学院博士毕业,应聘到中央民族大学法学院任教。他的博士论文获得第五届“王保树商法学优秀博士论文奖”,并在王保树商法教育基金的资助下即将出版。他邀请我为其第一本专著写一篇序言,我欣然应允。2019年秋季,杰勇正式入读北大法学院。在攻读博士学位期间,杰勇勤奋刻苦,钻研学术,发表多篇期刊论文。2023年6月,杰勇顺利毕业,获得法学博士学位,并找到一份教职,继续在学术研究的道路上书写精彩人生。作为他的导师,我感到无比欣慰。

隐约记得是在2022年秋季,正值学院博士论文开题之际,杰勇急匆匆地赶到我的办公室,眼中满是焦虑和疲惫,应该是近来没少为开题费心。与他闲谈中,我提到,受托人参与ESG投资时受到信义义务的约束,而信义义务通常要求受托人以受益人的利益为目的管理信托,产生合理收益。但是,受托人参与ESG投资,并非为受益人的利益,也不一定带来合理收益,将与信义义务产生冲突,是个值得研究的问题。杰勇思索片刻后,深以为然,便以“ESG 投资与信义义务的冲突与协调”作为博士论文的选题方向。论文写作过程中,杰勇还曾选修光华管理学院的多门课程,以加深对 ESG 投资的理解。

本书围绕“ESG 投资与信义义务的冲突与协调”展开研究,坚持问题导向,立足中国实际,以问题带动论证,视野宏阔、写作规范、结构合理、论据充分、资料丰富,理论价值和实践价值并重,是关于 ESG 投资与信义义务之间关系研究的优秀作品。值得强调的是,在论证 ESG 表现与企业财务绩效之间的关系时,本书通过采用系统叙述式文献综述的方法,运用 SPSS 等软件进行多元线性回归分析,探索企业 ESG 表现和财务绩效之间的关系及其背后逻辑。跨领域借助其他学科分析工具进行法律问题研究显然不容易,体现出他的用心和用功。诚如书中所言,ESG 投资与信义义务的冲突与协调可分为两部分讨论:其一,ESG 投资与忠实义务的冲突与协调。忠实义务要求受托人以受益人的利益为唯一目的行事。受托人进行 ESG 投资时将第三方利益纳入投资考量,违反忠诚义务的规则要求。如何协调 ESG 投资与忠实义务之间的冲突,使得受托人参与 ESG 投资时符合忠实义务要求,具有重要的研究价值。其二,ESG 投资与注意义务的冲突与协调。注意义务要求受托人建设性使用信托财产,产生合理收益。然而,ESG 表现与财务绩效之间关系不明,受托人参与 ESG 投资不一定带来收益,将可能与注意义务产生冲突。故而,有必要厘清 ESG 表现与企业财务绩效之间的关系,探索受托人参与 ESG 投资是否与注意义务存在冲突,以及如何应对二者之间的冲突。

“金无足赤,人无完人。”书亦如此。本书也存在一些问题和不足,比如,本书主要着眼于英美法系国家相关文献资料的采集和分析,对其他大陆法系国家的相关素材了解较为有限。缺少这类文献资料，难以对 ESG 投资和信义义务之间的关系进行较为全面的论证，从而进一步深入讨论。当然，瑕不掩瑜，本书仍是一本很有价值的学术著作。我相信以刘杰勇博士的天赋和能力，日后一定能够写出更为宏伟而精微的作品，也衷心希望他能够在学术之路上保持初心、不断前行，争取为祖国和人民的繁荣富强做出更多的贡献。

楼建波

北京大学陈明楼

2024 年 7 月 1 日

前　言

党的二十大报告指出，“推动绿色发展，促进人与自然和谐共生”。目前，我国正处于经济结构调整和发展方式转变的关键时期，对支持绿色产业和经济、社会可持续发展的绿色金融的需求不断扩大。发展绿色金融，建立健全绿色低碳循环发展的经济体系，既是全面建设社会主体现代化国家的发展需要，也是增进民生福祉的应有之义。ESG 投资作为绿色金融的重要组成部分，主张在投资回报之外，将环境（Environmental）、社会（Social）、治理（Governance）等因素纳入决策考量。然而，以基金经理为主的受托人参与 ESG 投资时受到信义义务的约束。信义义务作为信托制度的核心内容，主要由忠实义务和注意义务构成，通常要求受托人以受益人的唯一利益或最佳利益为目的管理信托，建设性使用信托财产，产生合理收益。但是，ESG 表现与企业财务绩效并不一定呈现积极联系。这也意味着，受托人参与 ESG 投资，并非为受益人的利益（违反忠实义务），且不一定带来合理收益（违反注意义务)，将与信义义务产生冲突。那么，ESG 投资与信义义务的冲突该如何协调？本书意在回溯 ESG 投资和信义义务的概念起源和演变历程，分析中国法下 ESG 投资与信义义务的冲突表现及其背后缘由，并在信义义务具有合同性质，且有持续扩大弱化趋势的启发下，探寻 ESG 投资与信义义务之间的协调方式。

本书最核心的目的和内容是，厘清 ESG 投资与信义义务的冲突问题，探索二者之间的协调可能性，并试图在此过程中解答信义义务的法律性质、ESG 表现与企业财务绩效的关系、信义义务的弱化趋势及启示等问题。除导论和结论外，本书主体部分共有五章，具体章节概要如下：

第一章主要探讨了受托人参与 ESG 投资的信义义务要求。从 ESG 投资的概念内涵和演变历程切入，对 ESG 投资做背景性介绍，继而分别梳理 ESG 投资的常见担忧和驱动因素，然后论述受托人参与 ESG 投资的信义义务要求，以及 ESG 因素在各类型基金中的实务运用。ESG 投资主张在投资时将环境、社会和治理等因素纳入考量，做出最有利的长期价值投资决策。ESG 投资最早可追溯至 19 世纪宗教团体的伦理投资理念，历经社会责任投资、影响力投资和使命投资等阶段的发展与演变，逐渐成为国际机构投资者的主流投资理念。ESG 投资的常见担忧包括投资回报影响、信息质量担忧和市场类型差异等，而驱动因素则涵盖政府法规、资本市场和企业构成等方面。信义义务对基金经理、投资顾问等身处不同信托关系的受托人的要求略有不同，但大都围绕忠实义务和注意义务展开，要求受托人以受益人利益为目的，行使被赋予权利，进行建设性投资。

第二章具体分析了 ESG 投资与忠实义务的冲突。首先阐释忠实义务的内涵，而后选取若干具有代表意义的判例讲述法院对 ESG 投资与忠实义务冲突的处理态度变化及背后逻辑，最后按照我国部门法类型分别梳理 ESG 投资与信托法、慈善法和养老基金法中忠实义务的冲突表现。忠实义务作为信义义务的核心内容,受托人需为受益人利益而管理信托,禁止存在利益冲突和利益取得的情况。英美法院对于 ESG 投资与忠实义务冲突的处理态度历经完全禁止 ESG 因素影响、允许将 ESG 因素当作经济要素、附条件允许附属利益型 ESG 投资等阶段的演变。ESG 投资与忠实义务的冲突在信托法、慈善法和养老基金法中都有所体现。ESG 投资与信托法中的忠实义务冲突体现为信托自治的边界问题。ESG 投资与慈善法中的忠实义务冲突体现为慈善信托受托人是否允许进行和慈善目的不相符的 ESG 投资。ESG 投资与养老基金法中的忠实义务冲突体现在,当存在两个或两个以上的风险和回报属性相同的投资选项,受托人是否允许将附属利益因素作为投资选择的决定性因素。

第三章具体分析了 ESG 投资与注意义务的冲突。首先系统介绍信托投资的注意义务要求,而后分析和归纳学界关于 ESG 表现与企业财务绩效之间关系的观点及其论据,最后运用系统叙述式文献综述的方法论证得出 ESG 表现与企业财务绩效之间的联系。注意义务要求受托人进行建设性投资,确保受益人的经济利益最大化。受托人参与 ESG 投资是否违背注意义务的关键在于 ESG 表现与企业财务绩效之间的关系。如果存在积极关系,则二者并不冲突;如果存在其他关系,则二者存在冲突。学界关于 ESG 表现与企业财务绩效之间关系的实证研究结果混乱,存在积极关系、消极关系、中性关系和混合关系等观点。本章采用系统叙述式文献综述的方法,在回顾 2015 年至 2021 年关于 ESG 表现与企业财务绩效之间关系的实证研究相关文献的基础上,分析 ESG 表现与企业财务绩效之间的关系及其背后逻辑,发现二者之间存在轻微消极关系。

第四章详细讨论了信义义务弱化的趋势及其启示。首先通过词源考察和判例研究系统分析信义义务的概念、起源和理论基础,解析信义义务的弱化体现及其质疑和争议,进而反思信义义务弱化的趋势。经由信义义务的语意考察,信义义务(fiduciary duty)可有两个层次的理解:其一,当对 fiduciary 作"受托人或受信人"解释时,信义义务可以诠释为 duties of fiduciaries。其二,当对 fiduciary 作"受信任的"理解时,信义义务可解释为为他人利益行事需承担的义务。信义义务具有合同性质,且有继续扩大弱化的趋势。信义义务弱化的趋势主要体现在唯一利益原则向最佳利益原则的转变,以及"无需进一步调查规则"的废除。为维护信托制度赖以存在的价值基础,保障受益人和委托人利益,信义义务持续弱化的趋势应当受到限制,最基本的忠实义务和注意义务应成为不可删减的核心。也就是说,受托人可经授权同意参与 ESG 投资,但不可通过协议约定免除忠实义务和注意义务来实现参与 ESG 投资的目的。

第五章主要研究了 ESG 投资与信义义务的协调。首先以信义义务具有合同性质,且有持续弱化趋势为启发思路,从信息对称、协商解决、事后救济三个方面层层递进式对 ESG 投资与信义义务之间的冲突进行一般性协调,而后分别讨论 ESG 投资与忠实义务、注意义务之间冲突的具体协调方式。ESG 投资与忠实义务的具体协调包括:(1)ESG 投资与信托法中的忠实义务的协调。当受托人收到追求附属利益的指示,即便如此将导致受益人利益受到实质性损害,受托人必须遵守,而是否违反信义义务应取决于法院的认定。当受益人之间存在意见分歧时,以占信托利益的 2/3 以上受益人意见作为整体意见。授权协议效力不因授权时间长短而改变。(2)ESG 投资与慈善法中的忠实义务的协调。公司形式的慈善信托受托人可能会考虑与慈善目的不一致的附属利益,这类投资行为需满足一定条件,尤其是需满足最佳利益原则的交易公平性测试的司法审查,且不得损害投资回报。(3)ESG 投资与养老基金法中的忠实义务的协调。当适当范围内有两个或两个以上的风险和回报属性相同的投资选项时,受托人不得将 ESG 因素(附属利益)作为投资选择的决定性因素。ESG 投资与注意义务之间的协调需要根据投资项目具体分析。实证研究中测量企业财务绩效的指标选用和度量标准相对成熟且固定。而测量 ESG 表现则需要构建一套完善的 ESG 信息披露制度,为投资者提供权威可靠的企业 ESG 表现数据,以便厘清投资项目的 ESG 表现与财务绩效之间的关系。我国 ESG 信息披露制度的构建与完善可从实施二元信息披露机制、采用双重重要性原则、统一 ESG 信息披露标准和设立信息强制鉴证规则四个方面着手。

目录

导　论

第一节　问题缘起

ESG 投资是在投资组合选择和管理中考虑环境（Environmental）、社会（Social）、治理（Governance）等因素的可持续责任投资理念之一。ESG 投资源远流长，最早可追溯至 19 世纪的宗教团体的伦理投资理念，历经社会责任投资理念（socially responsible investing）、企业社会责任（corporate social responsibility）、影响力投资（impact investing）和使命投资（mission investing）等阶段的发展与演变，逐渐成为国际主流投资理念。ESG 投资时常被当作一个笼统的标签，用于描述涵盖各种具有社会目的元素的投资理念。虽然简单模糊的标签能够较为方便快捷地介绍相关事物，但专业术语的保留和使用对复杂投资组合的选择和管理来说更为重要。具体而言，ESG 投资是旨在提倡可持续发展的责任投资理念，实质上是主张在考虑财务回报之外,将环境保护、社会责任和公司治理等因素纳入决策考量,形成一种价值投资理念。[1] ESG 投资涵盖衡量商业投资中可持续发展最核心的三个要素,即环境保护、社会责任和公司治理,涉及气候变化、资源消耗、性别平等、劳工待遇、产品责任、股东权利、利益相关者权益、信息披露等方面。ESG 投资的本质是价值取向投资,核心是将可持续发展理念纳入投资决策中,改善投资结构,优化风险控制,以获得长期收益。

直至 2018 年,ESG 投资概念才在我国制度层面正式被提出。2018 年 11 月,中国证券投资基金协会颁布《绿色投资指引(试行)》,要求基金经理"发挥负责任投资者的示范作用,积极建立符合绿色投资或 ESG 投资规范的长效机制"。ESG 投资也贯彻在"一带一路"的建设过程中。ESG 投资的概念一经提出,便在投资界引发广泛关注。2019 年 4 月,《"一带一路"绿色投资原则》签署仪式在北京举行,签署该协议的机构投资者均承诺"把环境、社会和治理(ESG)因素纳入机构的决策过程,开展深度环境和社会尽职调查"。2020 年 9 月 22 日,中国在第 75 届联合国大会上正式提出 2030 年实现碳达峰、2060 年实现碳中和的目标。2022 年 4 月,中国证券监管理委员会(以下简称中国证监会)发布《关于加快推进公募基金行业高质量发展的意见》,引导行业总结 ESG 投资规律,大力发展绿色金融,积极践行责任投资理念,改善投资活动环境绩效,服务绿色经济发展。ESG 投资在国内引起广泛的关注,政府部门和相关企业十分重视 ESG 投资,ESG 资产管理规模呈迅速扩张态势。总体而言,在我国 ESG 投资虽引入较晚,处于初级阶段,但随着法律制度层面供给的持续补足,ESG 投资呈稳步增长趋势,逐渐从可选项向必选项

---

〔1〕 参见朱慈蕴、吕成龙:《ESG 的兴起与现代公司法的能动回应》,载《中外法学》2022 年第 5 期。

过渡，其影响力和适用范围也不断扩张，涵盖养老金信托、慈善信托、私人信托等信托法领域。

诚如前述，未来国内外在金融投资领域对ESG投资的考量将占据越来越大的权重。然而，为削减和规避信托财产所有权和控制权分离所导致的代理成本，以基金经理为主的受托人参与投资时需遵守信义义务，在资产管理过程中需以维护受益人利益为唯一行事目的(the sole interest of the beneficiaries)，构建多元化投资组合，风险与回报应适当且合理，满足信托目的要求。违反信义义务的受托人将需要通过损失赔偿等方式弥补委托人所受到的利益损失。近年来，受托人面临越来越大的压力，不得不将环境、社会和治理(ESG)等因素纳入其投资决策中综合考量，例如，从烟草公司、石油公司等暴利行业中撤资。联合国和各国政府部门制定并推行负责任投资原则，国际上不断发展壮大的具有影响力的学者和实践者群体共同致力于将ESG因素作为受托人投资原则的组成部分加以应用，我国也在法律规范和政策制度层面逐步加强对受托人参与ESG投资的强制性要求。[1] 然而，这些举措遭到许多学者反对，原因在于，这样做将使得受托人把第三方附带利益纳入投资考量，违反信义义务中忠诚义务的唯一利益规则要求。而且，ESG的表现与企业财务绩效之间的关系模糊，存在积极关系、消极关系、中性关系等观点，这也意味着，ESG投资同样与注意义务存在冲突，因为投资ESG表现良好的企业或项目并不一定能够带来合理收益。如此看来，受托人参与ESG投资将违反信义义务，引发利益纠纷。国内外司法裁判中存

---

〔1〕 例如，中共中央、国务院《关于深入打好污染防治攻坚战的意见》(2021)，国务院发布的《2030年前碳达峰行动方案》(2021)，中共中央办公厅、国务院办公厅《关于推动城乡建设绿色发展的意见》(2021)，中国人民银行发布的《银行业金融机构绿色金融评价方案》，生态环境部发布的《环境信息依法披露制度改革方案》等。

在大量此类投资基金交易纠纷案件,[1] 如何协调 ESG 投资与信义义务之间的冲突,平衡信赖关系与社会责任,使得受托人参与 ESG 投资时符合信义义务要求,具有重要的研究价值。回顾目前国内外关于 ESG 的相关文献,大都集中于 ESG 的概念内涵、财务表现、影响机理、信息披露等方面,对于 ESG 投资与信义义务之间关系的讨论仍付之阙如。[2] 故而,本书拟在厘清 ESG 投资与信义义务之间的冲突的基础上,探寻 ESG 投资与信义义务的协调可能性。

第二节　文献综述

目前国内外学术界和实务界对 ESG 投资与信义义务之间的关系缺乏关注,并未有专著论述,研究成果甚少,但关于信义义务和 ESG 投资的各自领域的文献则汗牛充栋,数量庞杂。经由分析归纳后,与信义义务和 ESG 投资之间冲突和协调关系的探讨相关联的文献大致包括以下四个方面:

一是信义义务的性质辨析。信义义务的性质问题是 ESG 投资与信义义务之间存在冲突的理论前提。如果信义义务具有合同性质,那么投资人与受托人完全可经由合同约定来排除信义义务,ESG

---

〔1〕 比如兰肯希普诉博伊尔案(Lankenship v. Boyle);威瑟斯诉纽约市教师退休系统案(Withers v. Teachers' Retirement System of the City of New York);科文诉斯卡吉尔案(Cowan v. Scargill);马丁诉爱丁堡市区议会案(Martin v. City of Edinburgh District Council);湖北省武汉市江汉区人民法院民事判决书,(2019)鄂 0103 民初 6629 号;广东省深圳市中级人民法院民事判决书,(2017)粤 03 民终 22174 号等。

〔2〕 参见王晓红、栾翔宇、张少鹏:《企业研发投入、ESG 表现与市场价值——企业数字化水平的调节效应》,载《科学学研究》;邓建平、白宇昕:《域外 ESG 信息披露制度的回顾及启示》,载《财会月刊》2022 年第 12 期。See John Hill, *Environmental, Social, and Governance (ESG) Investing: A Balanced Analysis of the Theory and Practice of a Sustainable Portfolio*, Academic Press, 2020. Lopez-de-Silanes et al., *ESG Performance and Disclosure: A Cross-country Analysis*, 2020 Singapore Journal of Legal Studies Mar 217 (2020).

投资与信义义务之间不存在冲突；如果信义义务具有法定性质，那么受托人参与ESG投资将会受到信义义务的约束和限制。从现有文献来看，学界关于信义义务的法律性质问题，众说纷纭，莫衷一是。(1)法定性质：赵廉慧教授主张信义义务的边界可以通过约定适当调整，但本质上属于法定义务。[1] 阿瑟·莱比(Arthur Laby)将信义义务核心内容归结为，受托人有将委托人的目的视为自己的目的的法定义务。[2] 罗伯特·西特科夫(Robert Sitkoff)认为，委托人永远不能授意受托人失信行事，因此须将诚信作为信义义务的核心内容。斯科特·菲茨吉本(Scott FitzGibbon)认为，即使得到委托人的同意，受托人也不能改变其避免与客户利益冲突的义务。[3] (2)合同性质：弗兰克·伊斯特布鲁克(Frank Easterbrook)和丹尼尔·费舍尔(Daniel Fischel)是合同理论的忠实支持者。他们认为，尽管在讨论信义义务的许多案例中使用的是道德性的语言，但实际上，信托关系体现的不是道德性质，而是合同性质。[4] (3)其他观点：除合同性质说和法定性质说外，还有其他学者认为信义义务具有道德性质或介于道德与合同之间。大卫·约翰斯顿(David Johnston)指出，信托创设之初，并非正式法律制度，不具有履行的法律约束力(法定或约定义务)，至多是一种熟人之间的道德义务。[5] 许德风教授认为，信义义务处于道德与合同之间。[6]

---

〔1〕 参见赵廉慧：《论信义义务的法律性质》，载《北大法律评论》2020年第1辑。

〔2〕 See Arthur B. Laby, *The Fiduciary Obligation as the Adoption of Ends*, 56 Buffalo Law Review 99(2008).

〔3〕 See Scott FitzGibbon, *Fiduciary Relationships Are Not Contracts*, 82 Marquette Law Review 303 (1999).

〔4〕 See Frank H. Easterbrook & Daniel R. Fischel, *Contract and Fiduciary Duty*, 36 Journal of Law & Economics 425 (1993).

〔5〕 参见[英]大卫·约翰斯顿：《罗马法中的信托法》，张凇纶译，法律出版社2017年版，第30页。

〔6〕 参见许德风：《道德与合同之间的信义义务——基于法教义学与社科法学的观察》，载《中国法律评论》2021年第5期。

二是在 ESG 投资背景下受托人的信义义务要求。根据实务经验和文献梳理,目前参与 ESG 投资的受托人主要有基金经理和“资产管理型”投资顾问两类,其中以基金经理最为常见。尽管两类受托人身处不同的信托关系,但都以投资者的利益为目的履行义务,以注意义务和忠实义务两个层面为出发点不断细化具体的义务要求。参与 ESG 投资的受托人首先是信托关系中的受托人,其次是参与 ESG 投资的基金经理或投资顾问,因此需同时满足一般信义义务和具体信义义务两种要求。(1)一般信义义务要求:周小明博士根据我国《信托法》规定将信义义务分为信托文件遵守义务、忠实义务、谨慎义务、分别管理义务、亲自管理义务等方面。〔1〕 日本学者能见善久指出,信义义务包含执行义务、善管注意义务、忠实义务、公平义务等内容。〔2〕 英国学者 D. J. 海顿则将信义义务分为受托人一致行事义务、涉及账户信息和审计方面的义务、取得并持有信托财产等方面的义务。〔3〕 美国学者塔玛·弗兰克尔(Tama Frankel)指出:除忠实义务外,信义义务还包括披露义务、遵循义务和公平对待委托人等内容。〔4〕 (2)具体信义义务要求:许多奇教授指出基金经理在私募基金管理过程中应遵循客观募集、审慎投资、适恰管理、有效退出等信义义务要求。〔5〕 郑佳宁教授认为投资顾问的信义义务包括利益最大化义务、适当性义务、最佳执行义务等方面内容。〔6〕

---

〔1〕 参见周小明:《信托制度:法理与实务》,中国法制出版社 2012 年版,第 275 ~ 286 页。

〔2〕 参见[日]能见善久:《现代信托法》,赵廉慧译,中国法制出版社 2011 年版,第 70 ~ 135 页。

〔3〕 参见[英]D. J. 海顿:《信托法》(第 4 版),周翼、王昊译,法律出版社 2004 年版,第 144 ~ 145 页。

〔4〕 See Tama Frankel, *Fiduciary Law*, Oxford University Press, 2011, p. 106 – 107.

〔5〕 参见许多奇:《论全周期视野下私募基金管理人的信义义务》,载《武汉大学学报(哲学社会科学版)》2022 年第 5 期。

〔6〕 参见郑佳宁:《论智能投顾运营者的民事责任——以信义义务为中心的展开》,载《法学杂志》2018 年第 10 期。

高丝敏教授主张智能投顾模式下存在义务主体虚无化和义务体系失灵的问题,信义义务体系需及时更新和调整。[1] 郭雳教授同样认为智能投顾在我国的发展存在风险测评不充分、信息披露不到位等问题,需通过细化适当性义务、强化信息披露来解决。[2]

三是在ESG投资背景下受托人的忠实义务要求。无论大陆法系还是英美法系,忠实义务(duty of loyalty)都是信义义务最核心和重要的组成部分。受托人必须为投资者的利益行使职权。而此处的"利益"是唯一利益(sole interest)还是最佳利益(best interest)尚无定论。罗伯特·西特科夫(Robert Sitkoff)认为,受托人必须仅为投资者的利益行事。当受托人实际上屈服于利益诱惑时,信托法倾向于完全消除诱惑发生的可能,而非监督受托行为并试图发现和惩罚滥用职权行为。[3] 朗贝林(Langberin)则认为,受托人有责任为投资者的最佳利益行使职权,未能为投资者的唯一利益行事的受托人可以其从事不符合唯一利益的交易是为实现投资者的最佳利益作为抗辩理由来反驳认定其违反忠实义务的终局性推定。[4] 除了忠实义务本身内容的争议外,受托人参与ESG投资的忠实义务要求还因所处信托关系的不同而有所差别。慈善法、养老基金法、信托法等部门法对受托人忠实义务的具体要求内容并不相同。尚岑巴赫(Schanzenbach)等认为,在美国法背景下受托人参与ESG投资的忠实义务要求有所差异,信托法默认遵循任意性的唯一利益原则,

[1] 参见高丝敏:《智能投资顾问模式中的主体识别和义务设定》,载《法学研究》2018年第5期。

[2] 参见郭雳:《智能投顾开展的制度去障与法律助推》,载《政法论坛》2019年第3期。

[3] See Robert H. Sitkoff, *Trust Law, Corporate Law, and Capital Market Efficiency*, 28 Journal of Corporation Law 565(2002).

[4] See John H. Langbein, *Questioning the Trust Law Duty of Loyalty: Sole Interest or Best Interest*, 114 Yale Law Journal 929 (2004).

养老基金法遵循强制性的唯一利益原则，慈善法遵循最佳利益原则。[1]

四是 ESG 表现与企业财务绩效的关系。大多数国家都通过法律规定受托人负有注意义务，需像谨慎的投资者那样进行建设性投资，考虑适合所涉信托的风险和回报。如果研究表明 ESG 表现与企业财务绩效呈正相关关系，则受托人参与 ESG 投资符合注意义务。反之，则二者相悖。也就是说，判断受托人参与 ESG 投资是否与注意义务相冲突的关键在于厘清 ESG 表现与企业财务绩效之间的关系。事实上持续 30 多年的 ESG 表现与企业财务绩效的关系的实证研究结果喜忧参半。ESG 表现与企业财务绩效的关系有四种可能的结果：积极关系、消极关系、中性关系和混合关系。(1)积极关系：陈静博士通过分析 2015～2017 年国外科技行业上市公司的相关财务数据和 ESG 数据，发现随着时间的推移，ESG 表现与财务绩效呈显著的正相关性。[2] 于涵博士发现金融中介机构的 ESG 表现对盈利能力的影响随着时间推进而逐渐加强。[3] (2)消极关系：杰拉德(Gerard)等人以 2009 年和 2010 年三个地理区域(美国、欧洲和亚太地区)329 家上市公司为分析样本，发现 ESG 表现不仅不会带来更好的财务绩效，而且 ESG 表现会对财务绩效产生负面影响。[4] Lopez 等人以 2002 年至 2004 年的 110 家欧洲公司为分析对象，发现参与 ESG 计划的公司的财务绩效普遍偏低，额外承担了不必要和

---

〔1〕 See Max M. Schanzenbach & Robert H. Sitkoff, *Reconciling Fiduciary Duty and Social Conscience: The Law and Economics of ESG Investing by A Trustee*, 72 Stanford Law Review 38 (2020).

〔2〕 参见陈静：《ESG 与企业财务绩效的相关性研究——以科技行业上市公司为例》，对外经济贸易大学 2019 年博士学位论文。

〔3〕 参见于涵：《环境、社会、公司治理(ESG)对金融中介机构绩效的影响研究》，吉林大学 2020 年博士学位论文，第 5～6 页。

〔4〕 See Gerard Hirigoyen & Thierry Poulain-Rehm, *Relationships Between Corporate Social Responsibility and Financial Performance: What Is the Causality*, Available at SSRN 2531631 (2014): 17－43.

可以避免的成本。[1] (3)中性关系:马修(Matthew)等人研究发现澳大利亚境内公司的ESG表现与企业财务绩效没有显著的统计关系。[2] 纳迪姆(Nadeem)等人选取了巴基斯坦的卡拉奇证券交易所(KSE)的156家上市公司,分别来自纺织行业、化工行业、水泥行业和烟草行业。研究得出结论,ESG表现对企业财务绩效没有影响。[3] (4)混合关系:约瑟夫(Joseph)等人发现,在南非,ESG表现对企业财务绩效有多元化影响,其中治理绩效对财务绩效有积极影响,环境绩效和社会绩效对企业财务绩效没有显著影响。[4] 杰俊(Jae-Joon)等人通过对2008年至2014年韩国上市公司的财务绩效进行ESG表现评分,发现韩国企业的ESG表现与财务绩效的联系显示出多元化特点。

第三节 研究构想

一、基本结构

冯友兰先生曾说过,学术研究有两种路径,一是"照着前人已有的成果讲",二是在"前人尚未完成的地方接着讲"。本书的写作目标或者说"野心",是在前述研究的基础上"接着讲"。本书最核心的

〔1〕 See Florencio Lopez-de-Silane, Joseph A. McCahery & Paul C. Pudschedl, *ESG Performance and Disclosure: A Cross-country Analysis*, 2020 Singapore Journal of Legal Studies 217 (2020).

〔2〕 See Matthew Brine, Rebecca Brown & Greg Hackett, *Corporate Social Responsibility and Financial Performance in the Australian Context*, 2007 Economic Round-up Autumn 47 (2007).

〔3〕 See Nadeem Iqbal et al., *Impact of Corporate Social Responsibility on Financial Performance of Corporations: Evidence from Pakistan*, 107 International Journal of Learning & Development 2 (2012).

〔4〕 See Joseph Dery Nyeadi, Muazu Ibrahim & Yakubu Awudu Sare, *Corporate Social Responsibility and Financial Performance Nexus: Empirical Evidence from South African Listed Firms*, 9 Journal of Global Responsibility 302(2018).

目的和内容是,厘清 ESG 投资与信义义务的冲突问题,探索二者之间的协调可能性,并试图在此过程中解答信义义务的法律性质、ESG 表现与企业财务绩效的关系、信义义务的弱化趋势及启示等问题;具体可分为三个层次:宏观层面,分析 ESG 投资与信义义务的冲突表现及其背后缘由,并在信义义务具有合同性质且有继续扩大弱化趋势的启发下,通过信息对称、协商解决、事后救济三个层面递进式协调 ESG 投资与信义义务之间的冲突。中观层面,以制度后来者和外在观察者的角度,分析英美法系数百年来的主要判例和事件(政治、社会和文化),对英美法系国家 ESG 投资与信义义务的制度体系进行梳理和重构。微观层面,首先,将 ESG 投资与信义义务的冲突分为两部分进行探讨:一是在我国各部门法中分别探究 ESG 投资与忠实义务的冲突表现;二是采用系统叙述式文献综述的方法,探索性分析 ESG 表现与企业财务绩效之间的关系及其背后逻辑,以明确 ESG 投资与注意义务的冲突之处。其次,将 ESG 投资与信义义务的协调方式分成一般协调方式和具体协调方式,以求彻底解决 ESG 投资与信义义务之间的冲突问题。

要达到以上目标,本书将从以下两个方面展开。

ESG 投资与信义义务是否冲突?要回答该问题,首先,需要了解 ESG 投资是什么?本书第一章旨在准确把握 ESG 投资的概念内涵,厘清与其他投资理念之间的差异,梳理 ESG 投资的历史演变过程,而后总结 ESG 投资的常见担忧和驱动因素,以及实务运用现状。其次,明确信义义务的具体要求和法律性质。第一章明确可能代表他人参与 ESG 投资的受托人主体范围,以及受托人在各自信托关系中负有的信义义务的具体要求。第四章以信义义务的相关判例以及学界的通行学说为依据和分析对象,展开信义义务的概念、内涵、法律性质和演变趋势,以及由此引申的信托自治边界问题。最后,分别探讨 ESG 投资与忠实义务、注意义务的冲突。第二章在系统阐释忠实义务的内容的基础上，分析中国法下ESG投资与忠实义务冲突的具体表现，厘清ESG投资与忠实义务的冲突演变历程，以期为后文探寻ESG投资与信义义务的协调方式提供思路。第三章在系统分析英美法系和大陆法系中信托投资的注意义务的要求的基础上，厘清实证研究中ESG表现与公司财务绩效之间的关系类别，以及背后的理论逻辑，然后采用系统叙述式文献综述的实证研究方法，研究ESG表现与企业财务绩效之间的关系，进一步探索受托人参与ESG投资是否与注意义务存在冲突。

ESG投资与信义义务如何协调？在本书前四章明确ESG投资与信义义务存在冲突，信义义务存在弱化趋势的基础上，第五章首先分析了ESG投资与信义义务之间的一般协调方式，即可通过信息对称、协商解决、事后救济三个方面进行层层递进式协调，然后尝试探讨调和ESG投资与忠实义务、注意义务之间的具体冲突和问题。值得强调的是，本书中ESG投资与信义义务的冲突与协调都是围绕受益人的利益展开，但受益人的最佳或唯一利益仅仅是经济利益吗？还是说应将社会利益和环境利益考虑在内？如果将受益人利益的范围界定扩大，那么讨论ESG投资与信义义务的冲突与协调将会更为复杂且富有价值，这是本书留待以后研究中进一步探讨的问题。

二、研究难点

“考察法律，应着眼超越地域、国度和民族，甚至超越时空的人际层面，努力发现本来属于整个人类的理念和规范，并在此基础上寻求并促进人与人、民族与民族、国家与国家之间越来越普遍深入的交往。”[1]诚哉斯言，但囿于语言限制，本书主要着眼于英美法系

---

〔1〕［德］C. W. 卡纳里斯：《德国商法》，杨继译，法律出版社2006年版，第2页。

国家相关素材的积累与运用,对其他大陆法系国家关于 ESG 投资和信义义务的立法和司法情况的了解非常有限。缺乏此类素材,难以对 ESG 投资和信义义务之间的关系进行较为全面的论证,并据此展开进一步深入讨论。只能说,在现有认知的基础上,本书关于 ESG 投资和信义义务的冲突和协调的讨论具有一定学术价值。此为难点之一。

和所有试图跨领域借助其他学科分析工具进行法律问题研究的论文一样,本书也面临如何熟练地运用 SPSS 等软件进行多元线性回归分析,以及开展系统叙述式文献综述的实证研究的问题。探寻 ESG 表现与企业财务绩效之间的联系,从而证明 ESG 投资与注意义务之间是否存在冲突,已然超出现有法律分析的理论框架,需搜集大量相关文献的数据,并借助经济学分析工具来完成研究。这显然并不容易。不过,好在大多数事情随着时间和精力的投入都能完成,此事也不例外。此为难点之二。

信义义务作为最难捉摸的概念之一,虽在英美法系中拥有悠久历史,但实际上理论体系尚未建立。对于"信义义务的法律性质""信义义务的理论基础"等基础性问题,学界仍然争论不休。ESG 投资作为国际主流投资理念,同样拥有悠久历史,但关于 ESG 表现与企业财务绩效之间的关系的问题仍未有定论。这些存在已久的问题都与本书探讨的主题息息相关,且尚无确切答案,这意味着材料收集和制度梳理的工作量大,解决难度系数高。此为难点之三。

三、研究创新点

邓肯·肯尼迪(Duncan Kennedy)教授曾言:"三次全球化都是西方中心话语在全球范围内的扩张,边缘地区的进步的政治精英应该勇于设计本国的进步策略，而不仅仅接受中心开出的药方。”[1]事实上，“边缘地区”国家早已开始构建自身法律体系，其中不乏令人惊艳的制度设计。在 ESG 投资与信义义务的相关法律制度领域中，目前我国学者的著述中英美法的烙印很深，但英美法并非唯一参照系。在澳大利亚、加拿大、新加坡、韩国等国，与 ESG 投资和信义义务相关的文献及其研究路径，都与英美法差异较大，同样具有研究价值。对这些“边缘地区”国家材料的收集和使用，是本书材料来源的创新点。

英美法系背景下 ESG 投资与忠实义务的冲突历史悠久，留下许多极具研究价值的判例。本书根据时间先后选取了四个典型的判例作为分析对象，通过梳理法院对于 ESG 投资与忠实义务冲突的处理方式的演变历程，为协调二者之间的冲突提供可行思路。在回顾 2015 年至 2021 年关于企业 ESG 表现和财务绩效之间的关系的实证研究文献的基础上，通过采用系统叙述式文献综述的方法，探索性分析二者之间的关系及其背后逻辑。通过判例研究和实证研究分析 ESG 投资与忠实义务之间的冲突和协调是本书研究方法上的创新点。

本书主要的理论创新点在于厘清 ESG 投资与信义义务之间的冲突，并在信义义务具有持续弱化趋势的启发下，协调 ESG 投资与信义义务之间的冲突。首先，将 ESG 投资与信义义务拆分为 ESG 投资与忠实义务、ESG 投资与注意义务进行论述。按照部门法类型分别梳理 ESG 投资与信托法、慈善法和养老基金法中忠实义务的冲突表现。运用系统叙述式文献综述的方法论证得出 ESG 因素表现与企业财务绩效之间存在轻微消极联系，证明 ESG 投资与注意义务

---

〔1〕 Duncan Kennedy, *Two Globalization of Law & (and) Legal Thought*: 1850 – 1968, 36 Suffolk University Law Review 631 (2002).

之间存在冲突。其次,论述信义义务具有合同性质,并有持续弱化趋势。并以此为启发思路,通过信息对称、协商解决、事后救济三个层面递进式协调 ESG 投资与信义义务之间的一般冲突,而后分别探索 ESG 投资与忠实义务、注意义务之间具体冲突的协调方式。

四、研究方法

本书对 ESG 投资与信义义务之间冲突和协调的梳理和阐释主要运用释义分析法、实证分析法、比较分析法和历史分析法等方法。

释义分析法。对与本书主题相关的"ESG 投资""受托人""受托人""信义义务""忠实义务""注意义务"等概念内涵进行规范和体系上的分析梳理,解读其语言表述、逻辑结构,厘清相关概念异同。鉴于社会责任投资、影响力投资、绿色投资等概念与 ESG 投资具有相似性与同源性,且 ESG 投资概念的外延和内涵更为宽泛,为行文方便,避免混乱,易于理解,本书以 ESG 投资泛指此类相关概念。

实证分析法。白建军教授曾言:"在包括法学在内的社会科学研究中,不是所有问题都需要选用实证分析的研究方法,但实证分析是发现事实的各种研究方法之一。"少一点"我认为",多一些"我发现"。[1] 本书第三章归纳和总结实证研究中 ESG 表现与企业财务绩效之间的关系类别,以及背后的理论逻辑,然后采用系统叙述式文献综述的实证研究方法,研究 ESG 表现与企业财务绩效之间的关系,进一步探索受托人参与 ESG 投资是否与注意义务存在冲突。

比较分析法。法律制度的形成,主要有两种路径:一是本土原有制度框架、文化、习惯等的固化和衍生;二是某些国家既有制度在全球范围内的移植、扩张、复制和变异。虽然在我国传统文化中有

---

〔1〕 参见白建军:《法律实证研究方法》,北京大学出版社 2008 年版,第 2 页。

类似ESG投资和信义义务之间关系的论述，比如义与利的取舍问题，但从法律规范层面来讲，ESG投资和信义义务之间关系对我国来说仍是全新的。故而，对本书主题的探讨是一个模仿、学习的过程，也是对现存规则的取代和接轨的过程。值得一提的是，这并不等同于生搬硬套，而是立足于本土资源和实际需要，借鉴和创设可能的解决方案。

历史分析法。想要了解法的当下情况，必须同时考量它的历史演进以及对未来的开放性。[1] 法律制度形成的底层逻辑，并不是后人所构建的共时性，而更多的是历时性，是无数人在时间流逝过程中的历史活动中形成的。正因如此，考察一项法律制度或法律问题的形成和发展，需要回溯其过往。对ESG投资与信义义务之间的关系的探讨也概莫能外，与其相关的内容早已深深嵌入各国的历史传统、政治体制、经济状况和法律文化等多元因素中，对任何一个单独概念或规则的讨论都无法避免地"拔出萝卜带着泥"。可以说，能否妥当地解答ESG投资与信义义务之间的关系问题，关键在于甄别形成今日情形的必然因素和偶然因素，在厘清发展史的过程中发现解题线索。

〔1〕 参见[德]卡尔·拉伦茨：《法学方法论》，陈爱娥译，商务印书馆2003年版，第73页。

第一章　ESG 投资与信义义务

ESG 投资是一种在投资组合选择和管理中考虑环境保护、社会责任、公司治理等因素的可持续责任投资理念。ESG 投资最早可追溯至 19 世纪宗教团体的伦理投资理念，历经社会责任投资（socially responsible investing）、企业社会责任（corporate social responsibility）与影响力投资（impact investing）的发展与演变，逐渐成为国际机构投资者的主流投资理念。全球可持续投资联盟（Global Sustainable Investment Alliance）的最新报告显示：2020 年，美国市场中 ESG 投资基金的资产规模占全美资产管理机构管理资产总额的 33.2%，欧洲市场中 ESG 投资规模达到资产管理机构管理资产总额的 41.6%，[1] 中国市场中泛 ESG 指数数量增至 51 只，泛 ESG 公募基金数量增至 127 只，资产规模超过 1200 亿元人民币，达到历

〔1〕 See Global Sustainable Investment Alliance (GSIA): Global Sustainable Investment Review 2020, Global Sustainable Investment Alliance, https://www.gsi-alliance.org/wp-content/uploads/2021/08/GSIR-20201.pdf.

史最高水平。泛 ESG 理财产品增至 47 只，资产规模超 230 亿元人民币。[1] 截至 2021 年 3 月，全球负责任投资原则签署机构已达 3826 家，所管理资金超 121 万亿美元。[2] 可见，未来在金融投资领域对 ESG 投资的考量将占据更大的权重。

然而，对于寻求积极社会影响并获得一定财务回报的投资理念而言，目前还没有形成较为统一的定义，相应的评估体系也尚未构建，用于描述具有社会目的的投资的各种术语经常被交替使用，且彼此间存在明显重叠，如 ESG 与社会责任投资，企业社会责任与影响力投资等。而且，参与 ESG 投资的受托人的信义义务要求因义务来源的差异而有所不同，如基金经理、投资顾问在所负的具体义务方面存在不同等。为明确不同受托人主体参与 ESG 投资过程中的信义义务要求，厘清各投资理念间的区别，尤其是 ESG 与其他投资理念，有助于采取科学有效的措施助推 ESG 投资的普及和推广，也是探寻 ESG 的衡量标准与实践运用的前提和基础。为此，本章拟先准确把握 ESG 投资的概念内涵，厘清与其他投资理念之间的差异，梳理 ESG 投资的历史演变过程，而后总结对 ESG 投资的常见担忧和驱动因素，最后研究 ESG 投资的实务运用和信义义务要求，以期全面地展现 ESG 投资，为 ESG 投资与信义义务的冲突与协调的法律分析提供理论基础。

第一节　ESG 投资的概念内涵与演变历程

一、ESG 投资的概念内涵

伴随着社会价值取向和经济治理的历史变迁，责任投资理念所

[1] 参见《2020 年中国责任投资报告》，载中国责任投资论坛网，https://www.chinasif.org/products/中国责任投资年度报告 2020。

[2] 参见中国责任投资论坛网，https://www.chinasif.org，最后访问时间：2024 年 3 月 15 日。

涵盖内容不断演化。关于责任投资理念的各类专业术语在概念定义上并未形成普遍共识,适用范围时有重叠现象,常存在混用情况,许多机构投资者往往使用类似术语进行不精确描述,影响投资理念的公信力和可读性,不利于投资理念的贯彻与实施。本部分内容将系统阐释 ESG 投资的概念与内涵,介绍各类型责任投资理念,厘清 ESG 投资与其他类型投资理念的异同。

(一)ESG 投资的概念

ESG 投资目前仍没有统一的定义。柯顿(Cowton)最早提出伦理投资,认为除传统的财务指标外,伦理投资还受社会目的或道德约束,比单纯基于经济回报和风险的投资更为复杂。[1] 斯帕克斯(Sparkes)指出,不同于伦理投资,ESG 投资的主要特征在于股权投资组合的构建,投资者运用社会或环境标准选择和管理投资组合以获取最优的投资回报。[2] 潘蒂加(Pantiga)和斯霍尔滕斯(Scholtens)认为,ESG 投资是投资者将个人价值取向与道德标准融入投资决策中,不仅考虑投资者的金融需求,而且考虑投资对社会的影响。[3] 国际标准化组织指出,ESG 投资的基本特征是组织将社会和环境要素纳入其决策,并为其决策对社会和环境的影响承担责任的意愿。[4] 由此可见,ESG 投资的本质是,投资者进行投资决策时,除考虑传统财务因素外,还要考虑投资行为可能给环境和社会带来的影响。ESG 投资将财务收益与社会、环境及伦理问题相结合,体现的是一种具有多重维度考量的新型投资模式。与追求单一

---

〔1〕 See Christopher Cowton, *Playing by the Rules: Ethical Criteria at an Ethical Investment Fund*, 8 Business Ethics: A European Review 60(1999).

〔2〕 See Russell Sparkes, *Socially Responsible Investment: A Global Revolution*, John Wiley & Sons, 2003, p. 367.

〔3〕 See Auke Plantinga & Bert Scholtens, *Socially Responsible Investing and Management Style of Mutual Funds in the Euronext Stock Markets*, *Research School Systems*, 1 Organisation and Management 1 (2001).

〔4〕 See ISO (the International Organization for Standardization) 26000:2010 § 3. 3. 1.

财务指标的传统投资方式相比，考虑多重因素的投资方式更加灵活，为企业经济活动可持续发展提供有效的市场机制。

值得注意的是，明晰 ESG 投资的概念内涵，还需厘清 ESG 投资与企业社会责任的关系。企业社会责任是从企业运营的角度看待社会责任问题，即在追求利润最大化的基础上维护社区、政府、雇员等利益相关者的利益，而 ESG 投资则是从投资者的角度出发看待社会责任，在考虑财务指标的前提下，加入个人信仰和价值取向，选择有利于社会可持续发展的企业进行投资的行为，并希望通过该投资行为实现某种社会目标，如性别平等、环境保护等。[1] 实际上，ESG 投资与企业社会责任之间存在紧密的联系，具体体现在两个方面。首先，企业社会责任对 ESG 投资的影响。越来越多的投资者在进行投资决策时，将企业社会责任表现作为筛选对象的重要考察因素之一。(1)具有良好企业社会责任表现的企业是 ESG 投资者青睐的投资对象。ESG 投资者通常采用组合筛选法选择投资对象，即根据自身制定的投资标准对企业的社会责任表现进行评价，从中筛选出在环境、社会、治理等方面表现良好的企业优先进行投资，或者剔除与烟草、酒精、赌博或武器等有关的企业。企业社会责任表现情况在很大程度上决定了投资者是否进行投资。(2)ESG 投资者对企业的社会责任类型具有投资偏好。不同企业根据经营性质及其所处的行业特点，具有不同的社会责任，如化工燃料企业侧重承担环境方面的社会责任，从事劳动密集型行业的企业更注重职工薪酬待遇、工作环境等方面的社会责任。如此，ESG 投资者进行投资决策时，并不考虑企业所承担的全部社会责任，而是会根据自身投资偏好以及所期待达到的社会目标，选择在某些方面表现突出的企业进

---

〔1〕 参见王大地、黄洁主编：《ESG 理论与实践》，经济管理出版社 2021 年版，第 73 ~ 75 页。

行投资。其次,ESG 投资对企业社会责任存在影响。ESG 投资促使企业积极履行社会责任。(1)组合筛选作为 ESG 投资者最常用的投资策略,能够促使企业积极履行社会责任。企业社会责任履行情况将决定投资者对其是否进行投资以及是否坚持投资。公司为自身长远发展,会积极履行社会责任,提高自身的社会责任感以达到投资者的投资标准。(2)股东倡导作为实现 ESG 投资的方式之一,也会督促企业积极履行社会责任。股东可通过直接对话、提案等方式主动与企业进行交流,督促企业作出必要的改进以更好地履行社会责任。综上,ESG 投资与企业社会责任之间相辅相成,密不可分。一方面,企业社会责任是 ESG 投资的基础,积极履行社会责任的企业越多,才越能形成 ESG 投资市场,促进社会可持续发展;另一方面,ESG 投资也通过不同方式促使企业履行企业社会责任,具备良好社会责任感的企业才能在融资方面获得相对优势,推动自身的发展。

(二)ESG 投资的内涵

"ESG(Environmental, Social, and Corporate Governance)"的表述最早源自联合国全球契约组织(United Nations Global Compact)2004 年 6 月的一份报告,该报告由全球 20 多家大型金融机构联合推出,旨在积极探寻 ESG 问题对企业整体管理质量的影响,报告指出:积极参与 ESG 计划的企业普遍在防范投资风险、投资新金融领域等方面表现出色,在经营领域为社会可持续发展做贡献,有助于提高企业声誉和品牌效应,提升企业整体价值。[1] 在 ESG 投资三大支柱下对应着多个具体议题,在衡量目标企业 ESG 水平时,投资者可根据其所在行业及经营特性选择最具代表性的议题。随着全

〔1〕 See The Global Compact Leader Summit United Nations Headquarters 24 June 2004, https://d306pr3pise04h.cloudfront.net/docs/news_events%2F8.1%2Fsummit_rep_fin.pdf, last visit on March 15,2024.

球 ESG 投资实践合作与交流程度的深化,多项 ESG 指标在不同报告、分析框架中得到广泛运用,不同 ESG 信息披露报告中数据的可比性不断强化。为更深刻了解 ESG 投资的具体内涵,下文拟分别对环境保护、社会责任和公司治理三个类型内容进行详述。

1. 环境保护型投资

ESG 中的环境保护指标(Environmental)衡量企业对保护自然环境的贡献,主要包括气候变化、空气污染、可再生能源、排放物(温室气体、废弃物)产出与处置、自然资源(水、气、电)使用、节能环保技术(能源使用效率、绿色技术)以及员工环保意识等。以环境保护为中心的投资(以下简称 E 型投资)是一种综合考量各类环境因素的投资实践,涵盖一系列意识形态和实践要素的广义术语,可以利用诸如整合、影响或参与等投资策略,为投资组合分析、风险管理和投资决策提供一个全新视角。E 型投资通常还被称为绿色投资。E 型投资的投资理念是通过对公司、政府和其他组织的商业活动进行环境风险分析,获取和评估投资风险和潜在回报的相关信息,并根据投资的目的、原则和指南,选择 E 型投资,比如,由于董事会或慈善捐赠者的授意,投资者可能被迫进行 E 型投资;由于资产管理人对可持续投资的青睐,投资者被吸引到 E 型投资中;由于散户投资者对自然的热爱和保护地球的愿望,选择 E 型投资等。

E 型投资逐渐成为一种新兴主题的投资趋势。特定主题投资由投资组合管理团队确定为投资重点。从历史上看,颠覆性技术和新兴市场等主题都曾被选中。如今,E 型投资促使清洁能源、气候变化和绿色资产等主题成为市场投资重点。E 型投资同样强调投资对环境有利的公司或项目的积极好处,以获取更高的投资回报,比如,投资者可以购买绿色债券,作为其环境投资战略的一部分,收益稳定且风险低。绿色债券是指由银行或资产管理公司以市政、公园或自然资源的名义承销的特定债券,并由基金会、政府或慈善家提供担保。绿色债券通常侧重于以生物友好和环境保护的方式实现可持续发展。E 型投资者可以将绿色债券纳入其投资组合,以实现传统公司和政府债券的多样化,并获得固定收益资产较为诱人的相对回报。E 型投资者以积极的环保商业活动、产品和服务影响传统行业和企业,通过可持续的商业模式实现高回报目标,而这些商业模式的目标群体是吸引有环保意识的消费者。E 型投资者还可以从有害环境的商业活动中剥离,并基于其对环境问题或政策的观点差异以不同方式实施绿色投资。例如,E 型投资管理人和资产管理人在考虑矿物燃料对环境的影响时会采用不同的投资方法。两位 E 型投资者都认为全球能源消费释放的碳是有害的,其中一位投资者可能通过完全剥离与商业活动有关的证券投资实现对化石燃料和碳排放的排斥;而另一位投资者可能利用非排他性方法构建低碳投资组合,以便继续接触低碳行业。

诚然,化石燃料撤资运动已经成为影响投资行业的一种现象,对于 E 型投资者来说也是首要考虑的问题之一。化石燃料撤资系排除投资所有符合消耗化石燃料以获取收益的特定商业活动和实践行为,但可能不包括对商品的投资,如原油期货或天然气期货,或者不包括对石油勘探、生产或炼油的股票投资。从事化石燃料撤资的投资者将使用特殊分析方法从其投资组合中筛选出此类证券。化石燃料撤资运动最早起源于大学校园,主张高校捐赠基金的投资理念应该更好地与学生和校友对未来气候的理想看法保持一致。以环保组织和机构投资者收益人为主的非政府力量,对机构投资者施加压力,要求投资者放弃与化石燃料和碳排放相关的投资。撤资运动由环保倡导者团体领导,使用一系列策略鼓励广大投资者,特别是大型机构投资者,放弃化石燃料证券的所有权,政府部门也在化石燃料撤资问题中发挥作用,迫使能源行业的商业运营进行结构调整。例如,由于化石燃料撤资运动获得政府和民众大力支持,德国电力巨头在战略管理中会重点考虑气候变化问题。如前所述，并非所有认为化石燃料可能对环境有害的 E 型投资者都认为，作为环保投资战略一部分，撤资是必要的。与化石燃料撤资不同，低碳投资是许多机构投资者采用的做法。低碳投资是投资于气候变化领域资产或开发气候变化相关的金融衍生品的投资银行与资产管理业务。比如，生产化石燃料储备的石油公司的债券或碳排放标准较差的汽车公司的股票。摩根士丹利资本国际（MSCI）和晨星（Sustainalytics）等 ESG 数据分析提供商测量目标企业的碳排放或投资组合的碳足迹，提供投资组合的碳分析服务，支持投资者制定低碳目标战略或投资政策指南。当然，机构投资者和资产管理公司也可以使用专属方法来评估投资组合的碳投资或碳足迹。

除化石燃料撤资和低碳投资外，E 型投资者出于政治授意、个人信仰等原因，对企业使用原材料和自然资源的做法保持审慎态度。根据企业消耗或浪费用于制造的原材料和自然资源的数量来评估投资组合，评估结果将被运用到投资组合构建的定量模型中。E 型投资者可以利用原材料消耗或自然资源使用情况来了解公司的环境足迹、盈利能力、商业惯例和市场声誉等。下文将对原材料和自然资源消耗型的 E 型投资一一详述。

水供应链管理是 E 型投资的另一个重要主题。水资源管理对卫生、饮用、农业、制造业和休闲至关重要。E 型投资的目标是提升水资源利用率，减少用水对环境影响。E 型投资者可能将目标公司在商业活动中的用水量与同一行业或部门的竞争对手进行对比。这可能涉及水压力计算，测量在一定时期内超过可用水量的水需求量。通过将专业测量或第三方服务提供商计算的水压力用于评估公司的商业模式、产品或服务的可持续性，并分析水库水位、含水层开发、干涸河流等数据，获取投资对水资源的影响程度。水资源作为一种资产类型，部分投资者将实物水资源纳入投资组合中，但对于绝大部分投资者而言,将实物水资源作为投资组合的一部分不切实际,投资水资源业务的股票、信贷或共同基金和交易所交易基金(ETF)更为合适。有些投资者将水资源的使用和管理情况视为风险因素,因为如果消费者或股东对公司的水管理实践持负面看法,公司的发展就可能会受到威胁。还有部分投资者将水管理作为公司财务效率的一个镜像,以衡量生产产品的可持续性成本要求。

许多 E 型投资者将能源效率作为投资分析和投资组合重点考虑的因素。由于节能技术和可再生技术的持续优化,投资者可从能源效率的角度进行投资,以促进产生积极的环境影响,并获取收益。这类 E 型投资者分析投资组合和投资领域中的股票或债券,以发现具有节能特征的公司和投资机会(如开发项目),并将可再生能源纳入投资组合中。除纯粹环保意识外,这类 E 型投资者认为,可再生能源能够成为化石燃料的替代品,具有巨大的市场潜力,可以提供诱人的财务回报。风能、太阳能和水力发电都是深受 E 型投资者青睐的可再生能源。风力发电是利用风车或涡轮将自然风转化为可用能源的发电方式。风力发电通常发生在风电场中,风电场是一组连接到电力传输网络(也称为电网)的多个单独的风力涡轮机,用于提供电力。E 型投资者可以投资拥有、建造或维护风电场的公司或项目。太阳能是利用光伏(如太阳能或太阳能带)、聚光太阳能或两者组合将阳光转化为能量的方法。光伏(PV)电池将光转化为电流供电力使用,而聚光太阳能发电系统则使用镜子或透镜和跟踪系统,将大量阳光聚焦成小光束。E 型投资者可以投资生产太阳能光伏板的公司,或者大型太阳能发电厂。事实上,太阳能系统的许多项目未来市场巨大,有利可图。水力发电是利用水流发电,典型例子如尼亚加拉瀑布,是位于美国纽约的一个巨大天然瀑布,为加拿大和美国供应大量电力。E 型投资者可寻求水电投资,如瀑布水利设施或者潮汐发电系统。

优先考虑能源效率的 E 型投资者通常会被可再生能源投资吸引，因为可再生能源投资对环境有积极影响，并能提供丰富的电力供应来源和财政激励，尤其是当这种可再生能源的成本与传统化石燃料能源相当时。政府对投资者和企业的补贴和税收优惠会进一步强化对可再生能源的经济性激励。优先考虑能源效率的 E 型投资者可能还会将清洁技术的研究作为其投资过程的一部分。清洁技术通常被理解为消除业务活动影响的技术，例如产品或流程的生产。需要注意的是，清洁技术可能包括各种应用方向，并不限于能源生产或自然资源收集。绿色建筑是清洁技术的典型代表，绿色建筑是指在其设计、建造或运营中，减少或消除负面环境影响，并能对气候和自然环境产生积极影响的建筑。

清洁技术和绿色建筑都是与关注污染主题相关的 E 型投资。污染是将污染物引入自然环境，这可能导致不良后果。污染与 E 型投资者关注的其他问题密切相关，如温室气体、碳排放和水污染。这类 E 型投资者通常对排放工业污染的公司持批评与排斥态度，因为工业污染排放不仅阻碍社会可持续性发展，而且不是长期可持续的商业实践。因此，E 型投资者可能将空气、水或土地污染纳入投资分析中。E 型投资者可借助各类污染数据更深入地了解公司未来发展的可持续性。比如，分析污染颗粒、生物多样性的土地使用情况、有毒废物排放等，以衡量其投资组合的适当性。

事实上，E 型投资者通常受到两种激励因素的驱动：对环境的积极影响、风险与回报。无论 E 型投资者是出于环境保护、政策压力、风险管理、回报提升还是其他动机而选择这些投资方式，E 型投资都是资产经理、机构和散户投资者采用的主流投资战略之一。E 型投资处于 ESG 的大主题之下，与其他两个主题共同组成更宽泛的 ESG 投资。

2. 社会责任型投资

社会责任指标(Social)研究企业如何管理与员工、客户、供应商及所处社区的关系,主要包括:员工(多样性、薪酬、培训、员工关系等)、客户(产品安全性、负责人营销、供应链管理等)与社区(人权、公益行为、透明度等)等;以社会责任为中心的投资,也称为社会责任投资(简称 S 型投资),是指将社会责任、社会行动和社会影响等要素作为投资决策、风险管理和投资组合分析工具的投资实践。这种做法可能利用排除、整合、影响或参与等方法,是一个涵盖一系列意识形态和实际考虑的广义术语。S 型投资在很大程度上被理解为一种由信仰和宗教价值观驱动的投资实践,可能以机构投资者、资产管理人或以宗教信仰为导向的个人投资者的形式出现,通常利用排他性方法从投资组合中筛选出与其宗教信仰相违背的投资,可能包括但不限于堕胎、酗酒、赌博和成人娱乐等罪恶股(sin stocks)。这些 S 型投资者纯粹出于信仰优先考虑其投资政策和潜在的投资范围,故而基本不受其投资组合中任何可能被排除的证券的财务表现影响。

当然,指导参与 S 型投资的思想或观点不仅及于宗教信仰,通常还涉及更广泛的问题,如性交易、动物试验、避孕药、毛皮、基因工程、肉类、核能和烟草等。一个典型的例子是,在 20 世纪中期,由于种族隔离政策的施行,美国许多 S 型投资者排除了南非投资。企业社会责任是 S 型投资的衍生投资理念,可以衡量企业活动和政策对社区(包括股东和利益相关者)的受益程度。S 型投资者可以使用企业社会责任测量结果来反向筛选投资领域中社会责任表现较差的公司,或者通过整合、参与或影响等方法,以便将表现良好的公司纳入投资领域。S 型投资者可能将企业社会责任数据视为一种资源,来监测管理风险或提高财务回报,明确企业社会责任表现和企业财务绩效之间存在相关性。

一些 S 型投资者可能专注于以社会因素作为指标,以提高回报和降低风险。这些投资者利用社会趋势来预测不同行业或部门的投资回报。以这些社会趋势指标作为数据点,有助于引导投资者,而不考虑投资者的个人信仰。坚持 S 型投资的动机是,该实践能够为长期价值创造和风险管理提供卓越的洞察力。一些 S 型投资者将根据其对社会的积极影响来审查潜在投资。这些投资者希望获得两种结果,即有利的风险调整回报以及通过投资在改善社区和社会群体方面发挥积极作用。这意味着,还有其他 S 型投资者,通常是慈善基金或慈善家,他们更看重投资资本的积极社会影响,而不是投资的回报价值。

学者和投资者经常争论 S 型投资组合是否会降低或提高财务绩效。然而,大量实证研究表明,尽管在一些综合投资中发现 S 型投资表现优异的趋势,但 S 型投资和传统投资之间的绩效差异在统计上并不显著,这显然与 S 型投资可以提供较低长期回报的观点相互矛盾。例如,有研究表明,将 S 型投资的股票投资组合与传统的股票投资组合相比较,前者的财务表现往往较为出色,这可能归因于 S 型投资会对某些行业和公司的财务绩效产生的积极影响,特别是在 20 世纪的 S 型投资实践中,市场似乎在奖励积极进行慈善捐赠的企业,并且惩罚仅关注自身经济利益的企业。[1] S 型投资的投资者强调企业社会责任、透明度和可持续性发展。S 型投资可以是一种独立的投资实践,也可以结合以环境保护为重点的 E 型投资和以公司治理为重点的 G 型投资进行融合投资。

3. 公司治理型投资

公司治理指标(Governance)主要评估公司管治架构(所有权治

〔1〕 See Greg Filbeck, Timothy A. Krause & Lauren Reis, *Socially Responsible Investing in Hedge Funds*, 17 Journal of Asset Management 408 (2016).

理结构、董事会结构等)、政策(会计政策、薪酬体系等)、透明度、独立性、代理成本和股东权利等方面。[1] 公司治理是一个广泛的范畴,包括整个组织层级和结构的企业道德监督结构。以公司治理为重点的投资(简称 G 型投资)集中在公司管理层、薪酬和劳动权利、审计和内部控制以及股东权利等方面。通过对公司治理的评估,投资者可以深入了解公司的运营情况,而这是传统的公司基本面研究和分析无法实现的。G 型投资者还检查治理因素,以深入了解公司社会责任。G 型投资者根据治理结构的质量评估公司或政府的证券。这些投资者青睐表现出良好治理状况的组织,并将治理不善的证券视为不太有利且风险更高的金融产品。在安然(Enron)和世通(WorldCom)等公司治理丑闻发生后,许多投资者更加意识到公司治理对股价的影响。

投资者通常使用公司治理指标来确定潜在的促进增长的因素,以及评估公司债务、股权和所有权的风险。底层逻辑是,公司对投资者透明,管理流程和政策清晰,并保持相对于行业和更广泛市场的高标准,通常意味着经营状况良好,投资风险低和投资收益高。与公司治理相关的风险可能会对公司的消费者评价、盈利能力和可持续性产生负面影响,如与治理问题相关的头条新闻可能会对公司的资产价值造成极大损害。当然,理想的公司治理通过更大的融资渠道、更低的融资成本、更好的绩效以及对所有利益相关者更有利的待遇使公司受益。作为研究和分析的一部分,投资者可能会优先考虑许多与公司治理相关的主题。这些治理主题可以作为一个整体,在不同的部分或分组中进行分析,或者在特定问题的一个细微焦点中综合分析。下文将简要讨论一些公司治理问题。

---

〔1〕 参见操群、许骞:《金融"环境、社会和治理"(ESG)体系构建研究》,载《金融监管研究》2019 年第 4 期。

(1)商业道德

这可能是投资者和学者分析的最常见的治理主题。G型投资者可能会评估公司关于潜在争议性问题(如内幕交易、贿赂和歧视)的商业政策和做法。商业道德本质上是主观的,投资者可能会对道德行为的构成有不同认识。商业道德也可能因公司文化和行业差异而大相径庭。G型投资者检查公司的商业道德,以帮助确定公司在多大程度上表现出积极的治理结构。以商业腐败为例,诚如英国历史学家和道德家阿克顿勋爵(Lord Acton)所言,“权力往往导致腐败,绝对的权力导致绝对的腐败”。商业领域普遍存在滥用权力的现象,如饱受争议的韩国财阀、日本神户钢铁、巴西石油公司、美国安然公司等,腐败会增加国家风险溢价(country risk premium),即投资者为补偿在该国投资的风险(包括政治不稳定、汇率风险以及国家负债和英国脱欧等经济不确定性风险)所需要的额外回报。G型投资者在选择国家作为投资对象时,最看重经济效率,但透明度国际清廉指数(corruption perceptions index)等背景条件和整体的国家风险溢价,有助于投资者判断国家的经济增长将多大程度上给当地企业股东创造价值。同样地,在选择企业进行投资时,公司治理标准及其在实践中的落实和执行情况,将有助于投资者判断企业所创造的价值将多大程度上惠及少数股东。

(2)公司所有权

G型投资者还可能分析组织的所有权,以确定其相应特征,如管理层分布、人口统计和股东构成等特征。这使得投资者能够确定公司现有员工拥有多少股份,从而为股东的可持续性发展提供员工激励。所有权分析可以让G型投资者明确股权代理和股东决议等隐性内容,也可以确定公司的利益相关者。毕竟,最大的利益相关者群体是拥有最多投票权的股东。因此,G型投资者对这些股东与公司管理团队的关系感兴趣。对于公司决策和经营战略,一些利益相关者的反对意见可能有利于公司的市值增长,但对于大多数利益相关者来说,反对意见会导致组织内部冲突,并可能会被公司的消费者感知,进而影响公司股价或声誉。

(3)管理层多元化

G 型投资者可以检查管理团队和董事会的组成,以确定组织的层级结构和领导者。投资者可能想确定公司信息是否与购买其产品和服务的企业和个人群体保持一致。机构投资者可能起草决策,通常是一种整合形式,要求其公司管理团队和董事会中有一定比例的少数族裔和女性代表。此外,一些机构投资者甚至要求将一定比例的资产用于投资少数股东所有的企业,其中多数股权属于少数群体、由少数群体组成、属于女性或者由女性拥有,以促进公司管理层构成的多元化。实际上,维护性别平等和少数族裔权利不仅在道义上是必要的,而且具有经济利益。以女性平等为例,2015 年,麦肯锡全球研究院(Mckinsey Global Institute)估计,如果实现女性和男性完全的性别平等,全球产出将会增加 25% 以上。提升女性在劳动力市场的参与程度、创业积极性并推动女性进入薪酬和技术含量更高的工作岗位,将产生可观的收益。根据研究结果,70% ~79% 的女性对社会责任和影响力投资表现出兴趣,而男性的这一比例仅为 28% ~62% 。总的来看,女性比男性更关心自身投资对社会的影响。[1] 与男性相比,所有年龄段的女性都对社会责任和影响力投资表现出极大的兴趣。女性更积极、更平等就业的趋势,将与资产持续流入可持续发展领域的趋势互相促进、共同发展。

(4)劳工权益

G 型投资者可能会分析公司如何管理和对待员工。除行业或

〔1〕 参见[美]马克·墨比尔斯、[美]卡洛斯·冯·哈登伯格、[美]格雷格·科尼茨尼:《ESG 投资》,范文仲译,中信出版集团 2021 年版,第 51 ~53 页。

地区内劳工标准提供的信息,投资者还可以参考联合国建立的劳工标准。投资者也可以使用劳动法和政府规章来衡量公司治理。G型投资者可以检查公司关于特定劳动实践的政策,如工作时间、工作安全、医疗保险、退休福利、产假和陪产假、工人状况等相关的问题。当然,跨国公司的劳工待遇同样值得关注。例如,投资者可能考察一家总部位于加拿大的技术公司,该公司将电话中心业务外包给一家总部位于马来西亚的公司。该投资者可能会调查马来西亚的工人是如何工作的。公司得到补偿、交易,并获得公司利益和福利。另一个例子是一家在秘鲁生产衬衫的德国服装公司。投资者可以评估整个德国公司供应链的劳动力管理,并调查秘鲁公司的既定标准,如童工、工作时间和医疗保健。

当G型投资者调查公司的劳动力管理、劳工权益保护情况时,也可以评估公司如何开发人力资本。这可能涉及评估公司的员工培训计划、薪酬待遇等方面,比如衡量最低级别员工薪酬是否随着公司业绩增长而提高,或者管理团队的薪酬是否过高等。投资者可能会发现,拥有财富管理计划比没有类似计划和政策更有利于公司市场价值增长。G型投资者可以利用人力资源管理、员工薪酬待遇、员工社会福利、员工培训计划等因素来预测目标公司的可持续性发展。

(5)安全性

安全是公司治理的重要方面之一,对许多投资者来说也很重要。G型投资者可以调查公司关于使用危险设备、危险材料和化学品的政策和程序。G型投资者可以调查安全标准对公司员工、周围环境和公司运营所在社区的影响。一家公司生产产品的安全性对于许多G型投资者来说也是重要的衡量标准。与同类竞争对手的产品相比,G型投资者可能会采取一种更为审慎的态度评估目标公司的产品质量。了解产品质量使投资者能够大致掌握管理团队在消费者市场上的定价、销售该产品的能力,以及因产品质量问题而可能产生的任何风险。

随着信息成为越来越强大的商业工具,且此类数据的安全性不断受到恶意行为者的威胁,网络安全和数据管理对于 G 型投资者来说至关重要。确保网络安全需公司保护数据安全免受病毒攻击等有害风险,保护非公开信息,如消费者和员工的个人数据和财务信息。G 型投资者可能会分析公司网络安全和数据管理状况,以便更好地了解公司可能面临的网络风险。

(6)会计准则

会计准则是 G 型投资者考虑的一个关键问题。各国和监管机构之间的会计准则和做法可能存在较大差异。基于公司会计准则及其实践可能对公司资产产生重大影响,G 型投资者通常将其作为研究的关键因素尽职调查。一般而言,衡量会计准则与标准对投资者而言并非一项简单的任务,即使有公认会计原则(GAAP)等财务报告中普遍遵循的会计规则和既定标准,公司仍经常使用资产负债表等方式操纵收入、债务和现金流报告。G 型投资者可能会调查会计准则,以更好地了解公司对债务、现金、税收、应付账款和应收账款的管理。联合国支持的《负责任投资原则》《全球指数》《国际企业社会责任准则》等行动指南的强化,使投资者成为公司治理变革的显著推动者。囿于管理层存在泛官僚主义行为,尤其是在国企中,公司董事会和管理团队可能无法认识到其治理结构中存在的问题。G 型投资者通过积极参与公司决策,缩小公司所有权和控制权之间的差距,以改善公司治理。

综上,以投资理念的差异为分类依据,ESG 投资可细分为环境保护型投资(E 型投资)、社会责任型投资(S 型投资)和公司治理型投资(G 型投资)三种类型,每种投资类型所侧重的主题内容各有不同,三种投资类型共同构成相对完整的 ESG 投资。

(三)相似概念辨析

纯粹的利他主义是不存在的。无论是捐赠、租借或投资,当事人都希望在某种程度上得到回报。一个慈善机构的捐赠者,如个人、政府、非政府组织或私人机构,会得到一种心理上的回馈或声誉上的回馈,或者两者都有。2012 年,路桥(Bridges)基金管理公司出版《资本谱系》(The Bridges of Spectrum Capital)一书。该书将投资者分为六种,从"慈善事业"(仅限影响力)到"传统"(只追求经济利益),中间是另外四种新兴的市场投资者。具体而言:(1)慈善事业类:仅追求影响力。(2)影响力优先类:影响力优先,并伴随一定财务回报。(3)主题类:需求是创造获得市场利率或优于市场利率回报的机会。(4)可持续类:通过积极投资选择和股东倡导创造 ESG 投资机会。(5)负责任类:ESG 风险管理,包括从考虑 ESG 因素到负面筛选。(6)传统类:只追求经济利益。这些类型指的是不同投资者的不同动机和目标。从投资理念自身特征来看,资本市场存在的更为具体和明确的责任投资分类是:ESG 投资、社会责任投资、影响力投资、使命投资和联合国负责任投资。伴随着社会价值取向和经济治理的历史变迁,这些投资理念所涵盖的内容经过了不断演化,在概念定义上并无普遍共识,适用范围时有重叠,运用常存混乱情况,许多机构投资者往往使用类似术语进行不精确的描述,影响投资理念的公信力和可读性,不利于投资理念的贯彻与实施。本部分内容将系统介绍各类型投资理念,厘清 ESG 投资与其他类似投资理念在内涵和用法上的异同。

1. 社会责任投资

社会责任投资(S 型投资)主要关注公司在特定利益领域的影响,通常使用负向筛选投资理念,投资时排除被认为不受欢迎或对社会有害的公司或产业,如酒精、烟草、赌博、枪支等相关产业。存在侵犯人权行为的国家同样也被排除在投资名单外。历史上,投资者曾排斥投资活跃于南非种族隔离时期的公司，以及与“血钻”采挖相关的商业活动。社会责任投资理念包含撤资行为和投资行为两方面，撤资行为一般依据多个供应商或投资顾问提供的相关数据，从而排除投资不良行为的商业活动；投资行为则是主动投资以社会公平、环境保护、社区公益等为经营目的的公司。作为 ESG 投资理念重要组成部分之一，社会责任投资与 ESG 投资最本质的区别在于，前者会筛选出特定的不符合责任投资理念的公司，后者则是为整体投资组合策略中应将哪些公司作为投资对象提供指导。[1] 目前资本市场对于社会责任投资的主要担忧是，简单排除不良公司的负向筛选策略可能导致投资组合回报率低于市场基准。

最近出现的可持续投资是另一个整合社会责任投资的投资理念。一项投资或投资战略的可持续性或不可持续性，是指在所有可能的情况下，随着时间的推移，在多大程度上仍然有效。例如，一个对员工不好或薪酬微薄的公司不能被看作可持续投资公司，因为该公司的股票价格可能会因低生产率、低产品质量和频繁的劳工纠纷而降低。具有不良环境记录的公司属于不可持续投资公司，因为公司价值随时可能因为诉讼、损害赔偿或罚款，以及其他制裁措施而降低。虽然很多人交替使用“社会责任”和“可持续发展”两个术语，且二者之间确实关系密切，但它们是两个不同的概念。可持续发展是一个被广泛接受的概念和指导目标，在 1987 年联合国世界环境与发展委员会发布《我们共同的未来》后，得到国际公认。可持续发展是指满足社会需要宜限定在地球生态承载能力范围内，并且不危及后代人满足其需要的能力。可持续发展包含经济、社会和环境三个方面，三者互相依存，例如，消除贫困需要同时推动社会正义、经济

〔1〕 See John Hill, *Environmental, Social, and Governance (ESG) Investing: A Balanced Analysis of the Theory and Practice of a Sustainable Portfolio*, Academic Press, 2020, p. 14.

发展和环境保护。[1] 自1987年被提出以来,可持续发展目标的重要性在多个国际论坛上被反复阐述,如1992年召开的联合国环境与发展大会。社会责任则把组织作为焦点,关注组织对社会和环境的责任。社会责任与可持续发展密切相关。因为可持续发展是人类共同的经济、社会和环境目标,它可以用来作为概括更广泛的社会期望的一种方式,追求负责任行动的组织宜将这种广泛的社会期望考虑其中。因此,组织的社会责任的总体目标宜是致力于可持续发展。可持续发展的目标是确保全社会的可持续性。全社会可持续性的实现,有赖于以整体的方式解决社会、经济和环境方面的问题。可持续消费、资源可持续利用和可持续生活方式与所有组织相关,并事关全社会的可持续性。实践中,可持续发展和ESG常被视为等同概念,但ESG是一个更精确的术语,并拥有更高的知名度。

2.影响力投资

"影响力投资"一词由拥有100多年慈善投资经验的洛克菲勒基金会于2007年创设。近年来,大量影响力投资者将资金注入资产管理公司的专门基金及相关产品,全球影响力投资市场在2017年激增至2280亿美元。[2] 与其他投资理念相比,影响力投资往往更简单直接,专注于对社会或环境问题产生积极影响,涉及普惠金融、教育、医疗保健、住房、水、清洁和可再生能源、农业和其他领域,投资范围广泛,包括拉丁美洲和加勒比、东欧和中亚、东亚和太平洋、南亚、撒哈拉以南非洲、中东和北非等地区。大多数投资理念主张将资产投资于公共债务和股票市场,而影响力投资则主要侧重投资于

---

〔1〕 See Secretary-General & World Commission on Environment and Development, *Report of the World Commission on Environment and Development*, UN, https://sustainabledevelopment.un.org/content/documents/5987our-common-future.pdf, last visit on March 15, 2024.

〔2〕 See John Hill, *Environmental, Social, and Governance (ESG) Investing: A Balanced Analysis of the Theory and Practice of a Sustainable Portfolio*, Academic Press, 2020, p. 18.

其他资产类型，比如私募债券、不动产资产和私募股权等，投资规模从几千到数百万不等。对影响力投资的财务回报率的研究表明，影响力投资的市场利率回报与传统投资组合的回报相当。[1] 此外，值得注意的是，影响力投资与使命投资（mission investing）存有诸多相似之处，适用领域也有大量重叠之处，两个概念经常互换使用，在每个资产类别中所进行的投资可能相似。二者不同之处在于，影响力投资可由任意类型投资者或组织进行，而使命投资则专指在投资领域投资者或组织所开展的对其生存至关重要的活动。相同的是，参与影响力投资或使命投资的最活跃的投资者大都是大型基金会和捐赠基金。

3. 使命投资

使命投资与影响力投资关系密切，常用于指具有相对特定社会、环境或信仰目的的慈善基金会或宗教基金的投资活动。宗教信仰投资（religious values investing）作为相似术语，是使命投资的下位概念之一，专指基于宗教价值观或宗教信仰的投资行为。宗教信仰投资是指专门为符合该宗教的道德和社会教义而设计的投资活动，同时提供财务回报，以确保组织财务稳定。宗教信仰投资不一定能获得市场或高于市场的财务回报，并且可能很难甚至不可能找到与道德或社会价值完全一致的投资。虽然在宗教间以及任何一种宗教内部的信仰都存在或多或少的差异，但在各主要信仰的投资风格中，都有一些不同程度的共同特征。宗教投资可以采取多种形式：共同基金和 ETF 基金（交易型开放式指数基金）；公共和私人股本的集中投资；普通债券、房地产和其他选择。基于信仰的投资的一个常见属性是负面筛选，即个人或组织筛选出活跃于“罪恶”行业（如

[1] See Abhilash Mudaliar & Rachel Bass, *Evidence on the Financial Performance of Impact Investments*, https://thegiin.org/research/publication/financial-performance, last visit on March 15, 2024.

酒精、烟草、赌博和色情)的公司。宗教信仰投资者也会使用积极的筛选来投资与他们的信仰一致的公司或项目。

使命投资旨在促成特定慈善目标,比如为儿童提供更好的医疗保健或教育机会。使命投资可以产生积极的社会影响,同时也会带来财务回报,但使命投资首先关注的是投资的社会价值,其次才是投资回报。阿诺德投资公司(Arold Ventures)是参与使命投资较为著名的慈善机构,该机构对投资项目在健康、刑事司法、公共财政和教育四个方面进行评估,所采用的方法是发现问题、审慎研究、寻找解决方案。一旦某个想法经过测试、验证并证明确实有效,则机构将为其策略制定和技术援助提供资金,目标是比从多个资金来源获得更持久的变革,最大化慈善投资效益,以及最大限度减少不公正。[1]

4. 联合国负责任投资

联合国负责任投资计划始于 2005 年,宗旨是为关注可持续性发展问题的银行、公司、投资者和学者提供帮扶。现有超过 2000 个签署方,管理 80 亿美元左右的资产。[2] 联合国负责任投资原则计划的目标是让投资者在其投资决策中考虑并实施 ESG 因素,包括股票、固定收益、私募股权、对冲基金和实体资产等。签署方承诺:(1)作为机构投资者,有责任为受益人的最佳长期利益管理资产;(2)作为受托人,承认 ESG 因素对投资组合绩效有积极影响。联合国负责任投资有别于其他强调道德或伦理的投资理念的一个特点在于,联合国负责任投资针对更广泛的以获取财务回报为主要目的的投资者,主张 ESG 因素对财务回报有重大影响,在作出投资决策时不能忽视。此外,值得强调的是,许多社会和道德投资方法往往指定较为狭窄和单一的投资范围或领域,比如教育环境、性别平等

〔1〕 See *Arnold Ventures*, https://www.arnoldventures.org, last visit on March 15, 2024.

〔2〕 See *Principles for Responsible Investment*, PRI, https://www.unpri.org/pri/about-the-pri, last visit on March 15, 2024.

等,而联合国负责任投资则将与投资回报相关的所有信息纳入决策中,投资范围更为广泛。

综上,ESG 投资理念作为一个泛概念,存有诸多与之相似的概念术语,各术语在内涵与用法上略有不同。ESG 投资提倡投资财务回报高且 ESG 因素评估得分高的公司。社会责任投资主要经由负向筛选策略选出不受欢迎或对社会有害的公司。影响力投资与使命投资相似,多用于具有特定目的的慈善基金会或宗教基金的投资活动。联合国负责任投资则是倡导在投资决策中重点考虑 ESG 因素。鉴于社会责任投资、影响力投资、绿色投资等概念与 ESG 投资的相似性和同源性,且 ESG 投资概念的外延和内涵更为宽泛,为行文方便,避免混乱,易于理解,本书以 ESG 投资泛指此类相关概念。

二、ESG 投资的演变历程

纵观全球投资历史趋势,投资行为所考量的因素从单维度(经济利益)逐渐向多维度(环境保护、社会责任、公司治理等)发展,投资理念日渐多元化。经济效益虽仍是影响投资行为的首要因素,但非财务因素的影响力正慢慢占据越来越大的权重。ESG 投资作为近年来备受欢迎的主流投资理念,其起源与发展同样备受关注。为此,下文拟系统阐释 ESG 投资理念的形成历史,并重点梳理促进 ESG 投资发展的主要政治、社会和文化事件。

(一)变革:新古典经济学与人性的碰撞

历史上经济学家和投资者都认为投资行为仅受到两个因素的影响:投资风险与财务回报。该投资理念源自新古典经济学学派"经济人"(homo oeconomicus)概念,主张"经济人"具有以下三种特征:(1)个人目的有理性偏好;(2)个人最大化效用,企业最大化利润;(3)个人根据完整的相关信息独立行动。[1] 理解"经济人"概念是开启新古典经济学的关键,该术语专指理性、自利、永不满足和功利的经济个体。自亚当·斯密于 1776 年发表《国富论》以来,理论上对人类普遍存在自利行为的看法没有改变。米兰·扎菲罗夫斯基(Milan Zafirovski)教授进一步将"经济人"的特征描述为:没有复杂的相互依存关系、追求纯粹的自我利益、有远见的理性和准确的成本收益计算、市场均衡和帕累托最优、参数化的个人偏好、价值观、技术、社会制度和文化、利润的持续最大化、自由和完全竞争、自由放任的政府、充分的知识和完整的信息。[2] 换言之,理性选择理论是基于这样一种观点,即在同等情况下,每个人都会做出相同的决定以最大化自己的利益。然而,对于许多主张将心理学纳入经济分析中的学者来说,这种经济人模型并不令人满意。19 世纪早期到中期,行为经济学理论开始崭露头角,用以调和经济人的理性计算与经验行为之间的矛盾。行为经济学试图通过实验检验理性选择与具有不可预测性的人类决策心理之间的关系,将人类行为的心理分析还原到经济思想与实践中。通过这一系列实验,行为经济学的倡导者证明人性在经济领域的影响,并进一步质疑个人仅基于自身利益最大化做出理性决策的假设,或者个人自利行为已固化的假设。换句话说,行为经济学的实验和测试至少证明了两件事:(1)自利行为并不总是理性;(2)自我价值实现涵盖比个体利益获取更广泛的领域。无论是哪种情况,19 世纪中期的经济学领域的学者都不约而同地在著述中讨论人性,承认其

〔1〕 See Ada Marinescu, *Axiomatical Examination of the Neoclassical Economic Model, Logical Assessment of the Assumptions of Neoclassical Economic Model*, 23 Theoretical & Applied Economics 47 (2016).

〔2〕 See Milan Zafirovski, *The Rational Choice Generalization of Neoclassical Economics Reconsidered: Any Theoretical Legitimation for Economic Imperialism*, 18 Sociological Theory 448 (2000).

对市场运作的重要影响。

（二）开端：宗教与企业的发展（19 世纪至 20 世纪 50 年代）

其实在上述经济理论之外，一个更原始的投资框架早已建立。几千年来，宗教信仰者始终基于特定标准进行投资。从早期圣经时代开始到现在，摩西律法中提供的犹太教徒指令明确规定符合道德标准的投资方法。在基督教时代，卫理公会教徒、贵格会教徒和其他各种以宗教信仰为基础的投资者有意识地避免投资他们称之为“罪恶股”的股票，其中包括一系列行业，比如酒精、赌博、烟草和与战争相关的材料行业，[1]而这也与犹太教的投资理念相似。儒家思想所倡导“重义轻利”的金钱观则是我国商贾群体形成道德性投资理念的文化根源。根据新古典主义经济学派的观点，这些投资策略并非仅仅是为了实现经济利润或效用的最大化，而是遵循一套超越个人经济利益的价值理念。该框架为探索和评估环境、社会和公司治理等因素对投资的影响力提供了经验基础。

1. 基督教投资观

约翰·卫斯理（John Wesley）在 1872 年的布道《金钱的使用》中阐释现在所知的社会责任投资的基本定义，即只在不妨碍或损害其他人机会的情况下使用资金。他认为，我们应该在不伤害邻居的情况下获得我们所能得到的一切；我们不能通过赌博吞噬他人土地和房屋，无论是出于生理上的原因，还是法律上的原因；所有的典当经纪业务都被排除在外。[2] 这篇讲道逐渐成为卫理公会进行社会责任投资的指导性文件。18 世纪的贵格会教徒根据这些原则采取行动，抵制运用针对特定问题筛选策略（issue-specific screening

---

〔1〕 See Mark Brimble & Ciorstan Smark, *Financial Planning and Financial Instruments*: 2013 *in Review*, 2014 *in Prospect*, 7 Australasian Accounting, Business and Finance Journal 1 (2013).

〔2〕 See *The Use of Money* (*Sermon* 50), https://nbc.whdl.org/en/browse/resources/7092, last visit on March 15, 2024.

strategy)投资奴隶贸易行业。这与当时的社会共识背道而驰,当时的社会共识坚持认为奴隶制是美国南部文化和经济的必要组成部分。

2. 儒家投资观

儒家作为“三教”之一(儒、释、道),由孔子创立,始于古代春秋战国时期,是最具影响力的中国传统文化之一。单就投资理念和金钱观而言,佛教、道教鼓励人们逃避现实,远离社会和人群,为宗教自身发展和教徒切身利益而关心金钱收支问题。[1] 儒家则主张“利济天下”“利在惠民”。古代走上仕途的儒家官吏大多有这样的胸襟和情怀,正如白居易所言,“圣人非不好利,利在于利万人;非不好富也,富在于富天下”,主张为官一任,造福一方。儒家还主张重义轻利。孔曰成仁,孟曰取义,认为“钱财如粪土,仁义值千金”。儒家文化的投资理念在于关心国计民生,强调“取之有道、用之有道,用之有度”的金钱观,即使在市场经济背景下,也不能一味追求利益。当义与利冲突时,主张以义制利,先义后利。“义以为上”“义然后取”。儒家不认可谋不义之财,鄙视唯利是图之人,甚至将“保利弃义”之人视为“至贼”“小人”。此处的“义”与“利”可以理解为市场经济中的非财务因素与财务因素,儒家文化在投资领域的表达为:非财务因素比财务因素重要得多。

(三)发展:SRI 投资历史的里程碑示例(20 世纪 50 年代至 90 年代)

20 世纪 50 年代至 90 年代的激烈文化冲突增强了国家对个人社会责任的重视。社会责任投资的发展建立在经济理论、宗教倡导和商业道德基础之上。20 世纪 50 年代至 80 年代的一系列重大历史事件为社会责任投资的繁荣发展创造有利的条件和环境。舒伊

[1] 参见张树青:《儒、释、道的金钱观比较研究》,载《聊城大学学报(社会科学版)》2008 年第 1 期。

特(Schueth)在其文章《美国的社会责任投资》中描述20世纪60年代充满激情的政治气候,无疑提升了个人对社会责任的敏感性。[1] 20世纪50年代和60年代的动荡时期,抗议和社会变革倡议重新引起人们对社会责任投资的兴趣。[2] 第一次世界大战、美苏冷战和民权运动等事件进一步强化了投资者承担社会责任的意识。[3] 在第一次世界大战后的几十年里,关于社会责任投资的话题从关注社会责任投资机会转变为倡导将非财务信息因素纳入投资策略。[4] 投资者开始重新审视所应负担的社会责任,将其从边缘关注点提升为主要关注点,并将社会责任从小众市场战略转变为公共投资理念。[5] 下文将列举社会责任投资的若干区域性示例,以展现社会责任投资日益扩张的影响力。

1962年,马来西亚在东南亚成立了朝圣者基金(Lembaga Tabung Haji),该基金有双重用途:提供投资机会和服务,并为马来西亚教徒管理朝圣活动。朝圣者基金将资金用于广泛的投资组合,所有投资组合均需符合教会法规定。[6] 瑞典负责任投资基金(Swedon Aktie Ansvar Myrberg)成立于1965年的福里基科娱乐运动(the Frikyrko and Recreation Movement),旨在倡导避免投资与武器、烟草、色情制品或酒精有关的公司。美国和平世界基金(The Pax

---

〔1〕 See Steve Schueth, *Socially Responsible Investing in the United States*, 43 Journal of Business Ethics 189 (2003).

〔2〕 See Ronald Paul Hill, *Corporate Social Responsibility and Socially Responsible Investing: A Global Perspective*, 70 Journal of Business Ethics 165 (2007).

〔3〕 See Katie Gilbert, *The Managers: Money from Trees Asset Managers Are Finding an Unlikely New Source of Alpha: Responsible Investing*, 44 Institutional Investor 42 (2010).

〔4〕 See Thomas C. Berry & Joan C. Junkus, *Socially Responsible Investing: An Investor Perspective*, 112 Journal of Business Ethics 707 (2013).

〔5〕 See Christophe Revelli, *Re-embedding Financial Stakes within Ethical and Social Values in Socially Responsible Investing (SRI)*, 38 Research in International Business and Finance 1 (2016).

〔6〕 See Rushdi Siddiqui, *Shari'ah Compliance, Performance, and Conversion: The Case of the Dow Jones Islamic Market Index*, 7 Chicago Journal of International Law 495 (2006).

World Fund)系第一个现代社会责任投资基金,由卢瑟·泰森(Luther Tyson)和杰克·科贝特(Jack Corbett)于1971年8月创立,创始资金达101,000美元,明确投资范围排除军事行业公司。卢瑟和杰克创建该共同基金,将非财务因素纳入投资决策中,使投资者能够将其投资与个人信念保持一致。该基金的设立折射出20世纪60年代和70年代在越南战争、冷战和当时政治气氛推动下形成的新投资哲学,该基金是美国第一家在投资组合构建中运用非金融筛选策略的共同基金。

值得一提的是,莱昂·沙利文(Leon Sullivan)牧师于1971年提出著名的"沙利文原则",包括种族平等、同工同酬等内容,[1]旨在指导南非的商业投资实践,协助制定全球范围内的社会责任投资排除和筛选规则。这些规则逐渐成为反对种族隔离的宣言,并开始成为社会责任投资的模糊定义。彼时,社会责任投资受到严重的概念限制,导致许多商人和投资者对这些做法不屑一顾。由于投资原则没有得到明确定义,因此很难规定投资者基于社会责任投资需进行的投资组合调整。这种不确定性势必会导致投资组合的多元化程度不高,与"非社会"投资策略可能产生的收益相比,风险高且回报率低。[2] "沙利文原则"的出现开始打破僵局,为投资者提供更多关于社会责任投资的深度调查和定性衡量方法。

随着投资者对社会和环境问题的日益关注,关于道德和负责任投资的潜在战略研究开始流行。波士顿的一位零售股票经纪人艾米·多米尼(Amy Domini)注意到市场中的负责任投资趋势,并于1984年出版《道德投资》,倡议在投资组合中纳入社会责任投资理

---

〔1〕 See James B. Stewart, *Amandla! The Sullivan Principles and the Battle to End Apartheid in South Africa*, 96 Journal of African American History 62 (2011).

〔2〕 See John H. Langbein & Richard A. Posner, *Social Investing and the Law of Trusts*, 79 Michigan Law Review 72 (1980).

念,受到了投资者的广泛关注。艾米认为可以调整传统投资策略所使用的指标,以更准确地衡量可持续投资策略的有效性。为回应人们对社会责任投资日益增长的兴趣,艾米·多米尼、彼得·金德(Peter Kinder)和史蒂文·利登伯格(Steven Lydenberg)于 1990 年推出多米尼 400(Domini 400)社会指数,该指数跟踪 400 家积极参与社会和环境投资的大型公司,用以与道琼斯工业平均指数或标准普尔 500 指数(the Dow Jones Industrial Average or the Standard & Poor's 500)相对应,旨在确定社会、环境与治理领域,以及其他纳入投资组合的非财务因素的经济效益,试图证明社会责任投资可以提供与传统投资策略同等的优越回报。[1] 1986 年切尔诺贝利事故、1989 年埃克森美孚石油泄漏等事件的发生使得用负责任投资因素补充传统投资战略的做法变得更具吸引力,特别是对于那些具有宗教信仰或社会责任意识的投资者,他们与之前的犹太人、卫理公会教徒、贵格会教徒和其他宗教投资者一样,试图避免投资与其价值观背道而驰的某些行业或公司。

(四)成熟:20 世纪 90 年代至今

多米尼 400 社会指数的创建,预示着社会责任投资时代的到来。1992 年,迈克尔·詹齐(Michael Jantzi)成立詹齐研究助理公司(Jantzi Research Associate,Inc),将企业社会责任细化为七项指标进行评判,包括社区问题、多样化的工作场所、员工关系、环境绩效、国际化、产品和商业实践等。2004 年,联合国发布责任投资领域迄今为止最为重要的报告《2004 年环境计划融资倡议报告》(The 2004 Environmental Programme Finance Initiative Report),首次将"环境保护、社会责任和公司治理"用于描述社会责任投资。这三个短语后

---

〔1〕 See Emiel Van Duuren, Auke Plantinga & Bert Scholtens, *ESG Integration and the Investment Management Process: Fundamental Investing Reinvented*, 138 Journal of Business Ethics 525 (2016).

来缩写为 ESG 投资。2006 年,联合国进一步制定负责任投资原则,旨在为公司制定负责任投资策略时提供参考标准。[1] 2007 年,德意志资产管理公司(Deutsche Asset Management)建立第一个专注于气候变化的主题共同基金。构建主题投资组合迅速发展成一种被称为"影响力投资"(impact investing)的常见投资策略。绿色投资(green investing)则成为一种常见的影响力投资模型,主要以降低环境风险为目标构建投资组合。

在亚洲的国家和地区在社会责任投资方面也有一定的发展,如 1999 年日本推出第一只社会责任基金——日光(Nikko)生态基金、我国在 2008 年也有了第一支社会责任基金——兴业社会责任基金。[2] 在 2015 年联合国气候变化大会(the United Nations Climate Change Conference)上,多个国家公开承诺将关注绿色投资以减少温室气体排放。自 20 世纪 90 年代以来,许多研究试图通过衡量回报、波动性、整体投资组合绩效和其他投资指标来量化 ESG 投资的价值。联合国和美国劳工部以及许多独立的国家监管机构鼓励投资者将 ESG 投资纳入投资组合。美国劳工部在 2015 年所发布的退休计划中的经济目标投资指南(Economically Targeted Investment)指出,环境、社会和治理因素可能与投资的经济和财务价值有直接关系。除财务收益外,投资者还可因创造社会福利而选择投资。2020 年 9 月,中国宣布二氧化碳排放力争于 2030 年前达到峰值,努力争取 2060 年前实现碳中和的宏伟目标之后,"双碳"目标成为中国经济发展和金融工作开展的重要纲领。中国资本市场的责任投资开始加速发展,新的责任投资产品数量呈现指数级增长,ESG 也开始为市场所熟知,并得到主流投资机构认可。

---

〔1〕 See Darlene Himick, *Relative Performance Evaluation and Pension Investment Management: A Challenge for ESG Investing*, 22 Critical Perspectives on Accounting 158 (2011).

〔2〕 参见周康:《中国社会责任投资的发展现状及策略》,载《当代经济》2010 年第 11 期。

几个世纪以来,ESG 投资的发展裹挟于财务因素与非财务因素孰轻孰重的论争中。投资者越来越相信其投资决策可以影响社会,并开始发展出这样的信念,即负责任投资因素可以成为公司长期财务业绩的正向指标。这种商业意识和投资情绪的结合使得 ESG 整合基金、ESG 筛选基金和 ESG 主题基金等 ESG 相关基金持续推出。这些基金在过去几年越来越受欢迎,并且已证明在长期时间范围内表现优异。正如 2016 年《全球可持续投资评论》(the Global Sustainable Investment Review 2016)的数据所显示的那样,所有地区的投资机构的 ESG 投资权重都在增长。随着这种增长,投资者和学者有机会通过股票价格来调查 ESG 因素纳入程度在投资策略中的影响。由于这仍然是一个需要衡量和研究的相对较新的领域,因此在未来几年调查全球公司投资 ESG 是否会产生更高财务绩效将会是重要课题。

第二节　ESG 投资的常见担忧与驱动因素

目前学界关于 ESG 的研究文献主要集中于 ESG 信息披露、ESG 评估评级、ESG 表现与公司财务绩效的关系等内容,对于 ESG 投资的常见担忧、驱动因素和实务运用仍付之阙如。为发展我国绿色金融,推动 ESG 投资,建立健全绿色低碳循环发展的经济体系,本书拟以投资者视角系统分析参与 ESG 投资的常见担忧和驱动因素,以及在各类型基金中的实务运用,为读者提供一些参考。

一、ESG 投资的常见担忧

目前资本市场对 ESG 投资的顾虑主要集中在投资回报影响、

ESG 信息质量和市场类型差别等方面。具言之，ESG 投资可能限制投资种类和范围，导致投资回报的可能性降低。一些司法辖区中与 ESG 相关的信息数据质量不高。发达市场、新兴市场和前沿市场等资本市场对 ESG 投资理念的接受程度存疑。下文将逐一详述 ESG 投资的常见担忧，以及产生该担忧的原因。

（一）投资回报影响

第一个担忧是 ESG 投资将限制投资范围和投资数量，进而影响投资回报。ESG 投资有时被认为具有较高的投资风险和较低的投资回报，因为投资者有意将投资选择限制在与环境、社会、公司治理等主题相一致的较小投资范围内。[1] ESG 投资限制投资回报潜力，将投资限制在符合 ESG 评级较低标准的范围内，减少可能的投资种类和数量，导致投资回报受限。[2] 然而，其他投资理论则持相反观点。财务比率和现金流量被视为财务绩效的主要计量指标，投资者使用这些基本计量指标可筛选出被视为不具投资价值的股票。然而，ESG 投资为企业估值提供一个额外的计量指标，超越一般传统公司所采用的财务比例、现金流计量等基本面分析，既不应被认为过于轻率，也不应被认为过度限制投资范围和种类。易言之，ESG 投资是以普通投资者所采用的投资策略为基础，综合 ESG 数据更精确地分析投资项目，以便以低风险换取高回报。因此，采用 ESG 投资并不会限制潜在投资范围与投资数量。

事实上，几乎所有投资组合和投资战略都将缩小投资范围和投资数量。构建多元化投资组合，能够规避资本市场的苏格拉底式风

---

〔1〕 See Emiel Van Duuren, Auke Plantinga & Bert Scholtens, *ESG Integration and the Investing Management Process: Fundamental Investing Reinvented*, 138 Journal of Business Ethics 525 (2016).

〔2〕 See William Sanders, *Resolving the Conflict between Fiduciary Duties and Socially Responsible Investing*, 35 Pace Law Review 535 (2014).

险(socratic risk),[1]即使将 ESG 投资可能造成的投资限制考虑在内,在资本市场中实现预防与单一投资(如股票、证券等)相关的微观经济风险也具有可能性。一些投资者可能将 ESG 投资视为会分散注意力的不适当高风险,将 ESG 纳入投资策略会降低投资回报。但研究表明,合理的 ESG 投资组合安排能够提高投资回报,降低投资风险,减少财务成本。[2] 这也是 ESG 投资越来越受到资本市场关注的原因所在。总体而言,投资者关于 ESG 投资回报的顾虑主要聚焦于 ESG 投资可能实际限制投资数量和范围,进而提高风险和降低回报,但事实上 ESG 投资是在传统投资策略的基础上将 ESG 因素纳入考量,综合各项计量指标、精确筛选和分析投资项目,契合多元化投资策略,是一种高回报低风险的投资理念。

(二)信息质量担忧

ESG 投资本质上是将未包含在财务报表中的非财务信息纳入到投资策略中的一种投资理念。根据传统投资理念,投资者仅需考虑投资风险与投资回报。这两类传统投资考量因素依赖于商业活动中的财务信息,而参与 ESG 投资则需要可用的非财务(ESG)信息。因此,投资者担心一些司法管辖区缺乏可用的 ESG 信息,比如目前大多数国家的 ESG 信息披露制度仅针对上市公司,对于非上市公司并无强制性披露要求。以我国为例,目前我国上市公司披露 ESG 信息未有统一标准。现有规范仅对上市公司需披露 ESG 信息作了原则性规定,并没有具体的披露细则或指引,且随着 ESG 投资

---

〔1〕 苏格拉底式风险(socratic risk)是指在对某个主题或决策进行深入探究时,人们可能发现自己知之甚少或者理解存在误差的风险。在现实生活中,苏格拉底式风险意味着,当我们探索一个主题或做出决策时,如果我们不去深入了解和思考,只是轻率地做出决定,那么可能会犯错或产生不良后果。因此,应该像苏格拉底一样不断地提出问题、探究问题,并接受不同观点和反驳,以便更好地理解问题和做出明智的决策。

〔2〕 See Edwin J. Elton & Martin J. Gruber, *Risk Reduction and Portfolio Size: An Analytical Solution*, 50 The Journal of Business 415 (1977).

市场的变化不断调整相应披露要求。从技术层面上看,在相当长一段时期内,世界各国的 ESG 信息披露普遍无法达到与财务信息披露相同的水平,ESG 信息的定性、定量和披露仍存较大的进步空间,ESG 信息披露普遍存在数量少、质量差、可信度低、可比性弱等问题,并且趋同性明显。[1]

可喜的是,尽管新兴资本市场和前沿资本市场在信息披露方面落后于发达市场,[2]但数据显示,这些市场正在持续增强 ESG 信息的可用性。可持续性会计标准委员会(SASB)、碳披露项目(CDP)、全球报告倡议(GRI)、国际综合报告理事会(IIRC)、联合国负责任投资原则等组织机构也都致力于增强 ESG 信息的可用性。这些组织机构中的每一个以及数百个更小的分支机构都在持续收集、披露 ESG 信息,以增强 ESG 信息的有效性和提高 ESG 信息的透明度。可以理解的是,投资者可能为所持有的 ESG 信息质量担忧,并难以确定使用哪家 ESG 评级机构作为可靠的数据来源。然而,随着 ESG 信息披露制度的逐步完善,数据服务提供商的发展壮大,投资者将获得公司间一致、行业间可比、可用于定性和定量的 ESG 信息。

(三)市场类型差异

20 世纪 90 年代末,投资者开始关注社会责任投资。90 年代后,投资者主要通过发达市场、新兴市场和前沿市场等市场实现资产多元化配置。然而,投资者对 ESG 投资在不同类型市场中的风险与收益表示担忧。以新兴市场为例。为厘清三者与 ESG 投资的关系,詹姆森·奥德尔(Jamieson Odell)和乌斯曼·阿里(Usman Ali)将新兴市场特有的独立因素区分为环境风险因素、社会风险因素和治理风

---

〔1〕 参见沈洪涛、苏亮德:《企业信息披露中的模仿行为研究——基于制度理论的分析》,载《南开管理评论》2012 年第 3 期。

〔2〕 指数供应商(如 MSCI)依据国家经济发展水平、外国投资者的市场准入程度以及规模和流动性标准,将全球市场分为发达市场、新兴市场和前沿市场,市场的成熟和规范程度排序:发达市场 > 新兴市场 > 前沿市场。

险因素。环境风险因素通常指政府监管和可用环境资源,包括气候变化、环境污染、政策变化和资源短缺等。社会风险因素涉及消费者权益、雇员权益和社区关系等方面,尤其是消费者权益保护工作在许多新兴市场国家仍然不到位,“买家自负”仍是商品交易的主要归责原则。防止侵犯雇员权益的保障措施同样不足。土地占用、环境污染、就业和薪酬问题容易导致公司与周围社区关系紧张。企业治理风险因评判标准变化和社会责任缺失而不断扩张,涉及贪污腐败、财务审计、信息披露、股东权利等方面。[1]

事实上,这些风险因素仅对传统投资产生消极作用,但对 ESG 投资的影响则正好相反。ESG 投资将环境风险、社会风险和企业治理等因素整合到负面筛选策略中,将公共利益引入企业价值体系,将企业发展对环境社会的外部影响内部化,以追求经济可持续发展。在新兴市场国家普遍缺乏强有力监管的情况下,具备可持续发展能力的公司将更具竞争优势,能够抓住发展机会,满足客户需求。以奶粉为例,2008 年三聚氰胺“毒奶粉”丑闻发生十几年后,我国消费者对外国品牌婴儿配方奶粉的偏好仍然很强烈。无论是发达市场、新兴市场,还是前沿市场,客户都更乐意与声誉良好的公司交易,而声誉良好的公司大多数 ESG 评级高。因此,尽管新兴资本市场具有较高且集中的投资风险,但 ESG 投资仍将是新兴市场投资领域的主流。在相对于新兴市场更为成熟的发达市场和前沿市场中,更是如此。

综上,ESG 投资的风险与挑战主要集中于投资回报影响、ESG 信息质量、市场类型差异等方面。相较于传统投资领域的广泛性,ESG 投资的非财务因素筛选策略限制可投资范围和数量,将影响投

[1] See Jamieson Odell & Usman Ali, *ESG Investing in Emerging and Frontier Markets*, 28 Journal of Applied Corporate Finance 96 (2016).

资组合的多元性和稳定性,进而导致投资风险提高和回报降低。ESG 披露标准与评价体系的不完善是 ESG 信息质量堪忧的主要原因。鉴于发达市场、新兴市场和前沿市场等市场类型的差异化资源配置,投资者对 ESG 投资在不同市场类型中的风险与收益存在顾虑。经由分析和论证,这些关于 ESG 投资的风险与挑战本身不构成真正的问题,或者正在随着时间的推移而逐步消散。

二、ESG 投资的驱动因素

投资者对 ESG 投资存有顾虑的同时,也有诸多激励要素驱使投资者参与 ESG 投资。本部分内容将围绕 ESG 投资的激励要素展开,探讨投资者参与 ESG 投资的相关动因,以及 ESG 投资可能为资本市场带来的影响。需说明的是,除 ESG 投资外,本部分内容还将涉及其他与 ESG 相关的专业术语,比如 ESG、ESG 表现、ESG 信息披露等,这些专业术语旨在更为全面和准确地阐述各类型驱动因素对 ESG 投资的激励效用。

(一)政府法规

政府部门颁行的与 ESG 投资相关的法律规范和政策文件,不仅能够增强资本市场对 ESG 投资的认知,还能正确引导投资者参与 ESG 投资。世界范围内相继出台的政策法规折射出政府部门对 ESG 问题的密切关注。下文将以美国、欧盟、日本、中国等具有代表性的国家(地区)为例,辨析关于 ESG 投资的政策法规演变,讨论其对 ESG 投资的激励效用。

第一,美国。20 世纪 70 年代,美国证券交易所委员会开始注意到环境污染与公司财务绩效之间的消极联系。[1] 2010 年,美国发布

〔1〕 参见许晓玲等:《ESG 信息披露政策趋势及中国上市能源企业的对策与建议》,载《世界石油工业》2020 年第 3 期。

披露气候风险信息的指导方针,建议上市公司披露环境问题可能带来的风险,以警示投资者。[1] 2015 年,美国首次发布 ESG 投资的相关规定,鼓励投资者参与 ESG 投资。2015 年至 2018 年,美国发布一系列参议院法案,逐渐加强环境保护在公司发展中的地位,并强化气候变化风险的管控和信息披露。美国 ESG 制度体系的构建从对环境保护这一单因素的关注开始,逐渐形成较为成熟和完整的 ESG 投资市场及其产业链。

第二,欧盟。一直以来,欧盟积极响应联合国可持续发展目标和负责任投资原则,也是最早表明支持 ESG 投资的区域性国际组织之一。欧盟开展了一系列与 ESG 投资相关的政策法规的制定和修缮工作,以确保 ESG 投资在欧洲市场上的发展有充足的制度供给。2006 年至 2017 年,欧盟从最初提倡 ESG 与公司经营策略相结合,到强制公司经营策略实现 ESG 三项议题的全覆盖。2014 年颁行的《非财务报告指令》首次系统地将 ESG 三项主题列入法律文件,强调 ESG 在公司发展过程中的重要性。欧盟 ESG 制度体系发展从关注公司经营中的治理规范开始,政策制定注重过程管理和实践优化。

第三,日本。日本 ESG 投资制度体系的起步相对其他国家较晚,但后续发展迅速。2014 年至 2020 年,日本先后制定《日本尽职管理守则》和《日本公司治理守则》,并进行多轮修订和完善,旨在突出 ESG 在投资管理策略中的重要性,提升资产管理者对履行社会责任的理解,引领日本走向可持续金融发展路线。日本 ESG 投资的快速发展得益于政策法规引导和市场实践的双轨并行。

第四,中国。ESG 投资制度体系与我国早期所倡导的绿色金融

---

〔1〕 参见莫小龙等:《美国 ESG 责任投资实践经验及启示》,载《中国财政》2021 年第 15 期。

和可持续发展战略不谋而合。2006 年至 2022 年,为顺应全球 ESG 投资发展浪潮,中国出台了一系列与 ESG 投资相关的政策法规。2006 年 9 月 25 日,深圳证券交易所颁行的《上市公司社会责任指引》指出,上市公司应积极履行社会责任,定期评估公司社会责任的履行情况,自愿披露与 ESG 投资相关的公司社会责任信息。2018 年 11 月 10 日中国证券投资基金业协会发布的《中国上市公司 ESG 评价体系研究报告》和《绿色投资指引(试行)》构建了衡量上市公司 ESG 表现的核心指标体系,其中的标的资产环境评价指标包括环境风险暴露、负面环境评价、正面绿色绩效、环境信息披露水平等,助力我国 ESG 投资发展。2020 年 9 月 4 日发布的《深圳证券交易所上市公司信息披露工作考核办法工作》将是否主动披露 ESG 信息纳入上市公司履行社会责任的考核内容。2020 年 9 月 25 日上海证券交易所施行的《上海证券交易所科创板上市公司自律监管规则适用指引第 2 号》强调 ESG 信息披露要求。2022 年 4 月 11 日中国证监会发布的《上市公司投资者关系管理工作指引》指出,增加上市公司的 ESG 信息披露要求,提供可靠准确的 ESG 投资信息,推动 ESG 投资发展,助力绿色金融。

(二)资本市场

资本市场建立在自由交易和供需平衡的基础上,以追逐利益和效率至上为主要特征。随着可持续发展战略的全球化和 ESG 投资理念的勃兴,资本市场成为影响 ESG 投资发展的重要力量。本部分内容将分别从行业组织、投资者、评级机构、利益相关者等市场参与者的角度,分析资本市场对 ESG 投资的积极影响。

第一,行业组织。公司运营对全球经济影响巨大,需要行业组织的监督和管理。以证券交易所为例,作为资本市场行业的重要组织之一,证券交易所不仅能够通过自身影响力加深资本市场整体对 ESG 投资的认知,还能利用自身专业优势建立起理论与实践的桥梁,推进 ESG 信息披露的公开透明。2009 年,可持续证券交易所倡导组织(Sustainable Stock Exchange Initiative)主导的第一次全球对话,呼吁伙伴证券交易所支持并执行 ESG 信息披露政策。截至 2023 年 6 月 15 日,111 家可持续证券交易所中已有 78 家伙伴证券交易所承诺或已经发布 ESG 信息披露指引。[1] 此外,行业组织还可推动 ESG 在投资决策中的运用。例如,2006 年成立的联合国负责任投资原则组织要求其成员(机构投资者为主)将 ESG 纳入投资决策中。[2]

第二,投资机构。研究表明,投资机构在其他条件基本相同的情况下,更愿意投资 ESG 表现较好且 ESG 信息披露充分的公司,以降低投资风险,保证收益的稳定性。[3] 投资机构作为资本市场的重要组成部分,其投资偏好将直接影响公司的 ESG 表现好坏与 ESG 信息披露程度。简言之,良好的 ESG 表现将吸引更多的投资者关注。ESG 表现良好将传递出更多的积极信号,即公司关注社会利益,积极承担社会责任,经营状态良好,员工满意度更高,能够获得市场好感和信任。

第三,评级机构。ESG 评级机构的主要作用是作为审慎中立的第三方组织对各行业公司的 ESG 表现进行量化评估,其评估结果应具有实时性和前瞻性,反映公司 ESG 表现的最新情况和发展趋势,为投资者参与 ESG 投资提供参考。目前国际上较为流行的 ESG 评价体系包括:晨星(sustainalytics)评价体系、摩根士丹利资本国际指数(MSCI)评价体系、瓦尔德斯(ceres)评价体系等。各评价体系均

〔1〕 See *Sustainable Stock Exchange Initiative*, https://sseinitiative.org,最后访问时间:2024 年 3 月 15 日。

〔2〕 参见周心仪:《绿色金融模式下 ESG 指数助推经济可持续发展的研究》,载《中国商论》2020 年第 18 期。

〔3〕 参见唐耀祥、郑少锋、郑真真:《个人投资者对开放式基金信息需求的偏好分析》,载《财会通讯》2011 年第 17 期。

有自身特色，在评估指标和评估标准方面有所差异，但不可否认的是，多元 ESG 评价体系的构建与运用增加了公司 ESG 信息披露程度和披露意愿。评价体系以各项评估指标为基础，对公司 ESG 信息进行全方位分析，能够揭示公司风险管理的现状和未来发展潜力，有助于投资者参与 ESG 投资组合和投资策略调整。此外，评级机构所提供的评价结果和评估数据还可为监管部门提供一定参考，协助监管部门客观公正地评估各行各业的 ESG 表现，贯彻落实可持续发展战略。

第四，利益相关者。资本市场中公司 ESG 投资的利益相关者包括股东、消费者、社区、媒体等，这些利益相关者都在不同程度上促使公司积极提升 ESG 表现。以股东为例。根据中国证券投资基金业协会对我国 ESG 投资情况的调查，在 25 家与 ESG 主题相关的机构中，有将近一半的机构表示获得了明显的超额收益。[1] 有学者认为，ESG 投资不是一种慈善活动，并不会牺牲投资者的利益来支持公司履行社会责任，而是一项长期的、有价值的投资活动，符合股东长远利益。作为理性经济人的股东群体自然会积极驱使公司管理层进行 ESG 投资。而试图推动公司参与 ESG 投资的一种方法是与公司董事会和高级管理层接触。这种参与可以采取持续对话的形式，也可以行使股东对提案表决的权利。股东可提出正式提案，然后提交公司股东会进行表决。股东积极主义的支持者认为，这种参与是从内部改变公司行为的最有效方式。还有学者认为，如果大型上市公司的股东不喜欢公司的经营方式，他们可以随时在流动性大的市场中出售自己的股份，并不会因此遭受重大损失。但这一论点似乎颠覆了控制关系。人们普遍认为，股东拥有并控制公司行为的能力，即使这只能通过他们选举董事会成员的权利间接实现。出售

---

〔1〕 参见牛广文：《助推社会责任履行 ESG 带领公司实现高质量发展》，载人民网 2020 年 7 月 25 日，http://finance.people.com.cn/n1/2020/0727/c67740-31799088.html。

股票对那些希望改变公司经营战略的积极股东来说毫无助益。因此,积极股东们倡导一系列政策,包括信息透明度、投资成本、环境保护、低碳项目等。他们认为,参股这些公司,才能使他们的声音被听到,撤资只能让参与变革的进程变缓或停滞。

此外,媒体监督对公司的影响同样明显。媒体的关注与报道能够使投资者从中获得便捷、全面的信息,增加公司信息透明度,督促其树立良好的公司形象。缺乏必要媒体的披露和监督,公司的 ESG 信息透明度无法得到保证,投资者及其他利益相关者难以准确知悉公司的 ESG 表现,也就无法倒逼公司积极改善 ESG 表现情况。在激烈的市场竞争环境中,消费者倾向选择优质产品和服务,与社会形象良好、声誉佳的公司交易。而 ESG 表现是公司形象的重要组成部分。一旦公司形象不佳,声名狼藉,消费者将用"脚"投票。典型例子如,2007 年英国爆发的大规模银行挤兑危机——"北岩银行"事件。2007 年 8 月 9 日,北岩银行向英格兰银行发出紧急援助申请,然而英国金融监管局在 9 月 14 日才发布联合声明缓解北岩银行困境。这一时间差引起储户恐慌,认为北岩银行出现经济危机,诱发挤兑狂潮。更严重的是,在接下来一周的储户挤兑风波中,英国没有任何一家金融监管机构声援或采取救济措施,导致整个金融市场资金流动性不足,北岩银行和其他直接涉及次级贷款业务的公司因此遭受重大经济损失。

(三)企业构成

企业构成要素同样对 ESG 投资具有内生性、多元性和广泛性的积极影响,企业构成要素主要包括管理团队、企业员工、企业文化等。[1] 下文将逐一详述各类企业构成要素对 ESG 投资的促进

---

〔1〕 See T. P. Lyon et al., *CSR Needs CPR: Corporate Sustainability and Politics*, 60 California Management Review 5(2018).

作用。

第一,管理团队作为企业“掌舵人”,对 ESG 表现影响巨大。管理团队的注意力决定了公司的资源配置对象和聚焦方向,影响资源编排过程的不同结构特征,最终形成差异化的 ESG 参与模式。[1]管理团队的注意力对公司参与 ESG 的深度、广度和宽度有重要作用。此外,多元化、高素质的管理团队同样有助于提升企业的 ESG 表现和财务绩效,尤其是性别多样化的管理团队对企业的 ESG 表现有积极作用。比如,研究表明,女性高管更重视员工福利、性别平等、以权营私等 ESG 议题,有利于识别公司的反社会行为,积极承担社会责任和披露 ESG 信息。[2]

第二,企业员工同样影响 ESG 表现。与企业员工密切相关的 ESG 议题包括薪酬待遇、工作环境、幸福指数等,ESG 表现好坏将直接影响企业员工的归属感、满意度和忠诚度。归属感强、满意度和忠诚度高的员工更愿意关注企业盈利情况,积极参与并完成工作,提升企业市场价值。反之,会导致员工工作效率低下,企业财务绩效逐渐降低。

第三,ESG 认知在提升企业的 ESG 表现中扮演着重要角色。受企业文化、员工素质、地理位置等因素影响,企业对 ESG 的认知各有不同。通常而言,ESG 认知越高,越倾向于披露 ESG 信息,改善 ESG 表现。以地理位置为例,不同地理位置产生不同的区域文化,不同地区的文化特征和文化差异对 ESG 信息披露质量和数量有显著影响。区域文化对环境保护、性别平等、员工福利等 ESG 因素接受程度越高,企业披露 ESG 信息的可能性越高。区域文化主要以绩

---

〔1〕 参见解学梅、韩宇航:《本土制造业企业如何在绿色创新中实现“华丽转型”?——基于注意力基础观的多案例研究》,载《管理世界》2022 年第 3 期。

〔2〕 See Patrick Velte, *Women on Management Board and ESG Performance*, 7 Journal of Global Responsibility 98(2016).

效为导向,则企业披露 ESG 报告的意愿越低,且所披露 ESG 信息质量可能会良莠不齐。[1] 地理位置差异还与经济发展水平有关。经济发达地区的企业的 ESG 表现良好,经济欠佳地区的企业的 ESG 表现较差。欧洲企业的整体表现远好于北美企业,而亚洲企业则远远落后于欧洲与北美同行,但仍领先于大部分发展中国家。[2] 此外,重大突发事件有助于增强企业对 ESG 的认知程度。以 2020 年新冠疫情为例,一方面,疫情暴发持续加重国家出口乏力问题;另一方面,疫情对宏观经济的影响会动摇投资者信心,降低上市企业的投融资能力。新冠疫情对全球经济造成重大损失,暴露出企业对 ESG 相关风险的重视和防范不足,[3] 如员工在不可抗力下不能复工的带薪休假制度问题、与客户协商履行周期延长问题等。突发事件促使企业考量 ESG 相关风险及其规避措施,以确保企业可持续发展。

第四,企业战略也是 ESG 表现的重要激励要素。创新是国家经济增长的关键推动力,尤其是生态创新。从长期来看,生态创新可以为企业带来积极的回报,能够促进 ESG 理念的推广。[4] 生态创新能够将环保型制造与先进制造系统相结合,提高企业运营能力,减少资源浪费。企业采取生态创新型现代化生产策略,可以实现环境保护目标,并有效提高整体财务绩效。此外,为满足终端用户的可持续性需求,企业会积极采用先进的生产技术,提高生产率和

---

〔1〕 参见张婷婷:《区域文化对企业社会责任信息披露质量的影响——来自中国上市公司的证据》,载《北京工商大学学报(社会科学版)》2019 年第 1 期。

〔2〕 See Foo Nin Ho, Hui-Ming Deanna Wang & Scott J. Vitell, *A Global Analysis of Corporate Social Performance: The Effects of Cultural and Geographic Environments*, 107 Journal of Business Ethics 423 (2012).

〔3〕 参见剧锦文、刘一涛:《疫情"清醒剂"倒逼 ESG 加速落地》,载《董事会》2020 年第 Z1 期。

〔4〕 See Justin Doran & Geraldine Ryan, *The Importance of the Diverse Drivers and Types of Environmental Innovation for Firm Performance*, 25 Business Strategy and the Environment 102 (2016).

ESG 表现,平衡经济发展与环境保护之间的关系。

事实上,企业能够受到不同因素驱动参与 ESG 投资,根本原因在于提升 ESG 表现,能够取得市场认可和关注,从而获取更多经济利益。随着时间推移,企业 ESG 表现的普遍提升,也将反向驱使 ESG 投资在全社会的普及与应用。可以预见的是,ESG 投资将在政策法规、资本市场、企业要素等多元因素驱动下逐步成为全球流行的投资理念。

第三节　ESG 投资的信义义务要求与运用

信托一旦设立,受托人便需承担对受益人的信义义务,这是基于受托人和受益人之间的特殊信任关系产生的,以及防止受托人滥用权利的结果。然而,重要的是,并非所有的信义关系(fiduciary relationship)都将构成信托。换言之,信义关系的概念范畴包含信托关系(trust relationship)。特定关系中,只要存在信任和忠诚,就可能产生信义关系。信义关系在信托成立时自然产生,但在其他情况下也可能产生。例如,公司董事与公司存在信义关系,但与公司债权人或股东没有信义关系。公司董事虽不是公司的受托人,但董事不得将自己置于与公司利益相冲突的境地,不能从公司获得任何个人经济利益。这些义务都具有信义性质,但显然不属于纯粹的信义义务。假设所有信托关系都是信义关系,将会造成很大的混乱和不确定性,在 ESG 投资中亦是如此。虽然信义义务内容可能不同,但任何存在信任和忠诚的信义关系中,受托人都可能参与 ESG 投资。鉴于各类受托人的信义义务因所处信义关系的差异而有所不同,为确定不同受托人如何在不违反信义义务职责的情况下参与 ESG 投资,本部分内容拟讨论代表他人参与 ESG 投资或者为他人提供 ESG 投资建议的三类典型受托人,即基金经理、人工投资顾问和智能投资顾问,[1]厘清各信义关系中信义义务要求的具体内容。

此外,目前学界对于 ESG 投资的研究多集中于 ESG 投资的概念、内涵和历史等理论层面的探讨,与 ESG 投资相关的实务运用的研究文献较少。鉴于基金在投资领域的广泛运用,本部分内容还将以 ESG 在各类型基金中的投资运用为分析对象,研究 ESG 投资在机构投资者基金、主权财富基金、高校捐赠基金和家族基金等主流投资基金中的实践运用现状。

一、ESG 投资的信义义务要求

资本市场中,代表他人参与 ESG 投资或者为他人提供 ESG 投资建议的受托人主要包括:基金经理、人工投资顾问和智能投资顾问。各受托人的信义义务内容因所处信托关系的不同而有所差异。为明确各类受托人参与 ESG 投资是否违反信义义务,有必要先厘清各类受托人的信义义务要求。

(一)基金经理

基金经理(fund manager)负责实施基金的投资策略并管理其投资组合交易活动。基金可以由一人管理,也可以由两人共同管理,还可以由三人或三人以上的团队管理。基金经理的工作报酬是基金平均管理资产的一定比例。基金经理通常在共同基金、养老基金、信托基金和对冲基金等基金管理领域工作。投资者在考虑投资基金之前,应充分审查基金经理的投资风格,选择合适的基金经理。虽然基金的业绩可能与市场力量有很大关系,但基金经理的技能也是一个促成因素。一位训练有素的基金经理人可以带领其所管理

[1] 国际上主要采用“投资者—投资公司—投资顾问”架构,意味着大部分投资顾问也充当基金经理角色。参见许多奇:《论全周期视野下私募基金管理人的信义义务》,载《武汉大学学报(哲学社会科学版)》2022 年第 5 期。

的基金击败竞争对手及其基准指数。这种基金经理被称为主动型基金经理,而那些采取退居二线做法的基金经理则被称为被动型基金经理。

基金经理通常监督共同基金或养老金,并管理其运作方向,负责管理一支投资分析师团队。这意味着基金经理必须具备出色的商业、数学和人际交往技能。由于基金经理需对基金的顺畅运作,他们还必须研究公司,研究金融业和经济,及时了解行业趋势有助于基金经理做出与投资目标一致的关键决策。基金经理的基本义务包括:(1)负责实施基金的投资策略并管理其交易活动;(2)监督共同基金或养老金,管理分析师,研究并做出最有利于投资者的投资决策;(3)大多数基金经理需受过高等教育,拥有专业证书,并拥有管理经验。[1] 需强调的是,资本市场中同样存在基金管理人(fund advisor)参与 ESG 投资的情况。基金管理人与基金经理职责相似,所承担信义义务的要求基本相同,但前者是管理基金的机构,后者则是一个或若干个自然人。

(二)人工投资顾问

囿于个体能力不足与社会分工精细化,客户不得不在投资咨询关系中信赖投资顾问,授权投资顾问为自己管理财产或处理重大事务,而在该关系中投资顾问具有知识性资源与权利性资源上的优势,须有法律制度规制投资顾问的行为,降低授信风险。多年来,以美国为首的英美法系国家的法院和监管机构对信义义务进行数次解释和多轮完善,形成了一套相当完善的法律体系,规定了哪些具体职责构成投资顾问的信义义务。《1940 年联邦投资顾问法案》(Investment Advisers Act of 1940)(以下简称 IAA 法案)第 206(1)

〔1〕 参见香港证券及期货事务监察委员会:《基金经理操守准则(2018)》,第 5 页。

和(2)条规定投资顾问禁止欺骗客户或潜在客户。[1] 投资顾问必须确保其推荐的证券基金符合客户的最佳利益,而这需要审查每个客户具体情况并提供合适的投资建议。[2] 除IAA法案外,美国证券交易委员会(以下简称美国证监会)(SEC)还发布《委员会关于投资顾问行为准则的解释》,要求人工投资顾问基于对客户的财产状况、投资风险、预期收益等情况的综合分析结果向客户提供谨慎的建议。[3] 我国《信托法》也规定,受托人需遵守忠实义务、注意义务、分别管理义务、公平义务、记录保管和报告义务、亲自执行义务等。[4] 鉴于注意义务与忠实义务是信义义务的本质与核心,其他义务都是上述这两种义务的具体化与衍生,因此,下文拟讨论人工投资顾问模式中注意义务与忠实义务的具体要求。

1. 人工投资顾问的注意义务要求

根据美国证监会(SEC)发布的《委员会关于投资顾问行为准则的解释》规定,注意义务要求人工投资顾问向客户提供谨慎的建议,这些建议是基于对客户的财产状况、投资风险、预期收益等情况的综合分析结果,遵循商业惯例且收费合理,并在合同服务范围内适当地对客户账户进行持续监控和管理。[5] 可见,注意义务要求对客户与投资目的进行合理调查,确定客户的财务成熟程度,以便投资顾问为客户的最佳利益制定适当的投资建议。其中"合理的调查"包括投资顾问是否了解和掌握已经发生的可能导致投资概况不准确或不完整的事件。例如,在投资顾问持续提供咨询意见的财务计

---

〔1〕 See 15 U. S. C. S80b - 2(a)(11).

〔2〕 See Arthur B. Laby, *SEC v. Capital Gains Research Bureau and the Investment Advisers Act of 1940*, 91 Boston University Law Review 1051(2011).

〔3〕 See SEC. Commission Interpretation Regarding Standard of Conduct for Investment Advisers. 17 C. F. R. § 276. p. 12 - 21.

〔4〕 参见赵廉慧:《信托法解释论》,中国法制出版社 2015 年版,第 303 页。

〔5〕 See SEC. Commission Interpretation Regarding Standard of Conduct for Investment Advisers. 17 C. F. R. § 276. p. 12 - 21.

划中,税法变化、客户退休或婚姻状况变化等新信息将引发新调查的开展。这意味着注意义务不仅包括从客户方收集数据的责任,还包括投资顾问通过其他信息源获取信息的义务,例如一项新的税收法规可能会对客户产生影响,或者投资顾问注意到客户的某些信息,而这些信息在特殊情况下客户无法分享,如投资顾问注意到客户体重减轻,身体不适,并表现出其他疾病迹象,投资顾问可能需要询问客户的健康状况。在得知客户患有严重疾病后,投资顾问应建议客户及时更新医疗保健、相关授权书等文件,并重新审查遗产计划。又或者,在简单询问客户家庭情况时,投资顾问可能会发现客户子女有毒瘾,这时投资顾问可以建议客户将其子女从联名账户中除名,以限制其继续获得毒资。虽然与客户闲聊可能违反信义义务要求,但这种运用判断分析、收集信息线索和提出探究性问题的能力对于履行信义义务至关重要。可以说,通过正式和非正式方式收集的信息提供投资建议和监控账户,是投资顾问履行注意义务的高效表现。在提供法律咨询服务的信托关系中,律师如果注意到客户(老年人或患病)认知能力下降,则需转由与其监护人对接相关业务。虽然在投资咨询服务中,投资顾问不必采取同样的行动,但投资顾问也应在看到客户认知能力下降时选择采取相应措施保护客户以履行注意义务。

2. 人工投资顾问的忠实义务要求

忠实义务要求投资顾问以客户的最佳利益为出发点,避免任何可能损害客户利益的自我交易或利益冲突,并及时向客户披露重大的相关信息。[1] 简言之,投资顾问在提供服务时需以客户最佳利益为原则,将客户利益置于投资顾问自身利益之上,避免和减轻利益

---

〔1〕 See SEC. Commission Interpretation Regarding Standard of Conduct for Investment Advisers. 17 C. F. R. § 276. p. 21 – 29.

冲突。

首先,“最佳利益”一词经常在普通法中被用来描述忠诚与公平的信义义务要求。各国信托法大都规定受托人须为受益人利益管理信托,此处的“利益”经历了从唯一利益(sole interest)到最佳利益(best interest)的内容演变。在传统上,为保护受益人利益,英美信托法严格奉行唯一利益说,即受托人须以受益人的利益作为唯一追求,摒弃个人利益或第三人利益,任何未经受益人许可的利益冲突或潜在利益冲突交易都将被法院直接判定为违反信托责任,不再进一步追查(no further inquire)。[1] 然而,随着信托在商事领域的泛化适用、专业信托机构出现、民事程序改革、监管制度建立等,受托人自利行为被发现的概率大大增加,而唯一利益说过于严苛的弊端则慢慢凸显,[2]实践中逐渐出现一些唯一利益规则的例外情况,并被法院所认可,如委托人授权、受益人同意、法院事前批准等情况。传统受托人基于荣誉而单纯为他人占有或转移不动产,不收取费用的时代已然过去,替他人管理信托财产,收取报酬并接受监督的职业受托人成为主流,而为顺应时代的发展,忠实义务的内涵也从唯一利益说向最佳利益说转化。最佳利益说下,原告举证投资顾问从事利益冲突交易后,投资顾问可以该交易最符合客户的利益或不损害受益人等理由抗辩,法院将介入对交易的实质性审查。投资顾问往往拥有专门技能或资产管理经验,与所在领域金融机构存在联系,或本身兼营各类金融业务,完全禁止其从事利益冲突交易不符合现代金融交易实际情况。

其次,就利益冲突而言,有些冲突较为明确,而另一些则落入灰色地带,投资顾问需经分析判断以确定采取何种行动履行忠实义

〔1〕 See John H. Langbein, *Questioning the Trust Law Duty of Loyalty: Sole Interest or Best Interest*, 114 Yale Law Journal 929 (2005).

〔2〕 参见杨祥:《股权信托受托人法律地位研究》,清华大学出版社 2018 年版,第 214 页。

务。如果投资顾问不能或选择不避免利益冲突,则投资顾问需提供与冲突相关的充分和真实的信息披露,获得客户的知情同意后,方能继续利益冲突交易。然而,投资顾问不能简单通过获得客户对利益冲突的同意来推卸信托责任;相反,如果未能充分披露利益冲突,投资顾问则必须消除或减轻利益冲突。通常而言,投资顾问模式下利益冲突行为主要包括:建议投资由投资顾问管理的共同基金、和投资顾问的其他客户投资相同证券等。

(三)智能投资顾问

数字技术对经济发展具有放大、叠加和倍增的作用,是当今经济发展的强大引擎和新型生产力。数字经济给人类经济活动的领域和类型带来巨变,引发诸多法律制度变革和相关具体理论影响。[1] 智能投资顾问(robo-advisors)作为金融创新和数字技术相结合的产物,具有个性设计、理性决策、持续监控等优势,[2] 在为社会发展带来经济利益的同时,也附带着各类技术性风险。智能投资顾问又称自动化顾问(automated advisors),是基于交互式数据平台和网络程序算法,通过分析市场实时数据和客户所提供的个性化信息,结合大数据及相关数据理论,为客户提供投资组合建议和持续账户管理服务的新型注册投资顾问模式。[3] 相较于传统人工投资顾问,智能投资顾问模式下投资者和投资服务机构之间的基础法律关系虽仍为信托关系,但咨询方式和技术上的差异导致信义义务体系失灵,会引发包括信义义务内容滞后、义务主体不适配等问题。[4] 及时更新和调整智能投资顾问模式下的信义义务体系是具有时代价值的重要课题。

---

〔1〕 参见张守文:《数字经济与经济法的理论拓展》,载《地方立法研究》2021 年第 1 期。

〔2〕 参见赵吟:《智能投顾的功能定位与监管进路》,载《法学杂志》2020 年第 1 期。

〔3〕 See Securities and Exchange Commission, Guidance Update: Robo-Advisers, p. 1.

〔4〕 参见李智、阚颖:《智能投顾模式下信义义务的冲击与重构》,载《上海师范大学学报(哲学社会科学版)》2021 年第 3 期。

与人工投资顾问相比,智能投资顾问在提供服务过程中具有利益关联复杂、自利行为隐蔽、客户利益易损等问题,而这些问题的根源在于人工投资顾问与智能投资顾问之间具有本质差异,具体包括:(1)主体的变化,由人工主导向机器主导转化。人工投资顾问模式下,金融机构及其雇员为投资者提供投资咨询与资产管理服务,违反信义义务相关内容,则由该机构承担责任;智能投资顾问模式下,预先设计的程序以客户画像为基础,机械地通过算法技术生成投资咨询建议服务。(2)委托方式的不同。人工投资顾问以一般授权委托为主,智能投资顾问则是完全授权委托,智能投资顾问拥有包括资产管理在内的权利。(3)数字技术与程序算法的加入。人工投资顾问大多依靠投资顾问的专业性知识资源与投资经验向客户提供投资建议,而智能投资顾问则是基于代码编程和大数据分析等数字化技术生成投资组合建议。(4)服务方式的变化。人工投资顾问与投资者一般通过面谈,询问和了解客户的投资偏好、资产状况、投资目标等信息后提供个性化投资建议。智能投资顾问则以线上方式进行,根据投资者所填写的调查问卷数据,结合金融市场信息、投资组合理论等信息,形成客户利益最大化的投资方案。基于上述差异特性,传统信义义务体系在智能投资顾问模式下基本处于失灵状态,尤其表现在信义义务内容滞后和义务主体虚无化上,比如,智能投资顾问基于算法所提供的投资建议并非客户利益最大化方案,但并不能因此认定不具备独立法律人格的算法违反忠实义务。[1]实际上,智能投资顾问某种意义上可以理解为机构运营者提供服务的工具,由智能投资顾问服务所生的法律责任应由运营者承担。[2]

〔1〕 参见高丝敏:《智能投资顾问模式中的主体识别和义务设定》,载《法学研究》2018 年第 5 期。

〔2〕 参见郑佳宁:《论智能投顾运营者的民事责任——以信义义务为中心的展开》,载《法学杂志》2018 年第 10 期。

是故,传统信义义务体系在人工投资顾问模式向智能投资顾问模式转变的过程中需及时更新和调整,以达到持续规范运营者行为和维护投资者利益的效果。

智能投资顾问根据功能差异可分为:"咨询型"智能投资顾问、"资管型"智能投资顾问与"咨询 + 资管"型智能投资顾问三大类型。"咨询型"智能投资顾问以证券咨询业务为主;"资管型"智能投资顾问多以荐股软件等形式存在;"咨询 + 资管"型智能投资顾问是投资顾问平台与金融机构合作,提供证券投资咨询与资产管理业务服务。[1] 全权委托模式下的智能投资顾问是目前世界各大成熟资本市场的主流服务类型,[2]其服务流程分为五个步骤:(1)生成客户画像。客户通过网站或荐股软件填写个人或家庭财务状况、投资经理、风险偏好等信息,智能投资顾问平台根据所收集的数据综合分析形成客户画像。(2)形成投资组合建议。智能投资顾问平台以客户画像为基础,结合大数据和现代投资组合理论(modern portfolio theory),为客户提供满足其个性化需求的利益最大化投资建议。(3)执行交易指令。智能投资顾问平台或第三方金融投资机构根据投资组合建议执行交易指令。(4)动态账户监管。智能投资顾问平台持续追踪最新市场数据,结合客户画像,动态平衡投资组合建议,实时调仓。(5)指令执行完毕。智能投资顾问平台完成客户画像所要求的投资目标后,定期向客户出具投资组合业绩与投资组合报告。[3] 综上可知,智能投资顾问与人工投资顾问虽在咨询方式上有所差异,但都在为投资者提供投资建议和资产管理服务,以实现投资者利益最大化。

---

〔1〕 参见吴烨:《智能投顾:类型化及规制逻辑》,载《月旦民商法杂志》2018 年第 61 期。

〔2〕 参见郭雳:《智能投顾开展的制度去障与法律助推》,载《政法论坛》2019 年第 3 期。

〔3〕 参见蒋辉宇:《论智能投顾技术性风险的制度防范》,载《暨南学报(哲学社会科学版)》2019 年第 9 期。

智能投资顾问作为美国投资顾问法案监管的注册投资顾问类型之一,是提供包含证券咨询和资产管理服务在内的广义投资咨询顾问。[1] 美国证监会(SEC)要求智能投资顾问运营者承担与人工注册投资咨询顾问同等程度的信义义务标准,[2]并颁行额外的指导性文件以支持智能投资顾问满足信义义务标准。虽然实务中的相关判例、裁决很少涉及以信义义务管理智能投资顾问的情况,但智能投资顾问(缺乏任何人类建议成分的投资顾问)是否真的能够达到信义义务标准,以及信义义务该如何更新调整,诚值探讨。鉴于信义义务主要由注意义务与忠实义务构成,本部分内容将通过讨论智能投资顾问是否满足注意义务和忠实义务以确定其能否符合信义义务要求,并讨论信义义务如何在智能投资顾问模式下更新适用。

1. 智能投资顾问的注意义务要求

人工投资顾问模式下,注意义务要求投资顾问根据投资者的需求、目标和财产状况提出审慎的投资建议,并要求顾问在服务协议条款的规定范围内持续监管资产。智能投资顾问显然无法与人工投资顾问模式下注意义务的标准要求相契合。那么,智能投资顾问模式中注意义务该如何更新和调整?

首先,提升调查问卷设计的科学性与合理性,系统分析投资者的个性化需求。投资顾问在服务提供过程中,需要充分了解投资者相关信息,以提供个性化投资方案。由于智能投资顾问无法像人工投资顾问一样提供相应服务,调查问卷便成为了解投资者需求与信息的主要手段。智能投资顾问服务流程是根据预先确定的客户资

〔1〕 See Investment Advisers Act of 1940 § 202.

〔2〕 See Securities and Exchange Commission, *Investor Bulletin*: *Robo-Advisers*, U. S. Securities and Exchange Commission, https://www. sec. gov/oiea/investor-alerts-bulletins/ib_robo-advisers. html, last visit on March 15, 2024.

料生成投资方案，而这些客户资料由预先设计的调查问卷的答案决定。当客户在智能投资顾问平台上回复问卷后，智能投资顾问会为客户分配一个预先确定的配置文件，该配置文件可反映客户的风险偏好、目标、投资偏好等，然后客户的配置文件特征将与生成的投资建议相匹配。然而，智能投资顾问用来收集客户信息和制定建议的调查问卷具有先天不足，且智能投资顾问无法主动获取信息。第一，调查问卷通常没有统一标准。全球范围内各大金融机构所提供的智能投资顾问服务的调查问卷良莠不齐，没有统一的行业标准来区分调查问卷优劣，再加上调查问卷篇幅、问卷类型、问卷主题等各不相同，所收集的客户信息难免有缺陷，不够全面详细。部分调查问卷会广泛地询问客户的个人情况、风险承受能力和投资目标，但其他调查问卷可能会问一些目的指向性较弱的问题。在美国证监会（SEC）与金融业监管局（FINRA）联合发布的一份关于智能投资顾问调查问卷的报告中，指出调查问卷中的问题可能"过于笼统、含糊不清和具有误导性。"[1]智能投资顾问无法确保所收集的客户信息的准确性，并且在发现不一致答案时，要求客户澄清和解释问题，导致所获取的信息有缺陷。第二，采用调查问卷形式收集客户信息，无法与客户面对面沟通、形成良性互动，导致智能投资顾问提供投资建议时所依据的信息不完整，无法进行有效评估和提供建设性的投资建议。第三，人工投资顾问可以通过追问后续问题，必要时与客户深入探讨某个主题，或者要求提供背景信息，来获取更多信息以制定最有利于客户的投资建议。智能投资顾问却无法获取调查问卷之外的其他信息，问卷调查过程中客户无法询问问题，智能投资顾问无法辨别客户是否理解问卷问题，导致提供了低质量甚至

[1] See SEC & FINRA, *Report on Digital Investment Advice*, FINRA, https://www.finra.org/sites/default/files/digital-investment-advice-report.pdf, last visit on March 15, 2024.

不正确的投资建议,难以完成注意义务要求。

鉴于智能投资顾问在收集投资者信息时采用的调查问卷方式具有标准未统一、无法形成面对面良性互动等不足,设计一份科学合理的调查问卷以充分了解投资者的需求和信息成为弥补缺陷的关键。第一,确立调查问卷的统一行业标准。为推荐最符合投资者需求的投资方案,调查问卷范本应当细致、合理、谨慎、全面,调查问卷的问题类型、问卷主题等均需与投资者投资状况密切相关,以横向(如投资收益预期、风险承受能力等)和纵向(如围绕投资偏好展开追问)相结合的方式设计问题,篇幅适中,目的指向性强,减少有用信息获取的不完整性,排除无用信息的收集,以期通过调查问卷完美复刻出投资者的"投资画像",弥补智能投资顾问无法面对面互动的不足。第二,构建定期回访制度,持续追踪投资者信息。投资者的资产状况、投资需求等信息随着时间推移不断变化,有必要定期回访以追踪最新信息,及时更新和调整投资方案,以确保投资者利益的最大化。

其次,确保算法和程序的准确性与有效性,以提供审慎的个性化投资建议。虽然没有明确的法规或政策文件要求智能投资顾问需利用人的判断来履行信义义务,但不可否认的是,人的判断分析能力至关重要,因为其可以让顾问收集更多有关客户的信息,有助于顾问提出审慎的建议。具言之,人工投资顾问可能会注意到客户在咨询期间表现出来的不舒服或生气等情绪,人工投资顾问可以进行深入交流以发现这种情绪的根源,并可能了解到客户有重大的债务和赌瘾问题,投资顾问进而可以提出如何保护账户中的资产不受债权人追索的建议,如此更符合客户最佳利益原则。而智能投资顾问显然无法注意到这些线索。

那么,如何让智能投资顾问间接获得判断分析能力?应确保智能投资顾问所依赖的算法和程序的准确性与有效性。智能投资顾问虽然无法通过“察言观色”以得知投资者刻意隐藏信息，但可以经由算法和程序排除有干扰、不准确的信息，提炼出有效、可靠的信息，达到与人工投资顾问同样的判断分析效果，且更为迅速和精准。具体而言：(1)当投资者在回答调查问卷时选择前后矛盾的答案时，智能投资顾问将弹窗提醒重新作答。(2)当投资者在回答涉及收入水平、风险承担能力、收益预期等关键性问题时，智能投资顾问将弹出警示性词句，阐明利害关系，提醒投资者作好准备和提供真实的答案，不可刻意隐瞒，否则责任自负。(3)如果投资者因阅读障碍、视觉受损等回答问题确有困难，可以提供智能语音服务，甚至可转为人工投资顾问服务。需注意的是，尽管人工投资顾问具备人类判断能力的优势，但人工投资顾问毕竟理性有限，分析判断过程往往夹杂情绪、偏见等影响因素，所得出的结论未必是最优解。

2.智能投资顾问的忠实义务要求

忠诚义务要求投资顾问以客户最佳利益为出发点，将客户利益置于自身利益之上，通过充分且真实地披露重大信息以避免或减轻利益冲突，避免误导客户。算法层面上，智能投资顾问可以通过编程在某些方面最大限度地满足忠诚义务，例如消除顾问的利益冲突，确保提供足够的信息披露，但在机构层面引发的利益冲突交易和信息披露的有效性问题仍难以解决。事实上，智能投资顾问的技术复杂性可能会导致这些问题恶化，并对客户群体产生更大的负面影响。那么，智能投资顾问模式下忠实义务该如何更新适用？

首先，明确智能投资顾问运营者为直接的信义义务承担者。智能投资顾问不具备思考能力，也不具有法律意义上的主体资格。严格来讲，智能投资顾问仅是人工智能产物，应由运营者承担责任。智能投资顾问不易受到人类偏见或动机的影响，可以消除利益冲突交易，但这只限于解决智能投资顾问和客户之间直接产生的冲突，智能投资顾问运营者与客户之间的利益冲突却无法通过智能投资顾问消除。作为智能投资顾问的核心,算法往往夹杂着机构运营者的意志,所提供的投资组合建议利于机构金融产品销售,使机构赚取更多服务费。例如,美国金融服务机构嘉信理财(Charles Schwab)的智能顾问被设计成将每个客户投资组合中的7%到30%分配为现金,然后由嘉信理财进行投资管理。[1] 嘉信理财通过这种做法盈利,但显然与客户最佳利益原则相悖,因为虽然嘉信理财定期向客户支付现金存款的利息,但现金本可以更有效地进行投资,以为客户带来更高的回报。遗憾的是,嘉信理财的做法在金融服务机构中司空见惯。虽然利益冲突可能在智能投资顾问服务中发生,但由于智能投资顾问中的利益冲突源于程序设计不当,更容易被检测到。无论是出于恶意还是无意制造,利害冲突均会在投资组合建议中得到体现。换言之,智能投资顾问并不能规避机构层面的疏忽或欺诈设计。在人工投资顾问模式下,运营者有权追究投资顾问的过错责任,运营者仅承担违反信义义务的部分替代责任。智能投资顾问模式下,智能投资顾问并没有独立人格,不存在过错问题的讨论空间,运营者理应成为直接责任主体。

其次,智能投资顾问必须及时有效地披露重要信息。运行智能投资顾问的算法往往夹杂运营者的意志,使得智能投资顾问所提供的建议无法遵循客户利益最佳原则。为避免算法的利益冲突,应设计充分、及时和完整的信息披露制度。事实上,智能投资顾问信息披露的有效性在两方面受到限制。第一,客户无法提出后续问题,或者智能投资顾问无法通过面部表情辨别客户是否真正理解披露内容。尽管美国证监会(SEC)明确指出,不要求投资顾问确保客户了解披露内容,但同时也提出,如果投资顾问知道或理应知道客户

---

〔1〕 See Megan Ji, *Are Robots Good Fiduciaries: Regulating Robo-Advisors under the Investment Advisers Act of 1940*, 117 Columbia Law Review 1543 (2017).

不了解冲突的性质和重要性,则推断客户同意突破投资顾问的信义义务。[1] 可见,对于信息披露的有效性,投资顾问并不是完全不用负责。而且,当客户无法理解信息披露时,智能投资顾问无法重新表述或更好地解释信息,这也是智能投资顾问信息披露有效性的障碍之一。第二,智能投资顾问的信息披露内容庞杂,客户往往难以理解。涉及算法技术时,披露的复杂性会显著增加。换言之,除传统披露信息外,智能投资顾问所运用的算法内容及其附带风险也在信息披露范围内,但投资顾问可能会有数百种算法,每种算法都有不同的代码编排,通常情况下客户在理解程序设计和算法内容方面存在困难,这使得披露失去意义。为确保智能投资顾问披露定期信息的有效性,监督运营者为保护投资者利益,可从两个方面着手:第一,提高智能投资顾问的信息披露的一致性和完整性。智能投资顾问可以利用技术来强调披露中的特定信息,例如将部分信息放在弹出框中,要求客户单击"我同意",或突出显示关键文本,规避"忘记"或"故意"不披露重要信息的风险,以及部分客户收到与其他客户不同的信息披露内容的可能。第二,披露过程更加细节化与人性化,便于投资者理解披露内容。比如,效仿 2016 年澳大利亚在相关文件中提出的要求,明确解释智能投资顾问的各项条款,并提供"实时弹窗"设置。[2] 还可以在界面弹出相关协议告知函,对存在利益冲突之处用加大、加粗、彩色等方式进行提醒,重要的信息披露应突出、易于阅读和理解,用通俗易懂的语言书写,并设置强制停留时间,确保投资者充分理解相关信息。

值得一提的是,尽管大部分专家仍对智能投资顾问能否在广

---

〔1〕 See Sophia Duffy & Steve Parrish, *You Say Fiduciary, I Say Binary: A Review and Recommendation of Robo-Advisors and the Fiduciary and Best Interest Standards*, 17 Hastings Business Law Journal 3(2021).

〔2〕 参见尹若素:《我国智能投顾开展的法律挑战及应对》,载《福建金融管理干部学院学报》2020 年第 3 期。

泛、全面的咨询环节中符合传统信义义务标准的问题保持沉默,但智能投资顾问在有限参与的情况下能够履行信托责任的观点似乎已经成为行业共识。[1] 智能投资顾问最显著的优点在于,能够评估近乎无限的数据和风险情景,从而计算出一个理想与高效的前沿性投资组合建议。在使用计算机进行财务分析之前,人工投资顾问会手动计算这些投资组合建议,这些建议自然是基于不太可靠、有限、针对性弱的数据,容易出现人为错误。智能投资顾问算法技术的运用使得数据的处理速度越来越快。在投资组合设计领域,智能投资顾问能够更有效地进行建模、分析数据,这显然远超人类。因此,在有限参与范围内的交易中,智能投资顾问可以创建一个比人类顾问更具建设性的投资组合。此外,注意义务还要求投资定期更新信息以确保投资组合建议紧跟金融市场环境变化。理论上,智能投资顾问可以通过编程从潜在的多个来源收集数据:全球市场、监管变化、与客户业务相关的行业新闻、当地经济,甚至关于客户竞争对手的新闻,并立即对客户的投资组合进行调整或确定风险领域,而人工投资顾问不太可能有时间或能力了解所有相关数据源。而且,人工投资顾问只能定期监控账户,而智能投资顾问可以持续监控和调整账户,最大限度地提高效率。除非编程不当,否则智能投资顾问几乎不会错过任何重新平衡、利用税收损失收获机会或及时调整投资的机会。因而,智能投资顾问可以比人工投资顾问更有效地满足持续监控需求。

此外,当智能投资顾问在从事有限的服务(如投资组合的创建与监控)时,能够符合信义义务的要求,但当智能投资顾问提供涉及大规模持续性的资产管理与财务规划时,智能投资顾问充当合格受

---

[1] See Jennifer L. Klass & Eric Perelman, *The Evolution of Advice: Digital Investment Advisers as Fiduciaries*, Morgan lewis. https://www.morganlewis.com/-/media/files/publication/report/im-the-evolution-of-advice-digital-investment-advisers-as-fiduciaries-october-2016.pdf. last visit on March 15, 2024.

托人并承担信义义务的能力值得怀疑。智能投资顾问的优势在于提供有限参与范围内的投资组合建议,并对特定账户进行持续动态监控。在涉及大规模财务管理计划中,如遗产规划、财富管理和退休规划等,智能投资顾问无法主动收集数据,且不具备人类判断分析能力的缺陷将被放大,这类情境下可以使用人工投资顾问与智能投资顾问混合模型,其中智能投资顾问提供投资建议和持续监控账户,人工投资顾问则负责数据收集和客户关系管理任务。公平的理念在市场环境中反复出现,并不是要求所有的市场参与者都遵守完全相同的规则。相反,公平的含义应是,智能投资顾问应该能够向客户提供其优势服务,而不受传统的或可能不合适的现有法律规则的约束。[1]

综上,无论代表他人参与 ESG 投资还是为他人提供 ESG 投资建议,基金经理和投资顾问等身处不同信义关系的受托人都以投资者的利益为目的履行义务。尽管不同信义关系中信义义务的具体内容有所差异,但大都以注意义务和忠实义务两个层面为出发点不断细化,谨慎投资,避免自利行为和利益冲突交易。

二、ESG 投资的实务运用

全球 ESG 投资市场规模持续保持高涨态势,ESG 产品百花齐放,以基金为主的投资者积极参与 ESG 投资,形成 ESG 投资浪潮。[2] 目前,全球范围内较为活跃地参与 ESG 投资的基金类型包括:机构投资基金、高校捐赠基金、主权财富基金和家族基金。

(一)ESG 在机构投资基金中的运用

投资机构考虑最多的 ESG 问题是气候变化、冲突风险、烟草、枪

〔1〕 参见刘杰勇:《智能投顾模式下信义义务的更新适用》,载《西北民族大学学报(哲学社会科学版)》2022 年第 6 期。

〔2〕 参见星焱:《责任投资的理论构架、国际动向与中国对策》,载《经济学家》2017 年第 9 期。

支管制、人权等。为解决这些问题,需要构建股票指数以反映传统指数的风险和回报状况,同时显示 ESG 表现状况。例如,对绿色能源感兴趣的投资者,可以关注标准普尔全球清洁能源指数(S&P global clean energy index)、纳斯达克清洁能源指数(NASDAQ clean edge green energy index)和世界可替代能源指数(world alternative energy index)。投资产品范围从较少关注市场回报率的影响力投资到复杂的、需经量化分析的绿色投资,对 ESG 投资采取多元投资组合方法,同时保持与传统基准相似的风险和回报情况。

参与 ESG 投资的金融机构多是联合国负责任投资原则的早期签署者,其他金融机构也相继加入这一行列。目前全球约有 1700 家投资管理公司签署负责任投资原则,其中有超过 340 家美国投资管理公司。以黑石(BlackRock)为例,作为全球最大的投资管理公司,其资产管理规模高达6 万亿美元。该公司及其首席执行官拉里 · 芬克(Larry Fink)积极倡导可持续发展。2018 年 1 月拉里在写给企业高管们的信中指出,公司不仅要对企业利润负责,还要为社会作出积极贡献。他呼吁在员工发展、性别平等等问题上采取行动,也敦促高管们在让世界变得更美好方面发挥领导作用。如果这封信来自金融界以外的社会活动家,高管们充其量只会礼貌性回复,“无论社会问题的重要性如何,投资者还是更希望得到高利润”。但这封信来自最大投资公司的首席执行官。虽然这封信受到普遍好评,但传统资本主义者和社会活动家都强烈反对拉里。传统资本主义者质疑他滥用权力肆意干预投资公司决策,而社会活动家则评价他没有走得更远。在首席执行官拉里的倡议下,黑石开始致力于可持续发展,将与业务相关的可持续发展问题纳入被投资公司的长期业绩考核,成为黑石投资策略、投资组合构建和管理流程的重要考虑因素。作为全球最大的资产管理公司,黑石为客户提供了大量 ESG 产品选择,包括但不限于绿色债券、可再生基础设施投资、与联合国可持续发展目标相一致的主题战略、可持续交易所交易基金（ETF）、最大的可再生能源基金等。[1] 此外，黑石还考虑将可持续投资和ESG 因素整合到实物资产和全球房地产、基础设施投资中。黑石主张，没有必要为社会影响而牺牲财务回报，但应设计可扩展的投资解决方案来提高长期回报和改善财务绩效，并助力全球可持续商业活动。

（二）ESG 在高校捐赠基金中的运用

历史上高校在许多问题中一直处于社会变革行动的前沿，因此有理由相信高校捐赠基金会是将 ESG 因素纳入投资决策的运动先锋。然而，事实并非如此。最近一项研究表明，在所有类型投资中ESG 投资比例目前维持在 25% 左右，高校捐赠基金已然落后。在802 个学术机构中，仅有 18% 在其投资组合决策中考虑 ESG。[2] 对于高校捐赠基金为何在 ESG 投资趋势上落后这一问题有多种解释，第一，对是否将 ESG 因素纳入投资决策中无法达成一致意见。部分董事会成员对 ESG 投资持开放态度，但其他董事会成员则可能与投资经理相同，在投资理念上持保守态度。第二，关于哪些 ESG 因素是重要的这一问题存在分歧。与美国社会在气候变化、枪支滥用、堕胎等问题上无法达成共识一样，关于哪些 ESG 因素是重要的，在不同的群体中很难找到一致意见。第三，可投资性。可供投资经理使用的投资工具是否能够解决特定的 ESG 问题？仍存疑虑。一个独立但相关的问题是，典型的捐赠基金将聘请外部经理，并可能与其他投资者共同投资“混合基金”。捐赠委员会可以描绘具体的ESG 目标，但实现这些目标的能力可能有限。第四，对传统投资回

〔1〕 See *Let's Tech about the Future of Cash Management*, BlackRock, https://www.blackrock.com/us/individual, last visit on March 15, 2024.

〔2〕 See John Hill, *Environmental, Social, and Governance (ESG) Investing: A Balanced Analysis of the Theory and Practice of a Sustainable Portfolio*, Academic Press, 2020, p. 204 – 205.

报与 ESG 投资回报的混淆或怀疑。对于受托人来说,财务回报显然最为重要。简单的撤资策略往往会导致财务业绩缩水。捐赠基金受托人和管理人员面临的大部分压力来自剥离涉及化石燃料、枪支或其他“有罪”行业或项目后的财务收益大幅下降。因此,激进的撤资要求可能导致捐赠基金经理拒绝任何 ESG 提议,即使是那些有可能实现 ESG 目标并能够产生市场回报的提议。

如前所述,仅有 18% 的高校捐赠基金考虑参与 ESG 投资,或者说 82% 的投资倾向于更传统的财务收益。一个典型的大学投资办公室政策可能是这样的:“投资办公室的使命是为未来提供捐赠资产的审慎管理服务。为此,投资目标应是实现与风险水平一致的最高回报,通过在诸多不同资产类别之间合理分配投资,减轻风险。捐赠基金一部分由高校内部管理,其余部分由经过仔细审查的外部基金经理管理。来自捐赠基金的收入支持学生的经济需求和社会服务,教师和研究人员的工资和福利,以及高校动植物的维护,5% 的捐赠基金由大学委员会分配,如此可为满足高校运营需求,也可为未来高校周转提供充足资金支持。”这类通用使命声明并未明确阐述 ESG 问题,但却是许多高校捐赠基金投资政策的代表。

以耶鲁大学为例。在著名的首席执行官大卫 · 斯文森(David Swenson)的倡议下,耶鲁大学成为 ESG 投资领域的先驱之一,其捐赠资金规模高达 312 亿美元,仅次于哈佛大学。312 亿美元的捐赠基金是由数千个具有不同用途和限制性条件的基金组成。大约 3/4 的基金是限制性捐赠,为特定 ESG 目的提供长期资金。截至 2023 年 6 月 15 日,耶鲁捐赠基金的回报率是 12.3%。在过去 20 年里,耶鲁大学捐赠基金的年回报率为 11.8%,在过去 30 年里,年回报率为 13%。[1] 捐赠基金委员会投资办公室将其归功于“明智的长期

〔1〕 See Yale Investments Office, https://investments.yale.edu, last visit on March 15, 2024.

投资政策,以及对部分股票的执着和多元化 ESG 投资信念"。这也间接为 ESG 问题不会对财务产生不利影响的论点提供佐证。

(三)ESG 在主权财富基金中的运用

一般而言,个人凭借技能、勤奋和运气,可以获得不错的收入,当盈余累积到一定数额时可进行投资以积累更多财富。政府也是如此。政府在发现自己积累大量资金时,会为未来需要进行投资。主权财富基金便是政府的投资工具之一,对国家具有重大经济意义。主权财富基金不同于为稳定货币或流动性管理目的而在中央银行持有的基金,其显著特征通常是具有长期关注点,投资于范围广泛的全球资产,并为国家利益行事,且主要由政府直接或间接管理。主权财富基金的 ESG 投资因财务回报压力而变得复杂,但其仍以 ESG 为重点进行大量投资,尤其是在可再生能源方面。石油资产通常占主权财富基金所有资产的一半,其他财富来源包括铜、钻石、磷酸盐、外汇储备、政府预算盈余和养老基金捐款等。挪威政府全球养老基金(Government Pension Fund Global)创建于 1990 年,资产总额超过 1 万亿美元,在全球交易的所有股票中占有 1.3%,是全球最大的主权财富基金,主要任务是将挪威石油政府部门的资金盈余用于投资。[1]

在 21 世纪初,以商品为基础的国家和其他出口经济不断增长的国家迅速积累了外国资产和外汇储备。公众开始对较为不透明的主权财富基金的规模的不断上升产生担忧。这些主权财富基金成为越来越重要的投资者,有人质疑其被用来获取敏感的战略情报或经济资产,以推进国家的政治目的,如中国海洋石油集团公司收购石油公司优尼科、迪拜港口世界收购美国(和欧洲)海港资产等。这

〔1〕 参见[美]马克·墨比尔斯、[美]卡洛斯·冯·哈登伯格、[美]格雷格·科尼茨尼:《ESG 投资》,范文仲译,中信出版集团 2021 年版,第 35 页。

些基金规模不断扩大,且其政策和意图的透明度有限,逐渐引发担忧,即保护主义可能会加剧,从而限制全球金融市场为所有国家的利益而运作。公众对金融力量不稳定、政府和中央银行提供监督能力减弱的可能性提出额外的担忧。在此背景下,主权财富基金国际工作组(IWG)于 2008 年成立,以制定主权财富基金行为准则。这些准则包括:(1)帮助维持稳定的全球金融体系以及资本和投资的自由流动;(2)遵守其投资所在国的监管和披露要求;(3)基于经济和金融风险以及与回报相关的考虑进行投资;(4)建立一个透明、健全的治理结构,为充分的运营控制、风险管理和问责制提供支持。

有趣的是,这些主权财富基金很大一部分来自许多在 ESG 问题上得分较低的国家,包括中东和亚洲。这些国家大多是碳氢化合物的生产国和出口国,尚未形成对妇女和少数族裔制定同等待遇标准的社会和文化因素,体制治理远远落后于其他先进国家。然而,至少对石油出口国而言,如果石油销售收入下降,投资一个碳排放越来越低的领域可以对冲未来收入下降的风险。基于这点考虑,自 2017 年来,阿布扎比、科威特、新西兰、挪威、沙特阿拉伯和卡塔尔宣布成立同一星球主权财富基金(One Planet SWF),旨在加速将气候变化分析整合到大型、长期和多元化资产池的管理中。

与其他类型基金一样,主权财富基金在将 ESG 问题纳入其投资决策时有不同程度的担忧和不同的动机。有些人担心投资在环境和治理问题上表现不佳的公司会带来财务风险。有些人的动机是该基金的使命或更大的目的,即在为该国人口提供服务时不应局限于经济收益,还应关注长期收益和 ESG 因素对后代的影响。

(四)ESG 在家族基金中的运用

养老基金、高校捐赠基金和主权财富基金等基金类型可能具有积极的影响,但通常有众多意见各异的利益相关者,很难在参与 ESG 投资方面达成共识。这些基金类型通常会有详细的报告要求,且有财务回报需求，使得其在 ESG 投资选择上受限。然而，私人投资者可以通过创建家族基金会来摆脱诸多限制，其中最大的优点是可以利用家族办公室的行政模式和管理形式更自由地参与 ESG 投资。相比于多元化投资资金池，家族基金的一个关键优势是，不必取悦各利益相关者以达成一致意见，甚至接受一些财务回报低于市场标准，或者是零回报的投资建议。

家族基金是一种由个人及其亲戚以其资产设立的私人基金会。家族基金的设立旨在追求慈善目标，并享受部分税收优惠。与所有私人基金会一样，家族基金会每年必须花费其资产的 5%，且必须公开披露其赠款信息。此外，基金会的投资收益应按 1% 或 2% 的税率征税。捐赠给基金会的资产可以包括现金、人寿保险和年金、公共和私人证券、房地产、个人退休账户资产和其他资产。最为关键的是，这些捐款可以来自税前收入，也可以从捐助者调整后的总收入中扣除，但不得超过一定的限额。基金会可以是直接参与慈善项目的运营基金会，也可以是向慈善机构提供财政资助的运营基金会。基金会可以由创始家族或者独立的职业经纪管理人管理，可以无限期地存在和运作，在创始人去世后，可以被分解成为捐赠人建议基金继续运营。一个有趣的发现是，富豪普遍希望在其有生之年将财富用于慈善目的，而不是在去世后将其遗赠给慈善机构。慈善事业中的一些著名人物包括洛克菲勒、卡内基、斯坦福和杜克等，未来几代人可能也会了解他们，不是因为商业成功，而是因为他们的慈善事业。

随着超高净值人群财富的激增，其基金管理要求已经超过了典型的会计师、经纪人或房地产律师所能提供的服务范围。这些私人投资者的需求与大型机构投资者的需求相似，有时甚至会超出私人客户、银行和经纪公司的财富管理部门的需求。超高净值人群希望投资过程内部化，具有保密性，这通过“家族办公室”得以实现。家族办公室的设立没有特殊执照或注册要求,仅对委托人与创始人之间的关系有适度的限制。家族办公室可分为三种通用类型:单一家族办公室(SFO)是基本款,也是最常见的类型。随着家族不断壮大并传给后代,单一办公室可能会扩展为多家族办公室(MFO),容纳原始家族的多个不同分支。如果家族拥有业务资产紧密交织的家族企业,则可能会发展出嵌入式家族办公室(EFO)。一些员工,例如首席财务官,可能在监督企业财务事务以及在家族办公室中发挥关键作用、承担双重职责。家族办公室提供的服务可以涵盖管理家族财务的所有要求,也可以提供法律服务甚至社会服务。例如,投资管理、遗产和财富转移规划、慈善活动、房地产交易、保险、风险管理、社会和个人援助、安全、支付账单等。

以陈·扎克伯格倡议(Chan Zuckerberg Initiative)为例。作为颠覆非营利慈善基金会的传统模式,马克·扎克伯格和他的妻子普莉希拉·陈创造了自己的慈善事业载体——“陈·扎克伯格倡议”。陈·扎克伯格倡议成立于 2015 年,是一家由马克·扎克伯格和普莉希拉·陈拥有的有限责任公司。与慈善信托或私人基金会不同,陈·扎克伯格倡议可以投资营利性公司,从事游说活动,并进行政治捐款。创始人相信从事这些活动的能力将为他们提供更多选择,以便在他们的重点慈善领域产生有意义的影响。捐款由三个资助实体颁发:陈·扎克伯格基金、陈·扎克伯格捐助者建议基金和陈·扎克伯格倡议。陈·扎克伯格倡议最初几年的资金来源是每年捐献的约 10 亿美元的脸书股票。然而,随后创始人承诺最终捐献其拥有的脸书 99% 的股份,该股份在承诺捐献时市值约为 450 亿美元。陈·扎克伯格倡议将其使命定位为寻找新的方法,将技术与社区驱动的解决方案结合起来,并在科学、教育、司法和机会领域开展合作。截至 2019 年,陈·扎克伯格倡议已向 88 个教育实体、123 个科学实体、86 个慈善实体、128 个社区实体和 3 个其他类别实体提供资助。[1]

综上,机构投资基金是 ESG 投资市场的主要参与者,高校捐赠基金的 ESG 投资规模低于全球平均水平,主权财富基金参与 ESG 投资因政治意图具有不透明性而引发公众担忧,家族基金可利用家族办公室更为自由地投资 ESG,并享受税收优惠。

本章小结

ESG 投资领域是一个涵盖研究、分析和投资战略的广阔领域。本章试图确立 ESG 投资的标准化术语和定义,以及投资行业和学术界采用的各种方式和方法的清晰结构。通过其发展历史了解 ESG 投资的增长,以及 ESG 投资如何继续成为一种重要的投资趋势。投资者以与其需求相关的方式采用 ESG 投资,包括一种或多种排除、整合、影响或参与方法。了解 ESG 如何在传统金融模型中实施和应用,有助于学者发现非财务绩效因素在优化投资的风险和回报原理方面的作用。随着资产所有者对此类信息的需求,作为投资过程一部分的非财务绩效因素的纳入和实施可能会继续发展。

近年来,ESG 投资作为一种先进的投资理念,在联合国等国际组织的倡导下于全球范围内快速发展。ESG 投资强调投资者在投资时考虑环境、社会和治理等因素,做出最有利的长期价值投资决策。ESG 投资有诸多相似概念术语,常有混用现象存在。社会责任投资(SRI)旨在通过负向筛选策略排除不符合要求的公司。影响力投资与使命投资相似,多用于具有特定目的的慈善基金或宗教信仰

〔1〕 See The Chan Zuckerberg Initiative, https://chanzuckerberg. com, last visit on March 15,2024.

的投资活动。联合国负责任投资原则主张在投资活动中重点考虑 ESG 因素。鉴于 ESG 投资概念与其他相似概念的同源性,且 ESG 投资的内涵和外延更为宽泛,为行文方便、避免混乱,易于理解,本书将以"ESG 投资"泛指社会责任投资、影响力投资、使命投资等相似概念。此外,还需注意的是,ESG 投资的常见担忧包括回报担忧、信息问题和区域关切等,而驱动因素则涵盖政府要素、市场要素和公司要素等方面。

无论代表他人参与 ESG 投资还是为他人提供 ESG 投资建议,信义义务对身处不同信义关系的受托人的要求略有不同,但大都围绕忠实义务和注意义务不断展开和细化,以投资者的利益为目的,进行建设性投资,行使被赋予的权利和履行信义义务。尽管目前投资者对 ESG 投资策略的有效性仍存在投资回报、信息质量、市场类型等方面的担忧,但不可否认的是,ESG 投资在政策法规、资本市场和企业要素等驱动下已然成为近年来较为流行的全球投资理念。在 ESG 投资逐渐成为世界主流投资理念后,机构投资者基金、高校捐赠基金、主权财富基金和家族基金等各类型投资主体纷纷参与 ESG 投资。机构投资者基金参与 ESG 投资保持激增态势。高校捐赠基金投资目标仍以获得财务回报为主,ESG 投资低于全球平均水平。主权财富基金规模巨大,因政策敏感性与意图透明度受限,而引发公众担忧,但各国主权财富基金每年仍以 ESG 为重点进行大量投资,尤其是以科威特、沙特阿拉伯为主的碳氢化合物生产国和出口国。家族基金与家族办公室的存在形式使得富豪能以自由意志参与 ESG 投资,而无需顾及利益相关者的意见。

需强调的是,ESG 投资既是一个机会,也是一个警告,投资者参与 ESG 投资的原因多种多样,并非所有 ESG 投资都能对其所依赖的基本环境、社会和治理结构产生可量化的积极影响。同样,并非所有 ESG 投资都具有提高回报和降低风险的特点。机会和警告在于:ESG 投资可能是一个由投资者发起真正变革的机会,也可能被公司、地区、行业和政府内部不断变化的环境、社会和治理因素标准所操纵。

第二章　ESG 投资与忠实义务的冲突

法律是人类不断变化的文明的一部分。法律制度必须与社会结构相适应，为社会目的而产生、改变和消逝。20 世纪以来，我国社会发生深刻变革，商品经济向知识经济和数字经济转变，而我国商事领域的法律制度仍停留在 19 世纪末，如医生是否必须告知患者手术的全部风险、股票经纪人是否需要向小股东披露信息等法律问题屡见不鲜，如何调停信息、知识和经验等稀缺性资源的不平等和克服机会主义行为，实现实质意义上的公平正义，是解决社会矛盾的关键。源于英国衡平法的忠实义务，或许能成为解决现有社会问题的钥匙之一。[1] 无论大陆法系还是英美法系，忠实义务（duty of loyalty）都是信义义务最核心和重要的组成部分。美国《信托法重述》和我国《信托法》将忠实义务的核心内容表述为“为受益人的最大利

〔1〕 参见周淳：《商事领域受信制度原理研究》，北京大学出版社 2021 年版，第 2 页。

益处理信托事务”,[1]核心内容可分为两个层次:第一,禁止利益取得规则(no-profit rule),即排除受益人之外的任何人的利益取得,强调利益获取的唯一性。第二,禁止利益冲突行为(no-conflict rule),即受托人个人利益服从于受益人的利益之下。具体而言,忠实义务的内涵至少应包括禁止自我交易、禁止利益冲突、禁止受托人利用信托财产取得利益等,也有学者主张忠实义务还应包括禁止受托人的竞业行为、利用信托机会等。[2]

以基金经理为主的受托人在投资过程中需遵守忠实义务,以维护受益人利益为唯一行事目的,构建多元化投资组合,满足信托目的要求。近年来,基金经理面临越来越大的压力,不得不将环境、社会和治理等因素纳入其投资决策中进行综合考量。联合国专门组织小组负责投资原则审查,与国际上不断发展壮大的具有影响力的学者和业界人士共同致力于将 ESG 因素作为受托人信义义务的组成部分加以应用。然而,此举遭到许多受托人和学者的反对,原因在于,这样做使得受托人将对第三方的附带利益纳入投资考量,违反信义义务中忠诚义务的规则要求。关于如何协调 ESG 投资与忠实义务之间的冲突,平衡信赖关系与社会责任,实现“义利兼顾”,以使得以基金经理为主的受托人参与 ESG 投资时符合忠实义务要求的问题,具有重要的研究价值。为此,本章内容拟在系统阐释忠实义务的内容的基础上,分析 ESG 投资与忠实义务冲突的具体表现,厘清 ESG 投资与忠实义务的冲突演变历程,以期为后文探寻 ESG 投资与信义义务的协调方式提供思路。

---

〔1〕 参见《中华人民共和国信托法》第 25 条、Restatement(First) of Trusts(1935) § 170。

〔2〕 参见姜雪莲:《信托受托人的忠实义务》,载《中外法学》2016 年第 1 期。See David J. Hayton, Oshley Roy Marshall & Charles Christopher James Mitchell, *Hayton and Marshall Commentary and Cases on the Law of Trusts and Equitable Remedies*, Sweet & Maxwell, 2005, p. 563.

第一节　忠实义务的具体内涵

信托虽然最早源于英国衡平法，但英国早期并没有确立"忠实义务"的概念术语，后续的相关判例和教材也都极少使用忠实义务的表述，更多的是以信义义务代替忠实义务所欲表达的内容。[1] 美国信托法承继了英国信托判例法理，并在 19 世纪初建立起极具商业色彩的信托法律制度，信托公司开始设立，商事信托得到发展。通说认为，"忠实"一词最早被运用于信托是在卡多佐（Cardozo）大法官处理的迈恩哈德诉萨尔蒙案中。[2] 迈恩哈德和萨尔蒙以合资企业名义租赁土地经营宾馆，但萨尔蒙在 20 年的土地租赁权到期后，在未通知并取得迈恩哈德同意的情况下，擅自以自己名义承租该土地和周边土地，并拆除原有宾馆和新建商业大楼，获取更多经济利益。该案判决中法院以"没有通知共同经营人迈恩哈德而缔结新的租赁合同"为由，判定萨尔蒙违反"不可分和无私的忠实义务"（a loyalty that is undivided and unselfish）。该案虽未提出忠实义务的概念及其内容，但因首次提出忠实义务被广泛引用。美国信托法在承继英国信托判例法后，将判例法法理中与忠实义务相关的规则融合，提炼出忠实义务的具体内涵，即仅为受益人的利益行事，忠实义务作为信托法重要的法律术语得以确立。

一旦信托关系被证明存在，受托人必须遵守信托行为标准。这一行为标准要求受托人无私、诚实、正直和忠诚地为其受益人的利益服务。信托行为标准作为信义义务的具象化，有助于准确地规范

---

〔1〕 See James Penner, *The Law of Trusts*, Oxford University Press, 2016, p. 406.

〔2〕 See Meinhard v. Salmon [1928] 249 N. Y. 458.

受托人的活动范畴,明确受托人违反信义义务的性质与标准,但并不涉及受托人行为的主观动机、受益人是否因此获益等。信义义务的核心内容是为受益人的利益以最大诚信行事(忠实义务),其他信义义务都是围绕这一义务展开。恰当、合理、全面地界定忠实义务内涵,是发挥受托人的专业技能和管理经验,防范其道德风险、懈怠和自利行为,确保受益人利益和信托目的实现的关键。[1] 然而,就信托目的而言,忠实义务的信托行为标准远高于诚信原则所要求的合同行为标准。合同领域中的诚信原则要求缔约双方坚持诚实、勤勉和适当地履行合同义务,但忠实义务要求更为高尚和微妙的品质,比市场要求更高的标准。加拿大最高法院的两则著名信托判例表明信托行为标准不同于合同诚信原则,受托人的行为受到比合同法对合同当事人的要求更严格的规制。拉克矿业有限公司诉国际科罗娜资源有限公司案的判决中,[2]索平卡法官(Sopinka J.)强调合同纠纷中司法机构不愿意主动寻找信托关系,除非确有必要。因为信托关系的存在会使案件变得复杂。[3] 霍奇金森诉辛姆斯案中则谈及如果信托行为标准与合同行为标准是相同的,那么其中一个肯定是多余的,但两者继续存在并被公认为截然不同的事实表明,主张忠实义务属于合同义务的观点并不容易被接受。在瑞高证券交易所有限公司案中,[4]英国枢密院司法委员会强调忠实义务不同于合同本身的义务。关于忠实义务与合同义务之间的区别如下:首先,信托的重点不是保护个别受益人的利益,而是保护由这些利益产生的信托关系,这一目标也意味着需要实施比在合同环境下保护个人利益更为严格的标准。其次,与传统合同理论相比,传统信托

〔1〕 参见杨祥:《股权信托受托人法律地位研究》,清华大学出版社2018年版,第201页。
〔2〕 See Lac Minerals Ltd. v. International Corona Resources Ltd.,[1989] 2 SCR 574.
〔3〕 See Hodgkinson v. Simms et al.,[1994] 3 SCR 377.
〔4〕 See Re Goldcorp Exchange Ltd. [1994] UKPC 3.

理论需要一个完全不同的分析框架和规范含义。模糊信托关系和合同关系之间的区别,用同样的名称称呼它们时,往往会导致忽略规制两者的不同规则的设置缘由,并引发一系列的困扰。

受托人有义务在行事过程中将其精力集中于受益人的利益。然而,这是否意味着受托人有积极的义务来促进增进其受益人的利益,比如采取积极的措施为一处房产争取尽可能高的价格?还是受托人仅需以避免损害受益人利益的方式行事?这种争论通常被描述为受托人的义务本质上具有规范性(主动)或禁止性(被动)。规范性信义义务关注的是受益人的利益是否得到来自受托人的促进效用;禁止性信义义务关注的是对受益人的忠诚,即受托人是否不正当地寻求在这种关系中或由于这种关系而增进自己或第三方的利益。芬恩(Finn)认为受托人的职责在本质上仅是禁止性的,[1]该观点得到其他学者的支持。海顿(Hayton)认为,信义义务基于受托人的消极责任,即不参与冲突(无论自身利益和受益人利益之间,还是多个受益人之间),也不从凭借受托人身份获利(无论为自己还是第三方)。[2] 格洛弗(Glover)认为,信托只是禁止某些行为,并未授权或规定责任。[3] 胡德(Hood)则主张信义义务要求受托人不违背受益人利益以维护受益人利益。当然,也存在主张信义义务具有禁止性的观点。[4] 在皮尔默诉杜克集团有限公司案中,[5]澳大利亚法院只承认禁止性信义义务,即受托人不从关系中获得任何未经授权的利益,也不处于利益冲突的位置,如果违反义务,则受托人需赔偿

---

〔1〕 See Paul D. Finn & Timothy G. Youdan, *Equity, Fiduciaries and Trusts*, Carswell, 1989, p. 25.

〔2〕 See D. Hayton, *Fiduciaries in Context: An Overview*, Clarendon, 1997, p. 290.

〔3〕 See J. Glover & Commercial Equity, *Fiduciary Relationships*, Butterworths, 1995, p. 135.

〔4〕 See P. Hood, *What Is So Special About Being a Fiduciary*, 4 Edinburgh Law Review 308 (2000).

〔5〕 See Pilmer v. Duke Group Ltd. (In Liq) [2001] HCA 31.

违约造成的任何损失。

法官们时常认识到，一方信任另一方，与后者成为前者的受托人，这两者之间是有区别的。可以说，所缺少的是明确确认合同关系和信托关系之间的中间法律类别的存在。法官有时可能仅仅为证明缔约各方的诚信义务是正当的而错误地强加受托义务，这样并不能减损这样一个事实，即信托关系中的受托人有一个公认的、适当施加的义务，就是为了其受益人的利益以最大诚信行事。如前所述，强加给受托人的更高的行为标准不同于普通诚信标准，使用"诚信"一词来约束受托人，混淆了那些从事无私服务的人（受托人）的义务和那些只期望公平交易或公平待遇的人的义务。强加于受托人的消极责任是为了确保受托人忠于其受益人的利益。施加这些义务的是出于对他人忠诚的需要，还是为了维护人际关系的完整性，这并不重要。事实是，它们的实施是为了促进一种积极的效果——无论维持他人的行为，还是保护重要的社会和经济关系，重要的是要解释为什么受托人被阻止从事某些形式的行为，如以受益人为代价获利或允许受托人个人利益或第三方利益与受益人的利益发生冲突，而不是只关注受托人被阻止从事此类行为这一事实。显而易见的是，不允许受托人的利益与受益人的利益发生冲突以及不以牺牲受益人的利益为代价来获利的义务更适合作为积极义务，以确保受托人的努力完全致力于受益人的利益至上。不管强加给受托人的规则和义务是积极的（必须这样做）还是消极的（可以不那样做），事实是一旦被描述为受托人，法律就介入并规定必须遵守的行为标准。这种干预使信托概念能够保持其权限范围内的关系完整性。如果通过关注"无利润"和"无冲突"规则，认为信义义务仅包含消极内容，那么就忽略了这一根本积极目的，从而不恰当地限制了信托概念的范围。由于信托当事人可能无法确信其信托关系，忠实义务不是自愿的，而是强加的，要求受托人对其受益人的利益完全忠诚。

如上所述,不同于合同义务,忠实义务的内涵既包括禁止性义务,也包括规范性义务。禁止性义务在信托法领域的表达为禁止利益冲突原则和禁止利益取得原则,而规范性义务则体现为以受益人的唯一利益或最佳利益为目的管理信托。下文将以该分类标准为依据对忠实义务的具体内涵逐一详述。

一、规范性义务:唯一利益与最佳利益

作为忠实义务的最基本要求,各国信托法都规定,受托人必须为受益人的利益管理信托。而此处的"利益"是唯一利益(sole interest)还是最佳利益(best interest)尚无定论。唯一利益观点要求受托人必须仅为受益人的利益管理信托。[1] 受托人有义务不受任何第三人利益或实现信托目的之外的其他动机的影响,带有任何不纯动机的信托管理行为将遭受过错推定的追责。由朗贝林(Langberin)教授提出的最佳利益说则认为,[2]受托人有责任为受益人的最大利益管理信托,未能为受益人的唯一利益管理信托的受托人可以证明其从事不符合唯一利益的交易是为实现受益人的最佳利益作为抗辩理由来反驳认定其违反忠实义务的终局性推定。

传统英美信托法奉行唯一利益说,[3]美国《信托法重述(第二次)》第 170 条第 1 款规定:"受托人对受益人负有仅为受益人的利益管理信托的义务。"[4]《信托法重述(第三次)》第 78 条第 1 款规定:"除非信托条款另行规定,受托人通常负有仅为受益人利益或仅

---

〔1〕 See Restatement (Third) of Trusts § 78(1). Uniform Trust Code § 801(a).

〔2〕 See John H. Langbein, *Questioning the Trust Law Duty of Loyalty: Sole Interest or Best Interest*, 114 Yale Law Journal 929 (2004).

〔3〕 See Austin Wakeman Scott, *The Trustee's Duty of Loyalty*, 49 Harvard Law Review 521 (1935).

〔4〕 Restatement(Second) of Trusts § 170(1) (1959).

为促进慈善目的而管理信托的义务。"[1] 信托发源地英国的《2000年受托人法》并没有直接规定忠实义务,甚至之前的《1906 年公共受托人法》、《1925 年财产法》、《1961 年受托人投资法》都没有涉及忠实义务的具体规定,可能的解释是忠实义务作为信义义务最为核心的内容,历史悠久,在英国大量判例中得到充分体现,没有成文化的必要。忠实义务要求受托人仅能为受益人的利益管理信托,不能将其他利益与受益人置于冲突境地。[2] 即便利益冲突微不足道,信托没有遭受任何损失,甚至信托因冲突交易获得实际利益,法院仍会适用忠实义务,因为忠实义务"不能分割且不可稀释"(undivided and undiluted loyalty),且适用"不再调查规则"(no further inquiry rule),推定利益冲突交易无效,无需考虑是非曲直,反映英美信托法对受托人的普遍不信任和对受益人的倾斜保护。

随着民事程序的改革、举证难度的降低、披露责任的加强等,很大程度上消除了对受托人在潜在冲突下易于隐藏错误行为的担忧,而唯一利益说过于严苛和僵化的劣势逐渐显现,最佳利益说开始受到关注。唯一利益说和最佳利益说的根本争议分歧在于"不再调查原则"。忠实义务的根本目的是促进受益人的最大利益,而这也是唯一利益说所追求的,与最佳利益说不谋而合。最佳利益说主张受托人必须以受益人的最佳利益为重,但不一定以受益人的唯一利益为中心。应将冲突交易的无效推定的终局性效力从决定性降低为可反驳性(rebuttable),即受托人将被允许以冲突交易是为实现受益人最大利益作为违反忠实义务的辩护理由并提供证据加以证明。不能仅以存在利益冲突交易就推定受托人谋私利,交易无效的结论。此外,需强调的是,唯一利益说的问题不在于对利益冲突或重

---

〔1〕 Restatement(Third)of Trusts §78(1)(2007).

〔2〕 参见杨祥:《股权信托受托人法律地位研究》,清华大学出版社 2018 年版,第 213 页。

叠危险的过度敏感，而在于其片面性，即不理解某些冲突交易无害，甚至有益。事实上，利益冲突在人类活动中普遍存在，但并非都有害，不分青红皂白地禁止冲突可能弊大于利。

至于唯一利益说和最佳利益说该如何取舍，涉及应将未经允许的利益冲突交易终局性地推定为无效的问题，这也是忠实义务如何适当表达的关键。唯一利益说强调特定的执行技术，即避免受托人和信托财产之间的所有利益发生冲突或重叠风险，而不是聚焦于忠实义务的根本目的，即最大化受益人的最佳利益。唯一利益说的假设前提是受托人与信托之间的所有利益冲突最终都会有害，这显然并不成立。随着信托环境的深刻变化，唯一利益说的产生背景和基础早已不存在。第一，专业信托结构的出现、信托记录保存的完善，以及信息披露制度的加强使得受托人刻意隐瞒冲突交易的可能性降低，降低利益冲突的动机，“不再调查”规则的确立基础不复存在。事实上，从某种意义上来说，“不再调查”原则不仅无法起到保护受益人的利益，反而会阻碍互利双赢的交易的发生。第二，利益冲突或潜在利益冲突在生活中普遍存在，并不必然危及受益人的利益。以受益人的最佳利益为目的的交易满足忠实义务的要求，尽管受托人可能因此获益。现代信托关系的商业化，使信托业得以建立在互利共赢的基础上，这是唯一利益说无法给予的。专业的受托人不为荣誉服务，而是为雇佣者服务，因此不仅符合受益人的唯一利益，也可为自己挣取适当利益。

唯一利益说完全不允许未经授权的冲突交易发生，最佳利益原则则允许对冲突交易行为予以抗辩。简言之，唯一利益说禁止对冲突交易是否公平进行进一步调查，最佳利益说则允许通过交易公平性进行测试来规范冲突交易。不同规则适用于不同情境。唯一利益说适用于冲突交易不可能有利且受益人处于弱势地位的情形。当受托人实际上屈服于利益诱惑时，信托法倾向于完全消除诱惑的发生可能，而非监督信托行为并试图发现和惩罚滥用行为。[1] 最佳利益说则承认冲突交易行为存在符合受益人的最佳利益的情形，且发生的频率极高，[2] 与其完全禁止受托人可能有利于利益冲突的所有交易，不如允许此类交易，同时进行公平性测试的司法审查。

如上所述，随着唯一利益说的产生背景和基础的消失，信托功能和性质的变化和再认识，最佳利益说显然更符合现代信托环境。我国《信托法》第 25 条规定："受托人应当遵守信托文件的规定，为受益人的最大利益处理信托事务。"此处的"最大利益"与"最佳利益"之间属于什么关系？二者表达相同的意思。最佳利益源于英文"best interest"，"best"可译为"最佳的""最大的"。最佳利益和最大利益都可理解为受托人在管理信托过程中对涉及利益冲突或风险重叠的交易，经由综合考虑和利益权衡，作出最有利于受益人的决策。事实上，我国《信托法》作为法律移植的舶来品，最初用于规范商事信托，发展最快和最完善的也是商事信托。[3] 专业受托人凭借出色的资产管理能力，管理处分信托财产，并获取相应报酬。在资产管理过程中，受托人负有定期披露信息、分类记账保存等严格的义务，还受到国家金融监督管理总局等监管机构的监督管理，为事后判断交易的公平性提供切实保障，唯一利益说的产生背景已经不存在。此外，商事交易过程中，利益冲突难以避免，采取唯一利益说已不合时宜，终局性推定利益冲突交易无效，将与我国商事信托的制度环境和现实情况相违背，适用最佳利益说更为妥当。

---

〔1〕 See Robert H. Sitkoff, *Trust Law, Corporate Law, and Capital Market Efficiency*, 28 Journal of Corporation Law 565(2002).

〔2〕 See Restatement (Third) of Trusts §78(1) cmt. f.

〔3〕 参见王涌：《论信托法与物权法的关系——信托法在民法法系中的问题》，载《北京大学学报(哲学社会科学版)》2008 年第 6 期。

二、禁止性义务:利益冲突与利益取得

不同于合同义务,忠实义务要求受托人遵循更为严格和细腻的行为标准,既包括规范性义务,也包括禁止性义务。规范性义务在信托法领域的表达为以增进受益人的利益为目的管理信托,而禁止性义务则包括禁止利益冲突规则和禁止利益取得规则,下文将逐一详述。

(一)禁止利益冲突

受托人最基本的义务是忠实义务。忠实义务不是由信托条款中的任何规定产生的,而仅仅产生于每个信托中固有的关系。受托人与受益人之间存在信托关系,受托人须为受益人的利益管理信托。受托人有义务"为了受益人的利益"来管理信托。[1] 如果只有一件事是明确的,那就是利益冲突和以他人利益为代价追求自身利益的诱惑无处不在。在信托关系中,这一点也不例外。因此,多年来,法律规定受托人负有忠诚的义务,这要求受托人使自己的利益服从于受益人的利益。但是,如果受托人拒绝将自己的利益置于受益人的利益之下,就会面临一系列更加严格的追责。当受托人在管理信托时,未经受益人同意就推进受托人的利益时,即使交易是公平合理的,交易通常也会被认定为无效。将信托财产单独出售给受托人,或依信托计划购买受托人自己的财产,无论多么公平,通常都是可撤销的。为自身利益使用信托财产的受托人通常要对一切损失负责,并返还一切利润。受托人也不得与信托进行不公平的竞争。即使受托人公开并直接与受益人本人进行交易,通常也只有在受托人已充分披露且未利用其作为受托人身份地位的情况下,交易才能成立。因此,忠实义务是规范受托人行为的准则,要求受托人

〔1〕 See Unif. Trust Code § 802(a).

避免所有涉及自我交易的情况，以及涉及或可能造成受托人的信托利益和个人利益之间冲突的交易。[1] 根据这一规则，违反忠实义务的受托人负有责任，无需进一步调查交易是否给受托人带来任何实际利益，受托人是否诚信行事，交易是否公平，甚至在某些情况下，违约是否对信托或其受益人造成任何实际损害。[2] 此外，需强调的是，受托人不参与涉及自我交易或涉及可能产生利益冲突的交易的义务具有严格性和绝对性。在谈到忠诚的义务时，首席大法官卡多佐（Cardozo）曾经指出：在一个平凡的世界里，许多形式的行为对那些从事臂距交易的人来说是允许的，但对那些受信托关系约束的人来说却是禁止的。受托人要遵守比市场道德更严格的标准。受托人的行为水平才保持在高于大众的水平。[3] 一般而言，受托人有义务避免任何形式的利益冲突，即禁止利益冲突规则，该规则最早由克兰沃思勋爵（Lord Cranworth）在阿伯丁铁路公司诉布莱基兄弟案中确立。[4] 禁止利益冲突规则的两种表现形式为自我交易规则和公平交易规则。

1. 自我交易原则

自我交易规则指受托人不得在同一交易中代表自己和委托人进行交易。例如，受托人不能向自己出售信托财产，受托人也不能将其财产出售给信托计划。违反自我交易规则将会导致交易无效，委托人可以撤销交易，而无需证明交易不公平。[5] 自我交易规则限制了受托人以个人身份处理信托财产的能力。对受托人从信托财产中受益或可能受益的限制是如此严格，以至于受托人被限制处理任何信托财产，即使是商业上的公平交易。例如，如果土地以信托

〔1〕 See Unif. Trust Code § 802 cmt.

〔2〕 See Unif. Trust Code § 802 (b) cmt.

〔3〕 See Meinhard v. Salmon 164 N. E. 545 (1928).

〔4〕 See Aberdeen Railway Co. v. Blaikie Bros (1854) 1 Macq 461.

〔5〕 See Sargeant v. National Westminster Bank plc (1990) 61 P & CR 518.

形式持有,受托人试图从信托中购买该财产,受托人将在交易中代表双方当事人。这种交易将承担受托人以人为的低价从信托获得财产从而剥削受益人的风险。同样,受托人获得的价格可能与受益人在公开市场上获得的价格相同。自我交易规则使受益人有权撤销任何此类交易,[1]即使受托人并无实施欺诈或恶意行为的可能性也会受到抵制,这通常被称为莱西规则(Exp Lacey Rule)。[2] 埃尔登勋爵(Lord Eldon)解释道,"由于受托人既是受益人的卖方,也是买方,他将自己置于明显的利益冲突之中,因此不可能确定其是否在为受益人争取最佳价格时恰当地服务了受益人的利益"。大法官梅加里(Megarry VC)在蒂托诉沃德尔案中用以下条款阐述了自我交易规则:"如果受托人从自己手中购买信托财产,任何受益人都可以将出售的财产从债务人名下拨出,受托人不能行使任何抗辩权,即便该交易是在双方之间公平地进行的。只有在受益人明确授权交易的情况下,该交易才会真实有效,这也再次证明信托事务的最终控制权仍然属于受益人。"[3]

包括中国在内的许多国家制定了法令,普遍禁止受托人进行自我交易。[4] 然而,冲突无处不在。委托人常常选择有内在冲突的人作为受托人。每当委托人选择受益人作为受托人时,受托人的个人利益和信托利益之间的冲突是显而易见的。[5] 存在冲突的信托,以及更糟糕的情况,每天都在发生,但不知何故,受托人、受益人和信托公司常常会蒙混过关。在这种情况下,的确是委托人而不是受托人将受托人置于冲突的境地。很明显,忠诚的大部分义务,就像信

---

〔1〕 See Keech v. Sandford (1726) Sel Cas Ch 61.

〔2〕 See Ex P Lacey (1802) 6 Ves Jnr 625.

〔3〕 Tito v. Waddell (No 2) [1977] Ch 106.

〔4〕 参见《中华人民共和国信托法》第 28 条、《日本信托法》第 31 条。

〔5〕 参见杨秋宇:《信托受托人忠实义务的功能诠释与规范重塑》,载《法学研究》2023 年第 3 期。

托法的其他部分一样，仅仅是违约义务。它适用于许多情况，但不适用于例外情况。其中一组典型的例外情况便是：当得到信托条款、法院命令或受益人同意的授权时，自利的受托人交易可能具备正当性。因此，如果信托条款授权受托人进行某项交易，受托人通常可以这样做，而不用担心责任，尽管该交易涉及自我交易或利益冲突。同理，法院也可以授权可能违反忠诚义务的交易。最后，需强调的是，任何受益人，只要是成年人、有能力且完全知情，如果同意某项冲突交易，那么此后将不得要求受托人对其承担责任。

2. 公平交易原则

公平交易规则类似于上文所述的自我交易规则。公平交易规则允许受托人从信托中获得利益，前提是受托人没有获得任何可归因于其信托身份的利益。[1] 这一规则也适用于委托关系，例如代理人获取其委托人的利益。为了证明交易的公平性，受托人将被要求证明没有向受益人隐瞒任何细节，获得的价格是公平的，并且受益人完全不需要依赖受托人的建议。公平交易规则必然不如自我交易规则严格，因为受托人能够通过证明交易并非出于恶意获得来寻求交易行为的正当性。这也是该规则的一个特点，即要求受益人授权交易，而不是允许受托人完全单独行事。然而，如果受益人是未成年人，受托人将无法证明受益人是否做出知情的决定。

相较于自我交易规则，公平交易规则不那么苛刻，原因很简单，即风险更小。由于交易中有两个真正的当事方，二者利益受到威胁，而不是受托人卖给自己，因此交易更有可能是真实的。如果受托人购买受益人的受益权益，在受益人的坚持下，交易可能会被自动撤销，除非在受托人证明没有利用自己的地位，已经向受益人充

〔1〕 See Graham Virgo, *The Principles of Equity & Trusts*, Oxford University Press, 2012, p. 499.

分披露所有相关信息,受益人没有完全依赖他的建议,并且价格是公平的情况下。如果受托人试图通过与第三方串通交易来规避自我交易或公平交易规则的适用,则该交易同样可能会被撤销,如同受托人本人是一方当事人一样。

关于受益人同意的效力,美国法院一般遵循英国法规则,即如果交易已经完全披露,且没有利用作为受托人的地位或任何其他不正当行为诱导受益人同意,则法院不得将交易搁置;如果受托人没有完全披露,或利用不正当行为诱导受益人同意,或者交易不公平合理,则法院可以将交易搁置。即便受托人和受益人之间的关系使得受益人完全信任受托人,受托人也有披露的义务。受益人赠与受托人的信托财产同样不一定是可撤销的。但是,如果受托人在信托关系中施加影响以促成赠与,法院将撤销赠与。我国《信托法》第 28 条同样规定利益冲突规则的例外情形,受托人行为虽然在形式上构成利益冲突,但如果满足以下条件,应被允许,第一,受托人取得信托条款的授权,或者经委托人或受益人等关系人的同意。至于在相关关系人内部意见不一致的情形下,该如何处理,并无明确规定。较为妥当的解释是,任何一方有不同意见,受托人的利益冲突行为都将被追责。[1] 第二,以公平的市场价格进行交易。满足这两个条件则受托人的冲突交易行为免责。

(二)禁止利益取得

禁止利益取得规则禁止受托人凭借其自身或第三方的受托人地位获取利益,[2]除非在信息充分、坦率披露后委托人完全知情同意受托人获得利润,[3]或该利润以其他方式获得授权允许,例如信托文件。因此,受托人被禁止利用其作为受托人的地位获得的机会

---

〔1〕 参见赵廉慧:《信托法解释论》,中国法制出版社 2015 年版,第 323 页。

〔2〕 参见《信托法》第 26 条。

〔3〕 See Gwembe Valley Development Co. Ltd. v. Koshy [2004] 1 BCLC 131.

或知识获取利润,即使受托人行为得当,也不能作为辩护理由。受托人的行为诚实且符合受益人的最大利益,并不能成为受托人获益的行为的免责事由。这种对禁止利益取得规则的严格解释背后的基本原理是,受托人不得利用其地位谋取委托人以外的任何人的利益,这是忠实义务的一个重要组成部分。这并不意味着受托人在担任受托人时不能获得任何利益。该规则真正关注的是确保受托人不会从其职位中获得未经授权或秘密的利润。因此,仅当委托人完全知情同意受托人获得利润时,受托人才没有违反职责。

事实上,禁止利益取得规则与禁止利益冲突规则并非完全相互独立。在布雷诉福特一案中,[1]赫歇尔勋爵既承认无冲突规则,也承认无利润规则,并主张后者可能只是前者的一种应用,因为每当受托人违背其受托责任而获利时,将不可避免地涉及违反无冲突规则,受托人获取最大利润的个人利益将与其对委托人的忠诚责任相冲突。因此,无利润规则仅仅是更广泛的无冲突规则的一个组成部分,没有独立的适用性。从受托人地位获取利润的诱惑会不可避免地导致个人利益和对受益人的责任之间的冲突,受托人将会受到诱惑,以自己的最大利益而不是委托人的最大利益行事。因此,在违反信义义务的大多数情况下,这两条规则都将被违反。但是,最好还是将这两个规则区分,因为二者有不同的要求,会出现一种规则适用而另一种规则不适用的情况。当然,在受托人没有获得未经授权的利益的情况下,可能违反禁止利益冲突规则,例如,一名董事在知道其公司正在进行招标的情况下,亲自参与公开招标。董事的个人利益会与其对公司的责任相冲突,因为董事将与公司竞争,提出更高的报价。但是,如果董事成功地为自己获得投标,董事就不会违反禁止利润取得规则,因为其没有因其受托人地位而获得利润,

---

〔1〕 See Bray v. Ford [1896] A. C. 44.

毕竟招标公告属于公开要约。但是,如果董事知道其提出的要约价格低于公司的要约价格,董事就会违反这一规则,因为提出更低要约的机会会受到其作为董事获得的信息的影响。另一种违反禁止利益取得规则而不违反禁止利益冲突规则的情况是,如果受托人开办了与委托人竞争的业务,由于个人利益和对受托人的责任的冲突,受托人将有责任放弃任何利润,即使这些利润不是利用受托人地位而取得。如果信托人被指控违反忠实义务获利,则没有必要证明也涉及利益冲突,毕竟受托人未经授权获利的事实足以追究其信托责任。因此,虽然在大多数情况下,违反忠实义务将不可避免地涉及违反禁止利益冲突和禁止利润取得规则,但情况并非总是如此,需要单独分析这些规则。确定每项规则的单独应用对于确定应给予的适当救济也是有必要的,因为违反禁止利益取得将使被告承担向委托人返还利润的责任,而对违反禁止利益冲突规则的救济将是补偿性的,不涉及受托人获取利润。

值得一提的是,禁止利益取得规则最重要的一个方面是,当被告以受托人的身份获得机会时,受托人不得利用机会获利。[1] 否则,受托人将有责任向委托人返还因违反职责而获得的任何利润,而不论被告是否合理和善意地行事(即便委托人自己无法利用该机会)。

第二节 ESG 投资与忠实义务的冲突演变:以判例分析

忠实义务要求受托人必须抛开自己的政治或道德观点,以促进受益人的最大利益,但如果受益人有强烈的宗教、政治或道德信仰

〔1〕 See Regal (Hastings) Ltd. v. Gulliver [1967] 2 A. C. 134.

该如何处理？在投资基金时，受托人是否被允许，甚至被要求考虑这些信念？显然这在传统信托理论的框架下是不被允许的。如果信托的目的是提供资金（正如大多数私人信托一样），受托人有义务追求受益人的最佳经济利益或唯一经济利益。然而，某些信托的目的，最明显的是慈善信托，不仅是为了提供经济利益，更是为了实现社会目标。这类信托公司被允许通过其投资方式以及分配信托收入的方式来推进社会目标，比如迄今为止中国规模最大的乡村振兴慈善信托“国投泰康信托国投公益乡村振兴慈善信托（2023）”的信托目的是“开展定点帮扶、对口支援、援疆援藏等乡村振兴相关公益活动。”〔1〕司法实践中，法院一般不愿意承认非财务 ESG 因素可以替代财务因素成为受托人管理信托的准则，最主要的原因之一是非财务 ESG 因素往往会引发不可避免的两难境地。〔2〕 试想，如一家公司以道德上可疑的方式挣取经济利益，但以其他方式做出积极的社会贡献，该如何处理？比如一家巧克力公司剥削发展中国家的生产商，但为发达国家的学校赞助电脑。又如，被投资的公司本身在道德上是合格的，但其子公司或联营公司却并非如此，又该怎么办？

允许受托人参与 ESG 投资，将 ESG 因素纳入投资决策考量，容易引发司法实践中的裁判困境，更重要的是，如此将意味着忠实义务的架空与失效。近年来，受托人面临越来越大的压力，不得不将 ESG 因素纳入投资决策中综合考量。联合国和各国政府部门不断制定和推行负责任投资规则，国际上不断发展壮大的具有影响力的学者和实践者群体共同致力于将 ESG 因素作为受托人投资原则的

〔1〕 参见民政部民政一体化政务服务平台慈善中国官网，https://cszg. mca. gov. cn/platform/login. html，最后访问时间：2024 年 3 月 15 日。

〔2〕 本书 ESG 指包括“社会责任”“可持续发展”“环境、社会及管治”“绿色发展”等不同称谓的宽泛意义上的非财务信息。

组成部分加以应用,我国也在法律规范和政策制度层面逐步加强对受托人参与 ESG 投资的强制性要求。[1] 随着 ESG 投资的影响力和适用范围的不断扩张,其与忠实义务的冲突越发明显,国内外司法实践中存在大量此类投资基金的交易纠纷案件。[2] 如何协调 ESG 投资与忠实义务之间的冲突,平衡信赖关系与社会责任,以使受托人参与 ESG 投资时符合忠实义务要求,具有重要的研究价值。鉴于英美法系背景下 ESG 投资与忠实义务的冲突历史悠久,留下许多极具研究价值的信托判例。本书拟以具有代表性的英美信托判例作为分析对象,梳理英美法院关于 ESG 投资与忠实义务之间冲突的处理态度的演变历程,探索协调二者之间冲突的可行思路,为我国司法实践提供一些参考。

一、相关的判例

(一)布兰肯希普案:完全禁止 ESG 因素影响

1971 年的布兰肯希普案是美国法院认定忠实义务适用唯一利益原则的典型判例。[3] 该案中,被告作为养老基金的受托人,未将信托资金进行建设性投资,从而产生合理经济收益,而是将大笔信托资金留在无息银行账户中长达 18 年之久。该养老基金的目的是向煤炭公司的员工及其家属支付各种福利,包括医疗和住院护理、养老金、工伤或疾病赔偿、死亡或残疾、工资损失等。尽管被告试图

---

[1] 比如中共中央和国务院《关于深入打好污染防治攻坚战的意见》(2021)、国务院《2030 年前碳达峰行动方案》(2021)、中共中央办公厅和国务院办公厅《关于推动城乡建设绿色发展的意见》(2021)、中国人民银行《银行业金融机构绿色金融评价方案》、生态环境部《环境信息依法披露制度改革方案》等。

[2] 比如布兰肯希普诉博伊尔案(Blankenship v. Boyle);威瑟斯诉纽约市教师退休系统案(Withers v. Teachers' Retirement System of the City of New York);科文诉斯卡吉尔案(Cowan v. Scargill);马丁诉爱丁堡市区议会案(Martin v. City of Edinburgh District Council);湖北省武汉市江汉区人民法院民事判决书,(2019)鄂 0103 民初 6629 号;广东省深圳市中级人民法院民事判决书,(2017)粤 03 民终 22174 号等。

[3] See Blankenship v. Boyle(1971)329 F Supp. 1089.

证明信托资金积存在于无息银行账户的正当性,但其理由均遭到了反驳,这些理由包括:(1)市场不景气。1950年之前的美国,罢工和劳资纠纷导致煤矿公司大量关闭,对当时社会福利计划造成严重影响,极可能会引发基金受益人资金支付中断,并可能会持续相当长一段时间。虽然这一考虑因素可以证明受托人有理由保持大量的可流动性资金,但不能证明受托人没有将大量积累的多余现金用于受益人权益维护的合理性。并且,从1950年前后开始,受益人所在煤炭行业开始盈利并日益稳定发展,未来繁荣前景可期,1950年以前的景象不太可能重现。(2)税收考虑。作为一个慈善信托基金,该基金首先应寻求免除所得税。1954年,经过长时间的拖延处理,美国财政部否决了这一请求。这意味着,该基金必须为超过其信托管理费用的任何投资收入支付税款。然而,事实上投资收入从未超过管理费用。显然,税收考虑并不能成为受托人消极作为(不投资)的理由。法院经审理后认为,被告和银行之间达成协议,为了工会和银行的利益,而无视受益人的经济利益,在银行无息账户中存入大量资金,与基金对流动资金或其他方面的实际需求无关,严重违反忠实义务,理应以无息账户中错误保存的信托资金的收入损失为标准向受益人承担赔偿责任。

该案中,受托人长期允许大笔信托资金留在无息银行账户中,矿工养老基金的受托人允许大笔资金在一家工会拥有的银行无息账户中积累,并将大量基金资产投资于电力公司的股份,随后将大量股份转移给工会代表。受托人的做法旨在帮助工会努力购买公共事业的控制权,并迫使其燃烧工会开采的煤炭。尽管法院意识到受益人的利益最终得到了满足,因为养老基金的收入水平与联合开采的煤炭的吨数直接相关,但法院对受托人的投资政策进行了仔细的审查,发现该政策显然是为了促进联合成员的利益而不是基金的利益,因此受托人违反了忠实义务。受托人奉行的政策可能附带地帮助了基金受益人,但其主要目的是通过在煤炭行业创造和保留就业机会来提高工会的地位及其成员的福利,没有为受益人利益进行建设性投资,以争取合理经济收益。这种信托行为显然对银行有利,但对养老基金没有任何好处,故而受托人违反忠实义务。

与“布兰肯希普案”相似的还有“科文案”,[1]该案中法官主张受托人应在法律允许的范围内确保受益人的财务收益,其投资自由裁量权不应受到与信托目的无关的因素影响,尤其是政策、道德等 ESG 因素。英国国家煤炭管理委员会(the National Coal Board)由 10 名受托人(5 名由国家煤炭委员会任命,5 名由全国矿工工会任命)组成,以管理矿工养老资金。然而,管理委员会基于振兴国家经济的政策考虑,所制订的投资计划几乎全部在英国境内,很少在海外投资。此举遭到部分工会受托人质疑,认为管理委员会在行使其投资权力时,未能充分考虑信托投资的多样化,导致投资风险上升,违反忠实义务。法官经审理后认为,受托人必须公平、诚实地行使权利,以实现受益人的经济利益为唯一目的,而不是为了实现别有用心的其他目的。管理委员会出于工会政策考虑将投资局限于英国境内,投资范围狭窄,风险明显提升,未能将受益人的利益放在首位,不符合忠实义务要求。

(二)威瑟斯案:允许将 ESG 因素当作经济利益因素

在 1978 年的威瑟斯案中,[2]最佳利益原则取代唯一利益原则成为判断受托人是否违反忠实义务的衡量标准之一。纽约市政养老基金(Municipal Pension Fund)是一种储备养老金制度,为退休教师团体提供终身养恤金和年金,所需的资金将由纽约市政府和教师团体在职期间的缴款补充,其中纽约市政府的现金捐款是养老基金

[1] See Cowan v. Scargill [1985] Ch 270.

[2] See Withers v. Teachers' Retirement System of the City of New York (1978) 447 F Supp. 1248.

收入的最重要来源,远远超过来自教师团体的捐款及其投资所产生收益。在 1975 年的整个夏季和秋季,在与市政府官员的会谈中,受托人不断收到有关该市财政状况恶化的报告,并要求其购买城市债券,以避免城市破产。1975 年 11 月,由于担心纽约市政府继续向养老基金提供年度现金捐助的能力,受托人聘请专家顾问对购买城市债券以解决纽约市财政危机的合理性进行论证,最终得到肯定答复。于是,受托人同意购买纽约市债券。事实上,受托人主要关心的是纽约市破产对养老金成员退休基金偿付能力的影响。受托人承认他们不可能精确地预测城市资产在破产中的具体分配方案。然而,可以肯定的是,纽约市将停止向养老基金支付年度款项,纽约市的资金将不得不优先用于有关纽约市的健康和福利方面所急需的服务,包括医院、警察和消防部门等。受托人一致认为,他们的信义义务是维护养老基金所有成员的利益,而成员的退休收入取决于基金的长期生存能力。因此,受托人希望通过保护纽约市的资产来防止资产枯竭,毕竟纽约市是市养老基金不可或缺的主要资金来源。

随后,市政府养老基金的全体受益人以受托人购买滞销和高度投机的城市债券,以拯救城市为目的作出投资决策,而不是增强基金的稳健性,违反忠实义务的唯一利益原则为由,将受托人诉至法院。原告认为,被告依靠“高度推测性”的报道,即该市即将破产,破产将导致该市停止对市政养老基金的捐款,并且是在市政府官员的强迫下,而不是出于他们自己的自由意志,决定购买大量城市债券,这些债券的评级极低,接近一种投机性投资,除非收益率极高,否则难以销售。受托人的正常投资政策应是购买高质量且最好是 A 级证券。原告还声称,被告作为市政府养老基金受托人的首要义务是服务退休人员,而不是城市其他人员,显然被告在本案中无视这一义务。被告违反忠实义务的行为导致专为退休人员利益保留的资金价值大幅度减少。因此,原告有权要求损害赔偿和禁止被告进一步购买城市债券。法院经审理后认为,受托人确实被市政府告知城市破产迫在眉睫,急需其购买城市债券缓解债务危机,但市政府的压力并没有使受托人不能独立决策。受托人在决定投资城市债券前,详细调查了市财政实际状况和市养老基金在没有城市捐赠情况下可能面临的危机。受托人购买城市债券的决定是权衡利弊的理性结果,将占较大比例的基金资产用于购买单一类别、低质量且难以销售的城市证券,是为了以有限成本确保基金长久存续,符合忠实义务要求。实际上,购买债券也是由纽约市持续的现金捐款提供。鉴于纽约市政府是养老基金的主要出资人和养老金福利支付的最终担保人,受托人决定购买高度投机性城市债券,作为避免纽约市破产的财务计划的一部分,是一个审慎的决定。简言之,受托人为防止信托基金破产而投资高度投机性城市债券,实为受益人的最佳利益管理信托,不违反忠实义务,不必再以单纯的唯一利益原则作为是否违反忠实义务的裁判标准,判决驳回原告请求。

(三)马丁案:附条件允许附属利益 ESG 投资

在 1987 年的马丁案中,受托人在确保与非 ESG 投资产生相同经济效益的基础上可以将 ESG 因素纳入投资决策中。[1] 1984 年 6 月 21 日,英国政府基金理事会审议通过“终止与南非种族隔离政权的所有联系,包括体育、文化和投资联系”的决议。虽然基金理事会在南非没有直接投资,但许多联合跨国公司在南非有子公司。1984 年 6 月 11 日,马丁等议员提出异议,要求理事会报告在南非有重大投资的跨国公司名单的信托基金持有情况,并提出替代投资方案,指导投资顾问继续以受益人的最佳利益进行投资。基金理事会有责任充分考虑当前和未来受益人的最佳利益,有义务不允许其成员

〔1〕 See Martin v. Edinburgh DC,[1989] Pens. L. R. 9 (1987).

的政治、社会或道德观点影响受托人管理基金，在合理可行的范围内确保所投资资金的证券产生合理的投资回报和资本增长。然而，理事会未能履行这些义务，而是出于道德或政治上的原因采取了终止与南非的所有投资联系的政策，没有考虑实施该政策是否符合所管理信托的受益人的最佳利益，也没有就提议的内容是否符合受益人的最佳利益咨询专业意见。

理事会辩称，理事会作为受托人所做的一切完全在自由裁量权范围内，并已将注意力集中在投资的多元性和适宜性上。受托人出售南非证券可能出于南非的动荡社会情况和糟糕经济表现，比如南非薪酬水平、工伤事故、污染控制、少数群体就业条件、军事合同和消费者保护等。受托人不应因社会或政治原因未能进行特定投资而受到批评。受托人仅为受益人的利益行事并不意味着受托人的自由裁量权将被最大利润的算术计算所取代。受托人在投资时有不受约束的自由裁量权。理事会作为受托人，在综合考虑相关因素后实施南非撤资战略符合受益人的最佳利益，并不存在任何不当行为，不应仅仅因为其行使方式不同而干预其自由裁量权的行使。法院经审理后认为，受托人寻求受益人最佳利益并非仅指经济效益，还应包括道德、信仰、政治等其他内容。受托人可能有强烈的社会或政治观点，可能会坚决反对在南非或其他国家进行任何投资，也可能会反对对涉及酒精、烟草、军备或其他任何事物的公司进行任何形式的投资。如果在能确保与未整合 ESG 因素的投资策略获得相同经济效益的前提下，理事会可以将 ESG 因素纳入投资策略，并从南非撤资。

二、判例的解读：从完全禁止到附条件允许

英美信托判例法背景下，法院对于 ESG 投资与忠实义务之间的冲突的处理态度从完全禁止到附条件允许，大体可以分为三个

阶段。

第一阶段,完全禁止 ESG 因素。忠实义务作为信义义务最重要和最核心的内容,其在布兰肯希普案的解读为:受托人对受益人负有不可分割和不可稀释(undivided and undiluted)的忠实义务,受托人必须以受益人利益为唯一利益从事一切信托活动,[1]不得考虑其他因素,否则将构成违反忠实义务。掺杂附属利益的 ESG 投资需要考虑受益人经济利益以外的利益,如环境保护、性别平等等,这显然与唯一利益原则相违背。正如卡多佐大法官所言,唯一利益原则是一种不能妥协的严苛标准。一旦放松标准,允许在不损害受益人利益的前提下,受托人可以获益,那么受托人的自利之心就如野兽出笼,可以通过诸多隐藏手段去侵占、盗用或损害受益人利益,而受益人举证却十分困难。受托人应适用比市场道德更严格的义务,不仅受诚实,还应受到荣誉的约束。[2] 故而,司法实践中只要受托人存在未经许可的情况下从事利益冲突或自我交易的事实,则法官就不再进一步调查(no further inquiry rule),而终局性地推定利益冲突交易无效,受托人违反忠实义务,至于受托人是否善意、是否获取利润、交易条款是否公平,都不予考虑。[3]

第二阶段,允许将 ESG 因素作为经济利益纳入投资决策考量。当 ESG 因素涉及商业风险时,受托人可以将这些 ESG 因素与其他经济因素一样视为经济因素进行考量,此时 ESG 因素属于影响受益人投资回报的经济影响因素,而非附属利益的影响因素。威瑟斯案中,受托人为防止信托基金破产而投资高度投机性城市债券,实为受益人的最佳利益管理信托,不违反忠实义务,不再以唯一利益原则作为是否违反忠实义务的裁判标准。长期以来,唯一利益原则作

〔1〕 徐化耿:《信义义务研究》,清华大学出版社 2021 年版,第 30 页。

〔2〕 Tamar T. Frankel, *Fiduciary Law*, Oxford University Press, 2010, p. 108.

〔3〕 See Restatement (Second) of Trusts Section § 170 cmt. b (1959).

为阐释受托人忠实义务的主流观点被严格坚守,受托人必须仅为受益人的利益管理信托。[1] 受托人有义务不受任何第三人利益或实现信托目的之外的其他动机的影响,任何与受益人利益无关的信托管理行为都将被终局性判定为违反忠实义务,带有任何不纯动机的信托管理行为将遭受过错推定的追责,机械呆板且充满形式主义色彩。随着民事程序取证制度的改革、受托人披露义务的完善、受托人活动记录的完备等法律制度的演进,唯一利益原则的设计基础逐渐消解,受托人自利行为被发现的概率显著增加,固守唯一利益原则已无必要。唯一利益原则的例外开始逐渐出现,并被法院认可,[2] 比如委托人授权、受益人同意、法院事前批准等。这些例外事由虽然不符合唯一利益,却符合受益人的最佳利益。所谓最佳利益,即受托人有责任为受益人的最大利益管理信托,未能为受益人的唯一利益管理信托的受托人可以不符合唯一利益的交易实为受益人的最佳利益作为抗辩理由来反驳法院对其违反忠实义务的终局性推定。[3]

第三阶段,附条件允许 ESG 投资。当存在适当时间范围内的两项或两项以上风险和回报基本相当的投资选项时,受托人可以选择将 ESG 因素纳入投资策略。通常而言,由于每项投资都必然导致放弃其他投资机会,因此不允许受托人牺牲投资回报或承担额外的投资风险,以此作为利用投资促进共同社会政策目标的手段。但是,当相互竞争的投资同样符合预期的经济利益时,受托人可以将这些 ESG 因素作为投资选择的平局破坏者,也就是将 ESG 等附属利益因素作为投资选择的决定性因素。[4] 然而,事实上即便存在两种或两

〔1〕 See Restatement (Third) of Trusts § 78(1). Unif. Trust Code § 801(a).

〔2〕 参见杨祥:《股权信托受托人法律地位研究》,清华大学出版社 2018 年版,第 214 页。

〔3〕 See John H. Langbein, *Questioning the Trust Law Duty of Loyalty: Sole Interest or Best Interest*, 114 Yale LJ 114 929(2004).

〔4〕 See DOL, FAB 2018 - 01, p. 2.

种以上在适当时间范围内回报和风险相等的投资选择，受托人一般也会对所有投资选项进行投资。“鸡蛋不能都放在同一个篮子里。”分散投资能够在不损失投资组合预期回报的情况下降低整体投资组合的风险。如果两家公司具有相同的投资风险和回报，那么同时投资更具效率和更加明智。当然，这是在流动资金充足的情况下。

第三节　ESG 投资与忠实义务的冲突表现

受托人投资权利是管理特定信托计划的重要权利之一。[1] 事实上，英国直到最近的《2000 年受托人法》才允许受托人进行“任何类型的投资”。法律承认受托人拥有与所有人相同的投资权利，但是，尽管绝对所有人可以随心所欲地使用其财产，如果其愿意，甚至可以选择赌博和投机，受托人的法律权利则受到谨慎和公平投资义务的限制。绝对所有人为自己的利益进行投资，受托人对受益人负责。这并不意味着受托人被要求用自己的资金弥补信托基金的每一笔损失。受托人进行投资的唯一要求是，他应忠实和谨慎行事。他要谨慎地管理事务，不是关于投机，而是关于他们的资金的永久处置，考虑可能的收入，以及投资资本的安全性。具体而言，信托投资的忠实义务要求包括：第一，受托人必须忠诚，不能投资自己拥有的公司，否则会使自己陷入利益冲突的境地。第二，受托人必须行使积极的自由裁量权，必须就投资管理的所有方面做出选择，如何时出售和收购投资，出售和收购哪些投资，是否委托投资职能，何时委托以及委托给谁。第三，受托人必须谨慎行事。这是客观的判断，其问题是受托人是否谨慎和公平地行使其自由裁量权。第四，

---

〔1〕 See Trust Act 2000, s. 6(1)(b).

受托人应同时考虑收入和资本回报。

受托人投资的目标取决于特定信托的目标,受托人的准则应该是促进其信托目的,即受益人的利益,但是信托的目的因信托而异,在慈善信托的情况下,受托人投资的目标应该与慈善目的相一致。当然,在绝大多数信托中,目的是为受益人提供经济利益。在这种情况下,受益人的利益通常是他们的最佳财务利益。这意味着,在大多数信托中,投资的直接目标,无论其未来的目标多么值得,都是财富最大化的自私的、物质的目标。所以,受托人投资的目标通常是财务目标,但问题是哪些财务目标?据说一个平衡的投资组合有三个基本特征:流动性、稳定性和增长性。[1] 投资组合的流动性部分可以随时以现金形式获得,并可用于处理紧急情况,如修复信托拥有的房屋。基金规模越小,可能保持"流动"状态的比例就越大。然而,更为复杂的任务是,确定基金组织中用于稳定和增长的比例。在著名信托判例"国民西敏银行案"中,[2] 法官莱格特(Leggatt)声称:"维护信托基金的稳定性总是超过其发展的成功性"。乍一看,这表明稳定比增长更重要。然而,这份声明回避了两个重要问题,首先,该基金的实际价值,还是仅仅是其名义价值,应该得到保护?其次,信托基金发展的"成功"条件是什么?根据雀巢基金(Nestlé)的情况,该基金的名义价值在60年间增加了5倍,但在同一时期,其实际价值下降了四成。这是成功吗?莱格特的问题是无益的,因为它表明受托人的职责是实现特定的结果。事实上,保存真正的价值可能只不过是一些受托人有幸实现的愿望而已。必须保持真实资本价值的规则对受益人和受托人都不公平。受托人的投资职责不是实现特定的结果,而是以特定的方式和态度投资基金,即谨慎和

[1] See Gary Watt, *Trusts and Equity* (seventh edition), Oxford University Press, 2016, p. 388.

[2] See Nestlé v. National Westminster Bank (1996) 10 TLI 112.

公平。

鉴于我国受托人忠实义务的相关规定主要分散于信托法、慈善法和养老基金法等方面规范中,差异较大,是故下文拟在各个部门法中分别探究 ESG 投资与忠实义务的冲突表现,为厘清 ESG 投资与忠实义务的冲突提供理论基础。

一、ESG 投资与信托法中的忠实义务

大多数现代信托工具都赋予受托人最大的权利来进行其认为合适的投资。受托人应自行决定投资的权利,或投资其认为合适的证券。投资的一个传统含义是将钱用于购买一些预期会产生利润的项目,购买这种项目是为获取收益。对于受托人来说,在信托工具或法令授权的投资范围内的投资信托基金并不足够,行使其明确或法定的投资权利时,受托人必须首先就进行投资的适当性寻求专业的建议,并着眼于受益人的利益增长,排除一切不忠的目的。[1] 作为一个必然结果,受托人必须抛开个人利益,还必须抛开对社会和政治问题的看法。[2] 作为受托人不能端持着道德姿态或宗教信仰。一般规则是,受托人必须寻求通过信托财产增值使受益人获得最大的财务回报。[3]

可能会出现这样的问题,受托人在进行信托投资时,是否会恰当地考虑到个人在处理自己事务时会考虑的道德、伦理和公共福利问题?事实上,在过去的几十年里,关于这个问题的讨论众说纷纭,逐渐形成一个似是而非的观点,即道德考量是受托人在做出投资决策时的适当关注。类比公司行为的既定规范,公司董事像受托人一样也需遵循忠实义务。董事对股东负有的义务是经营企业以获取

〔1〕 See Trustee Act 2000 § 35 - 061.

〔2〕 See Cowan v. Scargill [1985] Ch 270.

〔3〕 See Harries v. The Church Commissioners for England [1992] 1 WLR 1241.

利润。但是,他们也应该认识到,董事和公司都是社会的一部分,这一点确定无疑。因此,在一定范围内,董事可能会进行慈善捐赠,即使这种捐赠在短期内会减少公司利润。私人信托的受托人有时也被允许进行慈善捐赠。人们普遍认为,公司及其董事应该意识到自己需承担社会责任,应该避免对社区造成损害,即使这样做并不违法,甚至可能会减少企业的短期利润。因此,结论是在决定是否投资或保留公司的证券时,受托人可以适当考虑公司的社会表现,拒绝投资或保留违反基本道德原则的公司证券。当然,基本道德原则有时很难找到,但那些支持社会投资的人推崇的原因主要是环境、人权、公平就业和消费者权利等。另一种观点认为,公司的社会绩效只与受托人对信托受益人的义务间接相关。这种观点认为,在缺乏法定授权的情况下,受托人应该寻求与适当的风险水平相一致的最大整体回报,而不是试图鼓励实施各种社会投资。这是《统一审慎投资者法》和《信托法重述(第三次)》的立场,后者规定:"在管理信托投资时,受托人的决策通常不得出于推进或表达受托人对社会原因或政治问题的个人观点的目的。"[1]《统一审慎投资者法》将忠实义务确定为其反对道德投资的基础,"如果投资活动需要牺牲信托受益人的利益(例如,通过接受低于市场的回报),以支持追求特定社会事业的所谓受益者的利益,那么任何形式的所谓'社会投资'都不符合忠实义务"。[2] 只有在信托条款允许或受益人授权的范围内,私人信托的受托人才能在做出投资决定时适当考虑社会因素。值得强调的是,一般认为,在投资行为发生前的受益人授权视为同意,在行为发生后的受益人授权视为免除。[3]

当信托条款授权受托人参与ESG投资,则忠实义务适用最佳利

---

〔1〕 Restatement (Third) of Trusts § 90 cmt. c.

〔2〕 Uniform Trust Code § 801(b).

〔3〕 See Restatement (Third) of Trusts § 97 cmt. b.

益原则,而非唯一利益原则(不允许考虑其他利益),但受托人需接受交易公平性测试以确保投资计划在审慎、诚实、公平地为受益人的最大利益运作。如果信托条款授权受托人,甚至明确规定受托人可参与 ESG 投资,追求投资的附属利益(如名誉价值、社会贡献、环境保护等),而非投资回报的经济利益,将受益人的利益从属于附属利益,如此将面临一个更难的问题,即信托自治的边界问题。传统信托法要求信托必须为了慈善目的或受益人的利益,追求其他目的的信托不被承认。是故,以维护宠物或建筑的信托缺乏明确受益人且非慈善性质,需经由英国法官所提出的"荣誉信托"(honorary trust)的概念予以特殊允许(我国尚无此类信托)。然而,问题是,将附属利益优先于受益人的经济利益,是否已然突破私人信托目的性质的界限。私人信托的委托人又能在多大程度上将非慈善目的(追求附属利益)置于受益人的利益之上。[1]

有观点认为,当受益人授权受托人参与 ESG 投资时,受益人不得对受托人违反信托的作为或不作为行为追究责任。[2] 受益人的授权涉及受益人对自身权利的放弃,因此并不涉及信托自治(委托人自由)的边界限制问题。然而,忠实义务的本质与受托人取得授权之间存在冲突。信托法设置了实体和程序上的保障,以确保受益人对其作出的授权是知情且出于自愿的。仅在受益人了解其权利,或者受托人知道或应当知道与该事项有关的所有事实和影响,受益人的授权行为方才具有可执行性。虽然理论上受益人授权受托人参与 ESG 投资具有可行性,但在实践中仍存一定困难。首先,私人信托中难以取得所有受益人的授权同意。这一困难源于这样一条

〔1〕 参见马克斯·M. 尚岑巴赫等:《信托信义义务履行与社会责任实现的平衡:受托人 ESG 投资的法经济学分析》,载黄红元总编,蔡建春、卢文道主编:《证券法苑》第 34 卷,法律出版社 2022 年版。

〔2〕 See Restatement (Third) of Trusts § 97 cmt. b.

授权规则,即信托的一名或多名受益人的授权并不能排除信托的其他受益人(未同意的现有或未来受益人)追究受托人违反信托的责任。[1] 现代私人信托以多受益人型信托为主,包括未成年人或未出生的未来受益人。经由授权免责的受托人需要仔细注意管理此类受益人代表的实际问题。典型例子如,以甲、乙为受益人的终身信托,其中乙为未成年人,不具备同意或放弃的权利,甲授权受托人牺牲经济利益参与 ESG 投资,并不能免除受托人对乙的责任。甲的授权无法代表乙给予受托人同意或豁免。此外,多个受益人之间关于是否参与 ESG 投资存在意见分歧的情况同样值得关注。其次,授权的时间范围难以确定。受益人的授权能够保护受托人参与 ESG 投资的时间长度并不确定。换言之,受益人的授权不能防止受托人进一步违反信托的规则,尤其是类似行为。即便是在获得受益人集中授权的情况下,授权后长时间地实施违反信托行为仍有可能被追究违反忠实义务的责任。[2]

二、ESG 投资与慈善法中的忠实义务

有别于私人信托,慈善信托具有特殊性。我国《慈善法》第 44 条和《慈善信托管理办法》第 2 条都规定,受托人需基于慈善目的管理信托,而非一个或多个受益人的利益。同样,慈善信托与我国其他法律文件所规定的一样,[3] 忠实义务默认追求的是最佳利益而非唯一利益。如果第三方利益符合慈善组织的慈善目的,则可以通过慈善捐赠的方式获得。换言之,通过受托人的投资计划获得的、符合慈善目的的第三方利益不是附属利益,而是属于该慈善信托的唯

[1] See Restatement (Third) of Trusts § 97 cmt. c.

[2] See In re Sacton, 712 NYS2d 225 (App Div. 2000).

[3] 参见《信托法》第 25 条、《信托公司管理办法》第 24 条、《信托公司集合资金信托计划管理办法》第 4 条、《绿色信托指引》第 16 条等。

一利益。以从慈善信托的投资项目中获取第三方利益的方式去实现与慈善目的相关的投资,是与投资项目相关的替代品,且该替代品被允许。比如,阿拉善生态基金或其他以保护生态为目的的慈善组织,可以从化石燃料公司撤资,或者通过 ESG 投资追求第三方利益,但前提是符合慈善组织的慈善目的。

我国慈善信托的受托人可以是慈善组织或信托公司。[1] 而美国慈善信托的受托人更为广泛,可以是非营利的公司、信托计划、非法人组织,乃至其他法律认可的合法形式。[2] 实践中,慈善信托的受托人多为信托公司。而信托公司通常被要求应全面树立良好的社会形象,积极承担社会责任,[3]“在对慈善信托基金进行投资时,可以考虑社会因素,只要慈善目的能够证明为有关社会问题或事业支出信托基金是合理的,或者投资决定能够证明在财务上或业务上推进信托基金开展的慈善活动是合理的。”[4]这也意味着,一家公司形式的慈善信托受托人可能会考虑与慈善目的不一致的附属利益,比如扶贫基金受托人可能投资黄河流域污染治理的项目,那么这类冲突投资行为该如何协调?

值得注意的是,慈善信托投资与道德“投资”常常混为一谈,有必要进行甄别。当人们提到受托人道德“投资”时,实际上指的是道德“撤资”。道德上的撤资意味着对投资组合多样性的否定和排除。道德投资会将受托人限制在基于道德理由授权的投资清单上,就像《1961 年受托人投资法》将受托人限制在基于低风险理由授权的投资清单上一样。然而,道德投资的排他性将使其几乎不可能参与全面的市场跟踪策略,除非所选择的市场是专门的道德投资市场。道

〔1〕 参见《慈善法》第 47 条。

〔2〕 See Restatement of Charitable Nonprofit Organization § 1.02.

〔3〕 参见《信托公司社会责任公约》第 4 条。

〔4〕 Restatement (Third) of Trusts § 67.

德投资带来的更大风险可能是，它往往会将较大的公司排除在外，因为大公司的企业规模使得一些不道德的活动几乎不可避免，因此促使信托投资局限于小规模公司，而这些公司倒闭的风险远高于大规模公司。此外，消极的投资策略（“撤资”）有一个显著的财务优势，即活动家们通常在发表和谴责不道德行为方面比在促进积极的道德行为方面更加活跃。反对核武器、虐待动物、种族隔离和童工的运动往往会成为头条新闻，而宣传风力农场和自由放养鸡群的运动则不会。这样做的后果是，如果信托持有“不良”投资项目，信托的潜在投资者将会退缩，而未能持有道德投资项目的信托则不太可能失去捐赠者。简单的财富最大化并不侵犯受益人随心所欲花费财富的自由，而道德投资可能会因为受益人不认同的道德观点而侵犯他们的财富。这种观点的相对面是，人们越来越关心财富应该以他们认可的方式获得，而不仅仅是以他们认可的方式花费。因此，从投资目的来看，道德“投资”与慈善信托投资具有相似性，不同的是，前者侧重于从非道德投资行为中撤出，而后者既进行撤资行为，也进行投资行为，受到慈善法约束，其投资需符合慈善组织的慈善目的要求。

三、ESG投资与养老基金法中的忠实义务

我国《养老基金法》明确基金投资管理组织架构，对委托人、受托机构、托管机构和投资管理机构的权利义务进行详细阐述，并放宽基金投资范围和比例限制。国务院授权全国社会保障基金理事会（以下简称社保理事会）作为唯一的受托机构，统一负责全国各省区市基本养老保险基金投资运营，形成了以社保理事会为轴心的“统一委托投资”模式。[1] 虽然对投资范围进行限制，以投资回报为

〔1〕 参见景鹏、陈明俊：《基本养老保险基金投资管理困境及对策研究》，载《金融理论与实践》2018年第9期。

主要投资目的,如银行存款、中央银行票据、同业存单等,[1]但是《养老基金法》并未明令禁止受托人参与 ESG 投资,仍允许受托人进行与 ESG 相关的国家重大工程和重大项目建设的投资,如参与国家重大的绿色能源项目建设的投资。[2] 需强调的是,《养老基金法》第 4 条明确规定,养老基金投资应当确保资产安全,实现保值增值。基于对该条的理解和对养老基金性质的考量,养老基金的忠实义务应是采用唯一利益原则,社保理事会对受益人有义务不受任何第三人利益或实现信托目的以外的其他动机的影响。这也与世界上主流的养老金或退休计划的受托人忠实义务要求相一致,比如美国的《职工退休所得保障条例》(Employee Retirement Income Security Act of 1974)便规定受托人需遵循唯一利益原则。[3] 养老金信托受托人的唯一目的必须是为参与人及其受益人提供经济利益,同时支付管理计划的合理费用。如果养老金信托受托人的行为不是为了受益人的投资回报,便违反忠实义务。基于任何其他动机行事或信托条款中的非财务目标,都构成对忠实义务的违反。养老基金对经济利益的排他性要求主要出于一种家长式的公共福利政策,即保护老年人或退休人员的财务安全,使其能够安度晚年,因为如果放任这类群体自用,许多家庭极容易在进行退休金或养老金的储蓄或理财时犯错误。如果对这些资金的投资受到将财务回报作为唯一目标的忠实义务的约束,那么这种情况将大幅改善,利于社会稳定,也避免在多参与者计划中对受益人偏好进行费时费力的汇总和统计。

事实上,ESG 投资可以根据投资动机的差异分为附属利益型 ESG 投资和投资回报型 ESG 投资,第三方或其他出于道德或伦理原因而提供利益的 ESG 投资称为附属利益型 ESG 投资,旨在提高风

[1] 参见《基本养老保险基金投资管理办法》第 34 条。

[2] 参见《基本养老保险基金投资管理办法》第 35 条。

[3] ERISA § 404(a)(1)(A)(i),29 U.S.C. § 1104(a)(1)(A)(i).

险调整后收益的 ESG 投资称为风险回报型 ESG 投资。[1] 附属利益型 ESG 投资与典型的社会责任投资可以理解为同一概念。《养老基金法》并未禁止受托人参与 ESG 投资,但是排斥掺杂附属利益的 ESG 投资,也就是说,受托人必须以受益人的经济利益为唯一目的参与 ESG 投资。掺杂附属利益的 ESG 投资需要考虑受益人经济利益以外的利益,如环境保护、性别平等等。这与《养老基金法》中的忠实义务的要求相违背,受托人的唯一动机是通过市场化、多元化、专业化的投资计划使受益人获得投资回报,而这需与典型的社会责任投资相区别,比如出于对受压迫的南非黑人人权的保障而从南非撤资,将违反忠实义务。正如美国劳工部在 2018 年的公告中所说,"计划受托人不能为了促进附属利益而增加费用、牺牲投资回报或降低计划福利的安全性。"[2]《养老基金法》不允许受托人为了促进附属利益而牺牲受益人的经济利益。当然,有人可能会质疑唯一利益规则只能限制受托人向外界的表达,但内心可能仍受到追求附属利益的激励,这时一份定期评估投资风险和回报的披露文件显得极为重要,这将有助于预防受托人可能隐藏的不忠。

还可能存在这样一种例外情况,当 ESG 因素涉及商业风险或机会时,在制定和评估投资决策时,合格的受托人应将这些因素与其他相关经济因素一样视为经济因素考量,此时 ESG 因素并非作为附属利益的影响因素,而是影响受益人的投资回报的经济影响因素。美国劳工部在 2015 年公告中进一步指出,如果养老基金受托人有两个风险和回报属性相同的投资选项,受托人可以考虑将附属考虑因素作为投资选择决定性因素,这并不违反忠实义务。[3] 在 2018 年

---

〔1〕 See Max M. Schanzenbach & Robert H. Sitkoff, *Reconciling Fiduciary Duty and Social Conscience: The Law and Economics of ESG Investing by a Trustee*, 72 Stanford Law Review 381 (2020).

〔2〕 See DOL, FAB 2018 – 01, p. 2.

〔3〕 See DOL, FAB 2015 – 01, 80 Fed. Rev., p. 65135.

的公告中美国劳工部重申这一观点，即当竞争性投资同样符合投资计划的经济利益时，受托人可以将此类附属考虑因素作为投资选择的附加条件。[1] 这种平局决胜立场受到一些投资机构的拥护。然而，这种立场与严格的唯一利益原则相违背，因为唯一利益原则对受托人的要求是不受任何第三人利益或实现信托目的以外的其他动机的影响。[2] 同时，根据《养老基金法》的相关规定和立法意图，养老基金受托人必须以受益人的经济利益为唯一利益，这显然与平局决胜的立场不符。

如上所述，ESG 投资与《信托法》《慈善法》《养老基金法》中的忠实义务都或多或少存在着难以调和的冲突。除去这些冲突，ESG 投资与忠实义务还有一个与经济利益相关的冲突值得关注。唯一利益原则下，附属利益 ESG 投资没有存在空间。最佳利益原则下，受托人需在与非 ESG 投资保持同等经济效益的基础上参与 ESG 投资。但此处存在两点困惑，第一，经济效益仅指实际投资价值，还是包括名誉价值？毕竟主流的企业价值评估机构都将企业声誉作为重要的财务绩效指标看待。ESG 投资往往能够提升基金的社会评价和声誉，间接提升其名誉价值。如果将名誉价值计入经济效益，那么同等经济效益的计算将变得极为复杂，毕竟主观抽象的名义价值的计量方式仍未有统一标准。第二，ESG 投资与非 ESG 投资能够获取同等经济效益的假设本身存疑。ESG 投资具有一定排他性，代表着对投资组合理论多样性的否定。ESG 投资的排他性将使其无法参与全面的市场跟踪策略，更大的危险可能是，它往往会将较大的公司排除在外，因为较大企业的规模使得一些不道德的活动几乎不可避免，因此促使信托投资于较小的公司，这些公司倒闭的风险

〔1〕 See DOL, FAB 2018 – 01, p. 2.

〔2〕 See Restatement (Third) of Trusts § 78(1) cmt. f.

往往高于较大的公司。这也间接导致相同情况下 ESG 投资与非 ESG 投资几乎不可能产生同等经济效益。

本章小结

忠实义务作为信义义务的核心内容,其基本内涵包含两个层面,其一,受托人需为受益人的利益而管理信托。此处的“利益”存在唯一利益说和最佳利益说两种观点,前者主张受托人必须以受益人的利益为唯一目的管理信托,后者认为受托人有责任为受益人的最佳利益管理信托,未能为受益人的唯一利益管理信托的受托人可以通过证明不符合唯一利益的交易是为受益人的最佳利益来反驳违反忠实义务的终局性推定。其二,受托人不得将自己的利益放在与受益人利益冲突的位置,且禁止受托人凭借其自身或第三方受托人地位获取利益,除非特殊情况。违反忠实义务的补救措施包括利益归入、恢复原状和赔偿损失、撤销交易等。

英美信托判例法背景下,通过对布兰肯希普案、威瑟斯案和马丁案等具有代表性的典型判例进行梳理和分析,可以发现法院对于 ESG 投资与忠实义务冲突的处理态度伴随着忠实义务的核心内容逐渐向最佳利益原则过渡,历经从完全禁止 ESG 因素影响、允许将 ESG 因素当作经济利益要素、附条件允许附属利益 ESG 投资的演变,ESG 投资与忠实义务之间的冲突得到一定缓解,两者兼容性在逐步增强,但仍存在一些难以调和的冲突。

ESG 投资与忠实义务的冲突在信托法、慈善法和养老基金法等方面规范中都有所体现。ESG 投资与信托法中的忠实义务体现为两方面,一是信托自治的边界问题,即当受益人的经济利益服从于附属利益时,是否已经突破非慈善信托目的性质的信托不被允许的界限？二是私人信托中所有受益人的授权同意、授权的时间范围难以确定等问题。ESG 投资与《慈善法》中的忠实义务的冲突体现在：慈善信托受托人多为信托公司，需积极承担社会责任，然而相较于私人信托，慈善信托受托人参与和慈善目的不相符的 ESG 投资需满足极为严苛的条件。ESG 投资与《养老基金法》中的忠实义务的冲突体现在：养老金信托中存在适当时间范围内两个或两个以上的风险和回报属性相同的投资选项，受托人可以考虑将附属利益因素作为投资选择的决定性因素，这种平局决胜的立场与唯一利益原则相冲突。此外，经济利益是否包含名誉价值的问题，ESG 投资与非 ESG 投资能够获取同等经济效益的假设本身存疑。

第三章　ESG投资与注意义务的冲突

实务既为理论之实践又往往左右理论之发展。实务中存在将忠实义务与注意义务混用的情况，甚至不明确区分二者的具体内容。[1] 原因有二：其一，实务中对信义义务的认识程度不高；其二，相对于忠实义务的核心地位，注意义务并非信托制度特有概念，信义义务是英美侵权法中重要且普通的概念，在过失构成及过失程度判断时常涉及。实务中存在的注意义务与忠实义务混用现象，间接促使学界更加关注原本存在争议的"注意义务是否属于信义义务"的话题。事实上，无论是学界还是实务界都没有就信义义务的内容范围达成一致意见，受托人所负有的所有义务是否就是信义义务？换言之，受托人违反义务是否等同于受托人违反信义义务？至少在部分英国信托判例中，信义义务并非完全等

---

〔1〕 See William A. Gregory, *The Fiduciary Duty of Care: A Perversion of Words*, 38 Akron Law Review 1 (2005).

同于受托人的所有义务,[1]在《布莱克法律词典》中更是直接将信义义务与忠实义务等同释义,也就是说,信义义务与注意义务属于并列关系而非统辖遵从的关系,此时的注意义务应是作为英美侵权法中的概念。当然,主张注意义务属于信义义务的下位概念,与忠实义务并列的判例、立法、学说同样存在,这也是目前学术界和实务界的主流观点。

如第二章所述,ESG 投资与忠实义务存在冲突,但是否与注意义务存在冲突并不明确。信义义务要求受托人使受益人获益,[2]这也意味着受托人必须进行投资,以便在低风险和高回报的情况下获得收益。事实上,大多数国家都通过法律规定受托人有义务像谨慎的投资者那样进行投资,同时考虑适合所涉信托的风险和回报原则,即受托人的注意义务。我国《信托法》第 25 条、《日本信托法》(1921)第 20 条、《日本信托法》(2006)第 26 条、《韩国信托法》第 28 条、《美国统一信托法》第 804 条等都有类似规定。那么,受托人参与 ESG 投资是否符合注意义务?解答该问题需进行三段论的形式论证:首先,ESG 表现与公司财务绩效有关系;其次,注意义务要求受托人考虑重要的信息;最后,受托人投资时必须考虑 ESG 因素。很明显后两个步骤并无疑义。也就是说,判断目前受托人参与 ESG 投资是否与注意义务相冲突的关键在于厘清 ESG 表现与企业财务绩效之间的关系,如果呈现正相关关系,则受托人参与 ESG 投资符合注意义务,如果呈现负相关关系,则受托人参与 ESG 投资违背注意义务。

为评估受托人的 ESG 投资是否符合注意义务要求,本章拟在系统分析英美法系和大陆法系中信托投资的注意义务要求的基础上,

---

〔1〕 See Bristol & West Building Society v. Mothew (t/a Stapley & Co) [1998] Ch. 1.

〔2〕 See Restatement(Second) of Trusts § 227 cmt. a (1959).

厘清实证研究中 ESG 表现与公司财务绩效之间的关系类别，以及背后的理论逻辑，然后采用系统叙述式文献综述的实证研究方法，研究 ESG 表现与公司价值之间的关系，进一步探索受托人参与 ESG 投资是否与注意义务存在冲突。

需说明的是，鉴于英美法系的谨慎投资义务和大陆法系的善管注意义务都属于注意义务在投资领域的特别称谓，二者虽用词有差，但内涵基本相同，实为两大法系对相同概念的不同称呼，故而为行文方便，易于理解，契合本章主题，本书内容将统一以注意义务展开论述。

第一节　ESG 投资的注意义务要求

注意义务（duty of care），也称谨慎义务，指在具体的信托关系中，受托人必须运用合理的谨慎和技能行事。[1] 当受托人处理信托事务的行为产生争议，难以依照信托文件的明确规定进行衡量，则可依照注意义务的默示性原则确定受托人行为是否正当和合理。将受托人注意义务的标准量化，构建严密的受托人注意义务标准体系，在受托人权利不断扩张的情况下有助于防范受托人自利行为，保障受益人利益。[2] 理论上，合理行为标准所要求的注意程度与相应的危险成比例，如果危险增大，则行为人也需承担相应的注意程度。注意的程度可分为轻度注意、一般注意、合理注意、高度注意和最高注意。轻度注意，指理性人在管理自己轻度重要事务时所需的注意。一般注意，指理性人在相似情境下通常所需的注意。合理注意，指根据行为或标的的性质以及当时的情形，而被正当、合理地期

〔1〕 See Trust Act 2000 § 1.

〔2〕 参见刘正锋：《美国信托法受托人谨慎义务研究》，载《当代法学》2003 年第 9 期。

待所需的谨慎或注意。高度注意,指理性人在管理重大事务时所需的注意。最高注意,指当人身安全处于紧急状态时,法律所要求的注意程度,即谨慎且有能力的理性人在相同情况下采用相同的方法和行为时,法律所要求的注意程度。[1] 受托人注意义务所要求的行为标准应为合理注意,即理性的受托人凭借其具有或自认为具有的特殊知识和经验管理信托。

信托投资中的注意义务要求是受托人进行投资时的行为标准,要求受托人运用合理的技能和注意进行投资,履行必要的调查和判断等投资程序,综合考量投资风险和回报,在全面考虑信托目的、信托期限、分配要求等情形下,进行建设性投资。[2] 设计注意义务的目的并非为了过多限制受托人的自由裁量权,或增加受托人的义务负担,而是为了树立一套科学的受托人行为标准,既可以保证信托财产保值增值,又能预防不合理的投资风险,避免对信托财产安全的根本性否定。[3] 信托投资中的注意义务,在英美法系国家称为谨慎投资义务,在大陆法系国家可称为善管注意义务。明晰信托投资的注意义务要求是厘清 ESG 投资是否符合注意义务的基础,故而本部分内容拟系统阐释受托人进行 ESG 投资时需遵循的谨慎投资义务(善管注意义务)。

一、英美法系中的谨慎投资义务要求

信托投资中受托人的首要职责是保护信托财产。为此目的,受托人通常会被赋予许多权利,但在行使这些权利时,需遵守谨慎投资义务。英美法系中的谨慎投资义务虽都要求受托人在管理处分

---

〔1〕 参见张敏:《信托受托人的谨慎投资义务研究》,中国法制出版社 2011 年版,第 37 页。

〔2〕 参见张敏:《信托受托人的谨慎投资义务研究》,中国法制出版社 2011 年版,第 27 页。

〔3〕 参见文杰:《投资信托法律关系研究》,中国社会科学出版社 2006 年版,第 25 页。

信托财产的过程中,必须像一个普通谨慎的人在管理自己的事务般勤勉和审慎。[1] 但其立法、判例和学说有所差异。基于英美法系以英国法、美国法为主,下文将分别分析英国和美国法律规定的谨慎投资义务要求,为系统了解谨慎投资义务提供参考。

(一)英国的谨慎投资义务要求

谨慎投资义务要求受托人有责任通过投资使信托财产增加,让受益人获益。理论上,投资范围不包括没有预期利润或收益的资产。英国《1995年养老金法案》允许养老金计划的受托人将自由裁量权委托给《金融服务和市场法》(the Financial Services and Markets Act 2000)第19条未禁止的基金经理,还可以授权不具备资格的基金经理,或任何两个或两个以上的人代表他们对投资行使自由裁量权。英国《2000年受托人法》规定,受托人在行使法定的一般投资权或其他被授予的投资权时,负有谨慎投资义务,尤其是:(1)要运用拥有或自称拥有的特殊知识或经验;(2)若是在商业或职业过程中担任受托人,则受托人需运用在行业中能够被合理期待的特殊知识或经验。[2]

普通谨慎的受托人可能经常为自己选择投机性投资,但在为受益人的利益投资时,他们通常会避开投机性投资。根据投资组合理论,受托人应该避免风险投资,尤其是投机性投资或赌博性投资。但是,如果一项投资属于授权范围,那么证明其风险太大而不能被接受为信托投资的责任就落在抱怨该项投资的受益人身上。有时信托计划明确授权允许风险性、投机性或浪费性投资,[3] 这显然与传统谨慎投资义务要求不相符。例如,受益于这种条款的养老基金受托人有时会将一小部分基金用于多样化的投机性投资,被认为是

〔1〕 See Speight v. Gaunt [1883] UKHL 1.

〔2〕 See Trustee Act 2000 Section 1.

〔3〕 当然,也有观点认为,投机不是投资,而是更类似赌博。

完全正确的。即使没有这样的条款,适度持有高风险证券可能也是合适的。此类投资的适当性将取决于对信托资产整体规模和性质的评估。不同的投资伴随着不同程度的风险,这些风险体现在预期收益率上。一个拥有广泛多样化证券投资组合的大型基金可能有理由适度持有高风险证券,而这在一个规模较小的基金中是完全不明智和不合适的。相反,调查应着眼于某项特定投资,并衡量该投资在整个投资组合的背景下是否合适。[1]

除行使投资权利时的一般注意义务外,受托人还需考虑投资的适当性和多样性的需要。作为英国《2000 年受托人法》第 4(3)条中两个标准投资规则之一,适当性是指在制定投资决策时,受托人需考虑被授权的所有投资类型。例如,仅选择合适的股票交易投资是不够的,还必须考虑是否投资其他可能的投资类别,如抵押贷款、与指数挂钩的国债等。在选择新的投资时,受托人应该考虑信托基金的其他投资,并从基金的整体角度平衡风险与回报。英国《2000 年受托人法案》第 4(3)条中的另一个标准投资准则是多样性,即保持投资的分散性。该规则要求一种可能的多样性投资模式,不仅包括股票投资,而且还可能包括抵押贷款、购买土地、债券以及其他类型的投资。注意义务在投资领域的多样性表现是审查和考虑信托资产的多样性,而不是仅指多样性本身。虽然第 4(3)条提到多样性是一种需要,但在某些情况下,受托人有理由保留未多样化的投资组合,特别是当初始信托财产包含未上市公司的股份时。[2]

(二)美国的谨慎投资义务要求

美国信托法并未完全遵循英国普通法规则,尤其是在谨慎投资义务的具体内容与投资范围层面。早期,由于政府债券非常稀缺,

[1] See Lynton Tucker & Nicholas Le Poidevin & James Brightwell, *Lewin on Trusts* (19th ed.), Sweet & Maxwell Ltd, 2014, p. 1586 – 1589.

[2] See Gregson v. HAE Trustees Ltd & Ors [2008] EWHC 1006.

美国受托人仅被允许投资土地的第一抵押贷款(first mortgages on land)。后来,美国受托人的投资范围有所扩大,但大多数州也仅允许受托人投资政府债券和抵押贷款以外的领域。[1] 不过,存在少数州的法院比其他州更自由。在马萨诸塞州的阿莫里案中,[2]法院规定了以下规则:受托人必须在管理信托过程中勤勉和谨慎,就像一般情况下理性人在管理自己类似事务中所秉持的态度一样。纽约州早期的一个案例"塔尔博特案",[3]表达了一个听起来非常相似的规则:受托人在管理事务时,必须像一般情况下谨慎的人在处理类似事务时那样勤勉和谨慎。然而,纽约州法院对其规则的解释比马萨诸塞州法院严格得多。马萨诸塞州法院认为,信托基金用于投资妥善选择的高级股票属于适当的信托投资。纽约州法院则认为,除非信托条款另有规定,否则这种投资是不适当的。事实上,多年来纽约州和许多其他州将信托投资限制在法定的"合法清单"上,不包括公司股票。马萨诸塞州规则后来被称为"谨慎人规则"(the prudent person rule)。在该规则下,法院支持经过审慎考虑的普通股或优先股甚至无担保贷款投资。尽管一些州多年来坚持其法律清单或其他更具限制性的规则,但到了 20 世纪 80 年代,绝大多数州通过法院判决或立法采纳了谨慎人规则。根据谨慎人规则,受托人投资义务的传统表述是,受托人应像谨慎人一样对自己管理的信托财产进行投资,同时考虑到信托财产的保全以及由此产生的利润数量。许多案例以各种形式对该规则进行重申,它通常涉及三个要素:注意(care)、技能(skill)和谨慎(caution)。受托人有义务以合理的注意程度进行选择投资。受托人也有责任运用合理程度的技能进行选择。在履行这些职责时,适用的标准是谨慎人规则。这是一

[1] See Tamar T. Frankel, *Fiduciary Law*, Oxford University Press, 2010, p. 101 – 103.

[2] See Harvard College v. Amory (1830) 26 Mass (9 Pick) 446.

[3] See King v. Talbot, 40 N. Y. 76 (1869).

个客观的行为标准。然而,在许多人看来,该规则变得相当难以控制。大多数批评源于该规则要求受托人谨慎投资,而该谨慎的要求产生了一个附属规则,即受托人不得投资投机性“资产”。该规则又衍生出其他规则,大意是受托人不能适当地投资某些类型的资产,例如,私人公司的股票。此外,谨慎的要求引起了对谨慎人规则本身的解释,即允许受益人在逐个资产的基础上,而不是在整个投资组合的设计或构成的基础上,质疑受托人投资的谨慎性。反对投机的规则和受益人可以在逐个投资项目上对投资决策提出质疑的综合效应,极大地增加了大多数受托人投资决策的保守性。谨慎人规则最终受到指责,至少部分是因为信托投资决策的主要目的是以或多或少的原始价值来保护信托资产。这种投资决策不仅公然浪费了资本增值的投资机会,从而增加了信托财产的实际价值,还可能导致在通胀经济中,信托财产的实际价值会随着时间的推移而下降。

在 20 世纪末,对这些批评的回应是所谓的“谨慎投资者规则”(the prudent investor rule)。谨慎投资者规则的主要改革之一是取消禁止“投机”的规则。[1] 根据审慎投资者规则,受托人可以投资任何适当的财产,同时兼顾信托投资组合的其余部分以及适合信托及其受益人的风险水平。另一项主要改革是消除信托受益人可以在逐个投资项目上质疑受托人投资决策的审慎性。[2] 相反,法院将根据受托人对整个投资组合的投资政策的设计和实施来评估受托人的投资决策。尽管有大量关于谨慎投资者规则的文献,但是现在预测谨慎投资者规则会有多成功还为时过早。看起来很清楚的是,尽管已经废除了谨慎人规则中最难以控制的附属规则,但是谨慎人规

〔1〕 See Uniform Prudent Investor Act Section 2(e).

〔2〕 See Uniform Prudent Investor Act Section 2(b).

则的基本原则仍然存在。在进行投资时，如同在信托管理的所有其他事项中一样，受托人仍然要遵守所有通常的信义义务。因此，受托人有义务完全为了受益人的利益行事，而不是为了受托人自己的利益。受托人有义务对所有受益人保持公正，无论他们的利益是当前利益还是未来利益。受托人有义务谨慎行事，以决定是否委托以及如何委托投资权限。受托人必须有成本意识，在履行受托人的投资职责时，只承担合理的成本。有必要从受托人作出投资决策时开始评估受托人的投资决策，而不是从某个更晚的时间开始评估，如诉讼发生时。但出于同样的原因，受托人有持续的责任监督信托的投资策略。随着时间的推移，曾经合适的策略可能会变得不合适。当这种情况发生时，受托人有责任采取更合适的策略。无数案例表明，在进行或保留投资时行为谨慎的受托人不会因投资损失而被征收附加费。正如《信托法重述（第三次）》所言："是否发生了违反信托的问题取决于受托人行为的谨慎程度，而不是投资决策的最终结果。受托人不是信托投资业绩的担保人。"[1] 在确定受托人是否谨慎行事时，财务专家的证词通常是可以接受的。需强调的是，几乎每个州与受托人谨慎投资义务相关的规则都具有法定性。也就是说，受托人谨慎投资义务的正当性来源于受托人开始或继续投资时有效的法律条文，而不是当事人决定设立信托时有效的信托条款。但是，如果信托条款扩大或限制了受托人的投资责任范围，那么通常以信托条款为准。

当然，受托人有责任采取合理的谨慎措施。受托人有义务像谨慎的投资者那样进行调查。在确定投资的适当性时，受托人可以考虑律师、银行家、经纪人和社区中谨慎的人认为有资格提供建议的其他人的建议。但是，受托人通常没有理由完全依赖他人的建议，

---

〔1〕 Restatement (Third) of Trusts § 77.

因为根据合理可用的信息和建议做出自己的判断是受托人的职责。在依赖他人的建议时,受托人应该考虑提供建议的人是不是无利益的。受托人在投资信托基金时是否采取了适当的谨慎措施,这是一个事实问题。一方面,没有采取适当谨慎措施的受托人应对由此造成的损失负责。另一方面,在采取适当措施后应调查、设计、构建和维护一个投资组合,该投资组合总体上非常适合信托的需求,并且其受益人不对投资损失负责。

除一般性的谨慎投资义务外,美国谨慎义务通常要求受托人在制定投资组合时需满足注意要求(care)、技能要求(skill)和谨慎要求(caution)三个层面要求,下文将逐一详述。

1. 注意要求

"注意"指在管理信托的过程中,勤勉和积极地尽到合理的努力。谨慎投资义务要求受托人像谨慎的投资者一样管理信托资产,遵守勤勉义务和注意义务。受托人有责任使投资组合多样化,以符合现代投资组合理论所认可的公认利益。受托人还需雇佣必要的投资顾问、会计师、律师等谨慎行事,尽量降低成本,在选择这些投资时必须勤勉和积极地尽到合理的努力。

受托人进行投资时应遵守以下规定:在信托条款没有其他规定的情况下,综合考虑资产保存难易程度、所得收益多少和投资风险大小等因素,以谨慎人管理自己财产的方式进行投资;在信托条款没有规定的情况下,应遵守规范受托人投资的法规(如有)。除非信托条款另有规定,受托人有义务按照合理的谨慎和技能来保护信托财产并进行建设性使用。此外,注意要求对于公司受托人的行为标准的要求更高。如果受托人是一家银行或信托公司,则必须使用其拥有或应该拥有的设施,并且可以适当地要求其证明已进行比个人受托人更彻底和完整的调查。值得强调的是,在某些情况下,收入可能比资本保全更重要,而在其他情况下,情况可能恰恰相反。最初,谨慎投资义务仅适用于可接受低风险投资的非常有限的资产类别,但随着时间的推移,被认为需要审慎投资的资产类别随着时间的推移已经演变为包括股票、房地产、风险投资和其他先前被认为风险过高的投资类别。规则已经变得足够普遍和灵活,以适应任何适当投资的谨慎使用,甚至信托条款可规定允许的投资类别。

2. 技能要求

受托人不仅有义务勤勉和积极地管理信托投资,而且有义务在合理程度上运用技能。该标准是一个外部标准,即合理谨慎的投资者的行为标准。受托人不具备该水平的技能是无法被理解的。事实上比一般谨慎的投资者更有技能的受托人需要运用受托人自己的实际技能。同样,通过声称自己拥有额外或特殊技能而获得任命的受托人应该为未能运用这些技能而承担责任。[1] 在许多案例中,法院对公司受托人的技能要求高于对个人受托人的要求。当然,谨慎投资义务的基本技能要求是进行多元化投资。

受托人通常有责任分散投资,以最小化损失风险。[2] 受托人不应在单一投资类型上投资超过信托财产的合理部分。尽管这在投资领域的专家中早已司空见惯,但人们并不总是清楚受托人因未能分散投资而应承担多大责任。马萨诸塞州的几个早期案例承认了这种义务。在戴维斯案中,[3]一笔约 30,000 美元财产的受托人投资了约 6500 美元的艾奇逊 – 托皮卡和圣达菲(Atchison, Topeka & Santa Fe)铁路公司的股票,随后又投资了约 5000 美元的同一公司的债券和 700 美元的股票。法院认为第一笔投资(约占信托财产的 22%)是适当的,但受托人应对第二笔和第三笔投资(约占信托财产

〔1〕 See Uniform Prudent Investor Act Section 2(f).

〔2〕 See Uniform Prudent Investor Act Section 3.

〔3〕 See Davis v. Reynolds, 280 Fed. 363, 366.

19%)的损失负责。在帕佐尔特案中,[1]受托人花费 475,000 美元在价值 375,000 美元的土地上建造了一座办公楼,包括土地在内的信托财产价值为 92 万美元。法院认为,以这种方式花费这么大一部分遗产是不合适的(大约 52% 花费在建筑物上,大约 92% 用于建筑物和土地),受托人应当承担责任。多年来,许多其他辖区逐渐认识到多样化的必要性,并开始逐渐接受。例如,《统一审慎投资者法案》规定:受托人应分散信托投资,除非受托人合理地确定,由于特殊情况,不分散投资更有利于信托目的。[2] 事实上,分散投资对于谨慎投资者规则来说非常重要,以至于《信托法重述(第三次)》将其作为与受托人投资实践相关的主要规则。没有人会因为一个投资者将其资产的大部分投资于一项投资或一种类型的投资而得到赞许。这种风险有时被称为"非市场"风险。避免这种风险是分散投资的主要目的,适当的多样化可以大大降低非市场风险。既然分散投资已经牢牢地嵌入信托法,那么受托人每天面临的一个关键问题是,"多少分散投资才算足够?"这个问题没有简单的答案。它取决于具体情况,包括整个投资组合和信托财产的规模。《信托法重述(第二次)》包括一个涉及将信托资产的 50% 投资于单个公司债券的说明,并得出结论认为,这种投资将违反信托的相关规定。[3]《信托法重述(第三次)》包括一个涉及将信托财产的大约 1/3 投资于三家"新兴增长"公司股票的说明,并得出结论认为,这种投资同样将违反信托的相关规定。[4]《信托法重述(第三次)》中的另一个例子是将信托财产的 40% 投资于两家公司的股票。在这种情况下,其结论也是投资并未实现充分的多样化。[5] 选择在特定类型的投资

[1] See Warren v. Pazolt, 89 N. E. 381, 388, 203 Mass. 328, 347.

[2] See Uniform Prudent Investor Act Section 3.

[3] See Restatement (Second) of Trusts § 6.

[4] See Restatement (Third) of Trusts § 77.

[5] See Restatement (Third) of Trusts § 77.

中投入更多资金的受托人可能会被建议增加对信托财产其余部分的多样化关注。当然,信托条款可能允许受托人将信托财产的更大一部分投资于某一项投资或某一类投资,即使这样做是不适当的,也可以保留属于初始信托计划的财产。另外,即便信托条款声称受益人免去受托人因未履行分散投资义务的责任,受托人通常仍需履行分散投资义务。

3. 谨慎要求

受托人的工作是根据信托的目的、条款、分配要求和其他情况确定适当的风险水平,并努力为信托财产实现与该风险水平一致的最大回报。也就是说,受托人在投资信托基金时仅凭适当合理的技能是不够的,一个商人(投机者),在试图增加自己财产的价值时,可能会表现出高度的谨慎,但这样的人可能会承担受托人无权承担的风险。受托人必须以合理的谨慎态度行事,受托人在设计、构建和维护投资组合时,必须在所有情况下保证对信托及其受益人而言适当的总体风险水平。受托人的主要责任是保护信托财产,保持其现有价值,同时产生合理的收入,并避免大多数风险。因此,受托人不应为了增加本金或产生额外收入而承担额外的投资风险。然而,鉴于受托人在20世纪的投资回报普遍令人失望,特别是考虑到当采用过于谨慎的方式进行投资时,在通货膨胀的经济中通常会出现购买力下降的情形。谨慎投资者规则明确指出,避免所有投资风险不是受托人的职责。换句话说,在谨慎投资者规则下,受托人的主要投资职责不再是简单地保护本金,同时产生收入流。相反,受托人现在有责任以这样一种方式进行投资,以使信托的总体回报最大化,同时根据信托的目的、条款、分配要求和其他情况,将信托财产暴露于适当的总体投资风险水平之下,[1]这恰恰也是谨慎要求的具

〔1〕 See Uniform Prudent Investor Act Section 2(a).

象化。

受托人不能仅仅通过投资一种或多种特定类型的财产来履行受托人的投资职责。与谨慎人规则一样,受托人在选择投资时必须小心谨慎。受托人有义务像谨慎的投资者一样,通过考虑信托的目的、条款、分配要求和其他情况来投资和管理信托资产。然而,谨慎要求的核心是,受托人应该“不是孤立地,而是整体地”考虑每项投资。信托投资组合作为一个整体和整体投资策略的一部分,其风险和回报目标应合理地适合信托。因此,信托投资需综合考量许多因素。根据《统一审慎投资者法案》,需考量的因素包括:(1)总体经济状况;(2)通货膨胀或通货紧缩的可能影响;(3)投资决策或策略的预期税务后果。[1]《信托法重述(第三次)》提供了一个略有不同的清单:(1)对投资总回报的期望;(2)与投资相关的风险的程度和性质,以及投资的波动性特征与投资组合作为一个整体的多样化需求之间的关系;(3)投资的适销性,以及其流动性特征与金额之间的关系,信托现金流或分配要求的时机和确定性;(4)与特定投资的获取、持有、管理和后续处置相关的交易成本(包括税收成本)和特殊技能;(5)影响投资风险回报权衡和有效回报的投资的任何特殊特征,如承担无限侵权责任、税收优惠的存在和效用以及债务工具的到期日和可能的赎回条款。[2]

当然,这些因素都没有重要到受托人仅因未参考这些因素而做出不适当的投资就违反信托相关规定。这些因素仅仅是在做出投资决策时可能考虑的相关因素,受托人还有必要考虑信托的目的、条款、分配要求和其他情况。受益人的需求和情况显然与受托人的投资决策相关,但这并不意味着受托人有理由承担不适当的风险,

[1] See Uniform Prudent Investor Act Section 2(c).

[2] See Restatement(Third) of Trusts § 77.

以获得更大的收益来支持受益人。在信托终止时有义务以现金分配信托资产的受托人在进行投资时应牢记这一事实。因此,如果信托在某个固定日期终止,受托人应该避免可能难以在当时变现的投资。在一定程度上,这也适用于虽然终止日期不确定,但信托可能很快终止的情况,例如,养老金受益人去世。通常,易于销售的长期投资没有类似的困难。

二、大陆法系中的善管注意义务要求

奇怪的是,相较于英美法系国家将谨慎投资义务具体化的程度,以成文法典著称的大陆法系国家在谨慎投资义务的规定上偏于原则性和概括性,并没有涉及谨慎投资行为的标准和规则,且所设定相关规则多与民法中的善良管理人的注意义务相似。比如《日本信托法》第 29 条、《韩国信托法》第 28 条都规定:受托人应当根据受益人利益或信托目的,以善良管理人的注意义务处理信托事务。我国《信托法》第 25 条规定:"受托人应当遵守信托文件的规定,为受益人的最大利益处理信托事务。受托人管理信托财产,必须恪尽职守,履行诚实、信用、谨慎、有效管理的义务。"《信托公司管理办法》第 24 条和《慈善信托管理办法》第 24 条都有类似规定。因此,下文讨论大陆法系国家关于投资领域的注意义务要求,将以善良管理人的注意义务(善管注意义务)为分析对象展开。

早期罗马法以勤勉和谨慎的"善良家父"的行为标准来判断行为人有无过失,而后大陆法系国家的民法几乎完全继受该规则,只是在称谓上略有差异,比如《德国民法典》称为"交易上的必要注意",《法国民法典》称作"善良管理人",《日本民法典》称为"善良管理人的注意"等。[1] 我国《信托法》作为民法的特别法,同样以善管

---

〔1〕 参见张敏:《信托受托人的谨慎投资义务研究》,中国法制出版社 2011 年版,第 97 ~ 98 页。

注意义务作为判断受托人是否存在过失的标准。信托财产虽然处于受托人控制之下,但却不是其固有财产,受托人管理信托财产不能像管理固有财产那样随意,必须依照相关的信托规范性文件和《信托法》规定,且是为了受益人利益或信托目的进行管理。我国《信托法》第 25 条第 2 款规定:"受托人管理信托财产,必须恪尽职守,履行诚实、信用、谨慎、有效管理的义务。"从文义解释的角度看,善管注意义务有两个层面的内涵:其一,受托人管理信托财产需恪尽职守。其二,受托人应当履行诚实、信用、谨慎、有效管理的义务。当然,更为具体的区分是,善管注意义务主要包括分离独立义务、分别管理义务、亲自管理义务等具体义务,[1]分离独立义务源于信托财产独立性原则,信托财产独立性指信托一旦有效设立,信托财产即从信托当事人的固有财产中分离出来而成为独立财产。分别管理义务即分别管理信托财产与固有财产,指受托人应当将信托财产与固有财产分别管理,这也是信托财产独立原则的体现之一。判断受托人是否尽到分别管理的义务时,应依据信托目的及当时社会的一般观念综合判断。[2] 一般而言,分别管理的操作方法包括两种方式:一种是物理性分离,针对可替代物品,如动产、有价证券等;另一种是通过信托财产的登记表示进行分离,针对不可替代物品,如土地、建筑物等。我国《信托法》第 29 条便规定受托人分别管理信托财产与固有财产的义务。亲自管理义务指受托人亲自管理信托财产和处理信托事务,不得随意委托他人代为处理。受托人的选任,是基于对受托人素质、经验、技能、知识等因素的综合考量的结果,如果允许受托人随意选择他人履行受托人的职责,有违信托关系的信任本质,会损害受益人的利益。不过,对于这一规则,我国规定了

[1] 参见何宝玉:《信托法原理研究》,中国政法大学出版社 2005 年版,第 207 ~ 210 页。

[2] 参见赖源河、王志诚:《现代信托法论》(增订 3 版),中国政法大学出版社 2002 年版,第 127 页。

例外情形，允许受托人在一定情况下将一定信托事务委托他人代为处理。我国《信托法》第 30 条第 1 款规定："受托人应当自己处理信托事务，但信托文件另有规定或者有不得已事由的，可以委托他人代为处理。"

委托人设立信托并授予受托人管理和处分信托财产的广泛权力，根本目的在于让受益人获得利益或实现信托目的。然而，信托一旦有效设立，委托人一般就对信托财产失去控制，受托人取得信托财产并为管理处分。这种权力配置下，受托人是否按照信托文件和法律规定履行职责，直接决定受益人利益或信托目的能否实现。为防止受托人懈怠、道德风险和自利行为，各国信托法均赋予受托人严格的责任和义务，合理恰当地界定受托人的义务，[1]善管注意义务便是这些义务之一。不同于英美法系以谨慎投资者为参照模型，大陆法系以善良管理人为参考体。前者贴近现代受托人的投资活动，指向性明确，后者则体现大陆法系民法对信托法的影响，较为抽象。

综上，大陆法系以善良管理人为参考，英美法系以谨慎投资人为参考，前者所设立的善管注意义务较为抽象，[2]后者则较为具体，与两大法系在受托人注意义务方面的立法特性正好相反，可能的原因在于：信托法起源于英美法系国家，而后移植或引进至大陆法系国家，起源地的信托法相关规定理所当然更为完善。需强调的是，无论谨慎投资义务，还是善管注意义务，根本目的都在于通过受托人的建设性投资最大化受益人的经济利益。

---

〔1〕 参见杨祥：《股权信托受托人法律地位研究》，清华大学出版社 2018 年版，第 201 页。

〔2〕 尽管我国关于善管注意义务的相关规则在一些低位阶部门法中得到一定程度的具体化，但在高位阶法律规范中（如信托法）仍较为抽象和概括。

第二节　ESG 表现和财务绩效的关系类别

在过去的十年中,用于增强 ESG 投资的支出呈指数增长,这表明管理者从 ESG 投资项目中获取了经济利益,尤其是考虑到企业的财务目标是使股东的财富最大化。然而,事实上持续 30 多年的 ESG 投资与企业财务绩效的关系方面的实证研究结果喜忧参半。ESG 表现(environmental,social and governance performance)与企业财务绩效(corporate financial performance)的关系有四种可能的结果:积极关系、消极关系、中性关系和混合关系。本部分内容拟以四类关系为分类标准整理和归纳相关文献资料,系统分析每类关系背后的法律逻辑,讨论 ESG 表现和财务绩效之间关系具有的学术价值。

一、积极关系

事实上,学界关于 ESG 表现与财务绩效之间的大多数实证研究都表明二者之间呈现积极关系。较为典型的研究包括:杨睿博等人以 2010—2020 年 A 股上市公司为研究对象,发现公司对其 ESG 表现的改善能够促进公司财务表现的提高。[1] 志伟(Chih-Wei)等人对 2012 年至 2018 年间我国台湾地区企业的 346 项数据进行分析,发现 ESG 表现对财务绩效有重大积极影响。[2] 特奥范尼斯(Theofanis)等人发现希腊公司的股票收益和 ESG 表现之间存在正

---

〔1〕 参见杨睿博、邓城涛、侯晓舟:《ESG 表现对企业财务绩效的影响研究》,载《技术经济》2023 年第 8 期。

〔2〕 See Lin Chih-Wei & Wei Peng Tan & Lee Su-Shiang & Tso-Yen Mao, *Is the Improvement of CSR Helpful in Business Performance? Discussion of the Interference Effects of Financial Indicators from a Financial Perspective*, 2021 Complexity 1 (2021).

相关关系，管理者应在更大程度上参与 ESG 实践，以提高企业市场价值。[1] 罗马（Roman）等人随机抽取中欧和东欧的 20 份航空公司的财务报表作为数据样本，发现 ESG 表现与财务绩效之间同样存在显著的积极关系。[2] 那么，为什么企业 ESG 表现与财务绩效之间存在积极关系？

第一，ESG 表现良好能够显著提高企业声誉。企业 ESG 表现已然成为评价企业声誉的重要指标之一。企业 ESG 表现良好将使企业在同类市场中赢得广泛赞誉，获得竞争优势。企业声誉良好能够使客户和投资者的忠诚度提高、社会监督减弱等无形资产增加，进而促进企业长期财务表现改善。具体而言：（1）企业 ESG 表现良好能够减少社会监督。相较于市场抵制行为，暴徒打砸、抢烧行为等作为一类较为极端的社会监督形式，在一些欧美国家时有发生，用以表达部分群体对特定社会现象的不满，比如 LV、香奈儿、古驰等奢侈品牌在美国经常遭受"零元购"，背后原因在于美国社会底层群体对于贫富差距日益增大、阶层长期固化的极度不满，以及对这些奢侈品牌企业糟糕 ESG 表现的反击。当然，也有企业因 ESG 表现良好而受到社会优待。以麦当劳为例，麦当劳帮助贫困家庭的承诺显著提高了其社会声誉。正如麦当劳在其年度报告中所强调的："暴徒破坏行为给某地区商业发展带来巨大伤害，但暴徒拒绝伤害这一地区的麦当劳门店。"[3] 麦当劳通过积极提高 ESG 表现，赢得良好社会声誉，从而避免遭受暴徒打砸、抢烧等破坏行为，获取相对

---

〔1〕 See Theofanis & Karagiorgos, *Corporate Social Responsibility and Financial Performance: An Empirical Analysis on Greek Companies*(2010):86 – 108.

〔2〕 See Asatryan, Roman, and Olga Březinová. Corporate Social Responsibility and Financial Performance in the Airline Industry in Central and Eastern Europe, 13 Acta Universitatis Agriculturae et Silviculturae Mendelianae Brunensis 633(2014).

〔3〕 See Kotler & Philip & Nancy Lee, *Corporate Social Responsibility: Doing the Most Good for Your Company and Your Cause*, John Wiley & Sons, 2008, p. 37.

于竞争对手的独特优势。(2)企业 ESG 表现良好能够提高客户忠诚度。ESG 表现良好的企业能满足客户的基本需求,包括心理归属感、自我意愿实现,提供的人性化的消费政策和措施,使客户感受到更多的重视和关注。客户在与 ESG 表现良好的企业进行交易时,既可以获得服务、产品等个人利益,又可以提高客户实现自我意愿的能力。因此,ESG 表现良好的企业客户群更加稳定和忠诚。(3)企业 ESG 表现良好能够提升企业品牌价值,增加财务报表上的无形资产。2009 年,Melo 等人以美国《金融时报》定期发布的"最具价值的 35 个品牌"为研究对象,发现 ESG 表现对企业品牌价值等无形资产具有重大影响,[1]甚至比财务绩效的影响更大。与其他类似的研究不同,这项研究将 ESG 与有形无形的企业财务绩效指标进行比较,结果显示,相较于财务绩效,企业 ESG 表现与品牌价值有更强的正相关关系。因此,该研究认为,ESG 表现良好将增加企业品牌价值等无形资产,进而增加企业市场价值。

第二,ESG 表现良好能够增加企业销售额。ESG 表现与财务绩效正相关的另一个合理解释是 ESG 能够通过增加客户群或提高价格的方式盈利。首先是提高商品或服务的价格。2010 年,由咨询公司潘舒恩波兰(Penn Schoen Berland)与战略传播公司兰多 - 马斯特勒(Lando-Marsteller)联合进行的基于对美国消费者的 1001 次在线采访,围绕 ESG 认知为主题展开。结果显示,70% 的美国消费者表示愿意为 ESG 表现良好的公司支付更多费用。[2] 公司可能从 ESG 实践中获益。需注意的是,获益的增加是否能够弥补企业参与 ESG 计划的财务支出,是值得思考的问题。其次是增加客户群。2010 年,康通传媒公司(Cone Communications)调查了 1057 名美国消费

〔1〕 See Melo & Tiago & Jose Ignacio Galan, *Effects of Corporate Social Responsibility on Brand Value*, 18 Journal of brand management 423 (2011).

〔2〕 See *Corporate Social Responsibility Branding Survey*, Penn Schoen Berland, 2010.

者,发现 80% 的消费者可能会更换价格和品质相似的品牌,转向支持某项公益事业的品牌。[1] 根据马斯洛(Maslow)需求层次理论,消费者希望从公司服务或产品中获得更多,包括自我价值实现。[2] 消费者选择什么样的产品或服务会影响其身份,其可以通过支持企业 ESG 计划来提高自身声誉和社会地位。消费者认可声誉良好的品牌,企业的市场份额也将逐步扩大,并最终提高销售额。然而,可能的担忧是,实施企业 ESG 计划可能伴随着产品或服务价格的上涨。当价格上涨幅度超过阈值,愿意溢价购买产品或服务的消费者减少,客户群将会减少。在交易过程中,ESG 表现良好的企业如何把握价格上涨幅度与客户群体数量之间的关系,是值得关注的主题。

第三,ESG 表现良好能够增强对优秀员工的吸引能力。巴克豪斯(Backhaus)等人探讨了财务绩效与雇主吸引力之间的关系。该研究中,297 名商科本科生求职者被要求根据对企业的了解进行评估,然后在进一步了解这些企业的 ESG 表现后,被要求再次对这些企业进行评价。结果表明,求职者认为企业 ESG 表现在求职的所有阶段都很重要,尤其是在决定是否接受工作邀请时最为重要。[3] 因此,ESG 表现良好的企业能够吸引优质员工进而获得竞争优势。ESG 表现良好不仅能够促使雇主企业获得优秀雇员的效力,而且还能够改善雇员雇主关系。当企业致力于人权、公司治理等 ESG 议题,或者致力于营造雇员舒适的工作环境时,雇员的忠诚度将提高。从长远来看,企业 ESG 表现良好将提高生产率,并最终提升财务

---

〔1〕 See 2010 *Cone Cause Evolution Study*, Cone Communications, 2010.

〔2〕 See A. H. Maslow, *A Theory of Human Motivation*, 50 Psychological Review 370 (1943).

〔3〕 See Kristin B. Backhaus & Brett A. Stone & Karl Heiner, *Exploring the Relationship between Corporate Social Performance and Employer Attractiveness*, 41 Business & Society 292 (2002).

绩效。

第四,ESG 表现良好能够降低运营成本。反对 ESG 计划的重要理由之一是会增加企业运营成本,这与企业传统目标相冲突。然而,也有观点认为,当 ESG 计划正确实施时,实际上可以降低长期运营成本。一个强有力的例子是 1991 年的赫曼米勒(Herman Miller)的可持续发展试验。该公司耗资 1100 万美元建造一个节能且轻污染的供热和制冷工厂,远高于当时法规政策要求,并在随后运营过程中节省约 75 万美元的燃料和垃圾填埋成本。[1] 也就是说,节省的能源成本仅需 15 年就可收回工厂的建造成本,并能够显著提高公司声誉,改善雇员工作环境。换言之,企业实施 ESG 计划可能在短期内会增加运营成本,但从长期来看,ESG 计划实际上会起到降低运营成本的效果。

第五,ESG 表现良好能够降低商业风险。诚如彼得·费尔斯坦(Peter Firestein)所言,声誉是任何公司可持续发展的最重要决定因素。[2] 股票价格围绕供需关系跌宕起伏,商业策略以财务绩效为中心不断变换,循环往复,有迹可循。但当一个组织的声誉受到严重损害时,如同生态环境受损一样,恢复极其困难,需要长期的努力。企业的声誉越差,商业风险越高。奥利茨基(Orlitzky)等人在 2001 年进行的一项研究中发现,企业声誉是通过可信度、可靠性、价值观等逐渐形成,如果管理层存在不道德或反社会行为,则会影响公司声誉。[3] 未将 ESG 计划与风险管理联系起来的企业将会变得脆弱不堪,没有适当的风险预防或应对措施。以耐克公司为例,1996 年,当时《纽约时报》的一篇专栏文章指责耐克的盈利策略不道德,利用

---

〔1〕 See Robert F. Hartley, *Management Mistakes and Successes*, Wiley, 2011, p. 37.

〔2〕 See P. J. Firestein, *Building and Protecting Corporate Reputation*, 34 Strategy & Leadership 25(2006).

〔3〕 See Marc Orlitzky & John D. Benjamin, *Corporate Social Performance and Firm Risk: A Meta-analytic Review*, 40 Business & Society 369 (2001).

血汗工厂制造产品以降低运营成本。[1] 作为回应,耐克开始将生产线产品审核纳入业务,聘请律师、会计师事务所向利益相关者保证耐克工厂员工在令人满意的劳动条件下工作。然而,耐克仍未能通过一些产品审核,劳工继续罢工。为此,耐克制订了一项 ESG 计划。耐克采访了印尼供应商的9000 名年轻工人,并将劳工问题和利益相关者的意见纳入其中。这项 ESG 计划旨在重新制定劳工标准,并成立"全球工人和社区联盟",以维护劳工合法权益。至此,耐克劳工风波才得以顺利度过。这个例子说明,ESG 表现良好不仅有助于提高公司声誉,还能帮助降低商业风险,提升客户的忠诚度。

二、消极关系

还有一部分研究认为 ESG 表现与财务绩效之间存在消极关系,即企业实施 ESG 计划将增加额外成本,且无法盈利,比如何越等人以我国 2010 ~2020 年的 8509 家 A 股上市公司数据作为样本,研究结果显示,实施 ESG 计划的公司需额外承担不必要和本可以避免的运营成本,使企业处于市场竞争劣势地位。[2] 与何越等人的研究相似,诺贝尔奖得主经济学家米尔顿·弗里德曼(Milton Friedman)同样认为,ESG 表现与财务绩效之间存在潜在负面关系。弗里德曼在1970 年《纽约时报》上发表的文章《企业的社会责任是增加利润》中采用资本主义的立场,驳斥企业需承担社会责任的流行观点,[3] 主张企业作为人造产物,不具有完整人格,无法承担真正的社会责任。相反,企业的管理层才对投资者负有直接社会责任,即必须在尊重

---

〔1〕 See Steven Greenhouse, Nike Shoe Plant in Vietnam is Called Unsafe for Workers, 8 New York Times 1 (1997).

〔2〕 参见何越:《上市公司 ESG 表现对财务绩效的影响研究》,载《财务与金融》2023 年第 3 期。

〔3〕 See Milton Friedman, *The Social Responsibility of Business is to Increase Its Profits*, Corporate Ethics and Corporate Governance, Springer, 2007, p. 173 - 178.

法律和道德规范的基础上,以利益最大化的方式经营企业。实施 ESG 计划的企业面临失去利益相关者支持的风险,所增加的成本远远超过 ESG 所带来的任何好处。实现企业价值最大化才是管理层的唯一社会责任。当然,弗里德曼并非一味否定 ESG,而是支持将 ESG 项目整合到商业运作中,但反对企业贴上 ESG 的标签。真正的社会责任是绝对的利他主义,与利己主义毫无关系。而企业管理层通常是完全的利己主义者,实施 ESG 计划,是希望以对社会负责的行为为企业换取一些经济利益。弗里德曼支持企业实施 ESG 计划的首要条件是重新定义 ESG,承认 ESG 存在预期经济利益。例如,如果一家公司声明参与一项 ESG 项目的目的是降低成本,增加收益。第二个要求是确保 ESG 项目能对企业财务绩效产生积极影响。ESG 计划只有在增加而不是牺牲企业价值的情况下才具有合理性。如果 ESG 计划不满足第二个要求,那么将与企业利益最大化的原则相违背,该计划将不被允许。

三、中性关系

ESG 表现与财务绩效之间的关系还存在另一种可能性,即二者之间仅存中性关系,或者说根本没有关系。坚持这一观点的学者来自世界各地。诺芙莲蒂(Novrianty)等人以 2009 年至 2012 年期间在印度尼西亚证券交易所上市的 24 家矿业和基础工业化学品公司为分析样本,结果显示,ESG 对净资产收益率和每股收益没有显著影响。[1] 马修(Matthew)等人通过研究发现澳大利亚境内公司的 ESG 表现与财务绩效没有显著的统计关系。[2] 纳迪姆(Nadeem)等

---

〔1〕 See Novrianty Kamatra & Ely Kartikaningdyah, *Effect Corporate Social Responsibility on Financial Performance*, 5 International Journal of Economics and Financial Issues 157 (2015).

〔2〕 See Matthew Brine, Rebecca Brown & Greg Hackett, *Corporate Social Responsibility and Financial Performance in the Australian Context*, 2007 Economic Round-up Autumn 47 (2007).

人选取了巴基斯坦的卡拉奇证券交易所(KSE)的156家上市公司,分别来自纺织行业、化工行业、水泥行业和烟草行业,研究后得出结论,ESG表现对财务绩效没有影响。[1] 厄兹莱姆(Ozlem)等人通过调查土耳其的伊斯坦布尔证券交易所(ISE)的100指数公司在2005年至2007年之间ESG表现与财务绩效之间的关系,并未发现ESG表现与财务绩效之间有任何重要关系。罗兹(Lodz)研究了华沙证券交易所最大的波兰公司的企业社会责任和经济绩效之间关系。研究表明,ESG表现与波兰企业的财务绩效没有统计意义上的关系。[2]

那么,ESG表现与财务绩效之间为什么会没有关系?比较合理的解释是ESG表现与财务绩效之间存在过多的中间变量,以至于没有令人信服的理由预测两者之间存在任何关系。[3] 即便在检验测量方式的影响方面,仍然存在许多测量问题。由于ESG的组成部分不能像花费在ESG上的金钱那样被量化,所以当前ESG的测量难以避免一定的主观判断,测量的有效性可能会影响ESG表现与财务绩效的关系定性。同时,利益相关者对ESG的认知水平也可能导致与财务绩效关系定性的差异。如果利益相关者丝毫不了解ESG,那么ESG就不会影响其决策,也就不会影响财务绩效。利益相关者对ESG的认知水平越高,对财务绩效影响越大。

---

〔1〕 See Nadeem Iqbal et al., *Impact of Corporate Social Responsibility on Financial Performance of Corporations: Evidence from Pakistan*, 6 International Journal of Learning & Development 107 (2012).

〔2〕 See Aleksandra Lech, *Corporate Social Responsibility and Financial Performance: Theoretical and Empirical Aspects*, Comparative Economic Research, 16 Central and Eastern Europe 49 (2013).

〔3〕 See Arieh A. Ullmann, *Data in Search of a Theory: A Critical Examination of the Relationships among Social Performance, Social Disclosure, and Economic Performance of US Firms*, 10 Academy of Management Review 540(1985).

四、混合关系

除上述三类关系外,实证研究结论中 ESG 表现与财务绩效二者之间的关系还有混合关系,即 ESG 三大主题对财务绩效的影响不明朗,同时存在积极关系、消极关系和中性关系。比如:约瑟夫(Joseph)等人发现,在南非公司中,治理主题(G)对财务绩效产生积极影响,环境主题(E)和社会主题(S)对财务绩效没有显著影响。[1] 杰俊(Jae-Joon)等人通过对 2008 年至 2014 年韩国上市公司的财务绩效进行 ESG 表现评分,以检验 ESG 表现与财务绩效之间的关系,发现韩国企业的 ESG 表现与财务绩效呈现多样化的结果,环境表现(E)与财务绩效呈负相关(或"U"形曲线),治理表现(G)与财务绩效呈正相关(或反"U"形曲线)。[2] 亚东(Yadong)等人利用 2009 年至 2018 年中国银行业的数据,考察 ESG 表现对财务绩效之间的关系。结果表明,社会表现(S)对资产收益率、净资产收益率和名义息差利润的影响并不显著。[3] 加姆赫韦格(S. R. Gamhewage)等人以斯里兰卡上市企业为数据收集来源进行回归分析,发现 ESG 与制造业企业的资产收益率呈显著正相关关系,而对非制造业企业的影响并不显著。[4]

---

〔1〕 See Joseph Dery Nyeadi, Muazu Ibrahim & Yakubu Awudu Sare, *Corporate Social Responsibility and Financial Performance Nexus: Empirical Evidence from South African Listed Firms*, 9 Journal of Global Responsibility 302(2018).

〔2〕 See Jae-Joon Han, Hyun Jeong Kim & Jeongmin Yu, *Empirical Study on Relationship between Corporate Social Responsibility and Financial Performance in Korea*, 1 Asian Journal of Sustainability and Social Responsibility 1(2016).

〔3〕 See Liu Yadong et al., *The Relationship between Corporate Social Responsibility and Financial Performance: A Moderate Role of Fintech Technology*, 28 Environmental Science and Pollution Research 20174 (2021).

〔4〕 See Mohammed Ibrahim, *The Moderating Effect of Corporate Governance on the Relationship between Corporate Social Responsibility and Financial Performance of Listed Non-financial Services Companies in Nigeria*, 9 International Journal of Accounting & Finance (IJAF) 1 (2020).

ESG 表现与财务绩效之间为什么是混合关系？较为令人信服的解释之一是 ESG 对财务绩效各个组成元素的影响并不一致，比如 ESG 对资产收益率没有影响，但对企业品牌价值有提升作用；比如社会表现（S）对财务绩效影响不大，但改善公司治理表现（G）却能显著提升财务绩效；又如，二者兼而有之，导致 ESG 表现与财务绩效之间存在混合关系。

第三节 ESG 表现与财务绩效关系的实证研究

诚如前述，尽管国内外大量实证研究和学说理论分析了 ESG 表现与财务绩效之间的关系，但二者之间的关系仍不明确，众说纷纭，莫衷一是。大多数实证研究和学说观点都支持 ESG 对企业财务绩效有积极影响，也有学者主张消极关系、中性关系或混合关系。这些不同的实证结果可以通过使用不同的 ESG 表现与财务绩效衡量标准、不同研究时期和背景、不同行业和地区、不同模型规格和控制变量选择来解释。鉴于目前实证研究文献和相关理论并不能给出关于 ESG 表现与财务绩效之间的明确关系，本节内容拟在回顾 2015 年至 2021 年关于 ESG 表现与财务绩效关系的实证研究文献的基础上，采用系统叙述式文献综述的方法，探索性分析 ESG 表现与财务绩效之间的关系及其背后逻辑。

系统叙述式文献综述是通过一定程序分析系统化的文献综述的综述方式，是在金融领域的文献情境中一种原创性的研究类型。这些程序包括：多阶段抽样方法、布尔（Boolean）搜索字符串在数据库中进行搜索、根据严格的共同质量标准筛选样本等，能够为实证研究提供更高的科学有效性。叙述式文献综述是对已发表的关于特定主题的文献的批判性总结，旨在以描述性的方式总结已发表的研究结果并得出新的结论。[1] 在对样本中的文章进行探索性分析后,对主要发现进行描述性综合分析。尽管这项研究有用且信息丰富,但仍有一些缺陷需进一步研究克服。最主要的两点不足是样本有限和时间跨度较短。当然,通过系统叙述式文献综述,ESG 表现与财务绩效之间的关系更为明朗。

一、方法和数据

文献检索分为两部分。首先,以 ESG、企业社会责任、企业社会绩效、环境绩效、社会绩效、企业可持续性发展、企业绩效、企业财务绩效、企业价值等关键词进行搜索,时间限定为 2015 年 1 月至 2021 年 1 月。其次,为确保综述中所纳入文献的质量,选择在知名期刊发表的文章,包括斯普林格(Springer)、赛吉(SAGE)、祖母绿(Emerald)、英德科学(Inderscience)、维利(Wiley)、多学科数字出版机构(MDPI)、路特德(Routledge)和爱思唯尔(Elsevier)等,这些文章通过谷歌学术(Google Scholar)、斯高帕斯索引(Scopus Index)、科学网期刊引文索引(Journal Citation Index of Web of Science)等搜索引擎获得。

关于纳入标准,在样本中进行选择,每项研究需满足:包含 ESG 表现与财务绩效;报告样本量的信息;报告一个回归系数或另一个结果统计数据;报告可变性信息。样本中还包括关联性经过检验但没有统计学意义的研究,这种情况下,为减少分析,效应大小假定为零。这意味着有重大发现的研究比其他研究更有可能被发表。如果不注意这种偏见的来源,可能导致文献综述产生缺陷。因为这类研究通常存在以下情况:不以数据为基础;没有可量化效应大小的

---

〔1〕 See George Apostolakis, Gert van Dijk & Periklis Drakos, *Microinsurance Performance-A Systematic Narrative Literature Review*, 15 Corporate Governance 146(2015).

文章;研究方法有问题;没有实证结果报告。样本文献筛选流程如图 3.1 所示。

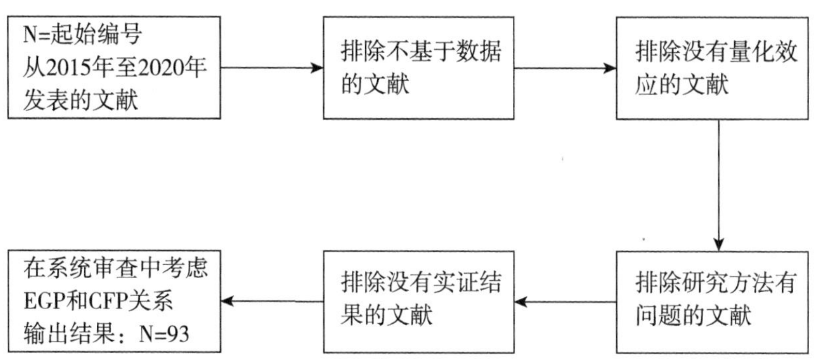

图 3.1　样本文献筛选流程

为减少编码错误,已经准备了一个编码协议,指定从每个研究中提取的信息。前述两个步骤共获取 93 个实证研究的适格文献。接下来对采用系统叙述方法所获取的文献进行定性和定量研究,并获取效应大小或异质性量的估计。

在收集和调查文献的过程中,发现两个问题:其一,没有一个统一的结构来衡量 ESG 表现和财务绩效之间的关系,通常有几个不同的指标变量用于衡量结果。在这些假设依赖关系的研究中,ESG 表现和财务绩效有时被认为属于独立变量或依赖变量,模型可表示为:

财务绩效 = f(ESG 表现)或 ESG 表现 = f(财务绩效)

更确切地说,多元回归模型可以表示为:

$$Y = b_0 + b_1X_1 + b_2X_2 + \cdots + b_kX_k + e$$

大量文献中采用的是 b1,b2,…,bk,用于测量财务绩效各项指标,如总资产回报率(ROA)、净资产收益率(ROE)等,很少直接涉及 ESG 表现和财务绩效之间的相关性。

其二,有限的文献数据不允许进行回归分析,系统叙述式文献综述成为合适分析方法。首先,对文献综述结果进行描述性分析和探索性分析。其次,综合不同研究的结果,确定一个共同衡量标准,以放大个体学者贡献的解释能力,获取对可能影响量化效应大小的因素的估计与分析。

综上,系统叙述式分析过程中,对主要信息或发现进行描述性分析,对样本中的文献进行探索性分析,而后进行统计学分析以进一步探究 ESG 表现和财务绩效的内在联系。

二、描述性分析

有关企业 ESG 表现和财务绩效之间关系的研究已经涵盖各种各样的主题,如 ESG 不同议题对财务绩效的影响、所属行业和地域的影响,以及影响二者关系的中介因素。尽管关于企业 ESG 表现和财务绩效之间关系的文献越来越多,但仍有许多问题没有得到充分的回答和解释。第一,鉴于 ESG 表现和财务绩效之间关系的研究结果好坏参半,寻找一个最佳的 ESG 表现水平以平衡二者之间的关系将会是有趣的课题。这意味着低于或高于这一最佳水平的投资都会对财务绩效产生负面影响。从代理的角度来看,管理层倾向于过度投资 ESG 计划,股东会需建立相关机制以控制 ESG 计划的投资强度,以免对公司价值产生负面影响。从这点出发,研究公司所有权结构对最佳 ESG 表现水平的影响也是值得关注的。第二,另一个有趣的研究路径是检验 ESG 表现和财务绩效之间的反向因果关系。事实上,财务绩效对 ESG 表现的影响的研究相当缺乏。第三,建立分析研究模型,并将其应用于在不同国家的公司之间建立国际比较,并按行业类别进行区分,以确定关系对所分析的背景的依赖性,以及影响的意义和程度。第四,在研究 ESG 的不同议题对公司价值的影响时,部分学者区分优势和关注点进行研究。某种意义上,对于公司的价值和风险而言,公司的不负责任比积极参与 ESG 计划对公司价值的影响更大。第五,ESG计划影响ESG表现的潜在机制还不清楚。在所获得的样本文献中,部分文章假设这种关系不是直接的,并试图找到ESG影响企业价值的路径。需注意的是,公司的声誉、竞争优势和创新绩效等中介因素大多是无形的且难以量化,但可以肯定的是,ESG表现和财务绩效之间关系的研究在未来仍将是热门话题。

93项文献数据库是按照共同的统计标准建立,主要处理文献所提供信息的准确性和完整性。用于统计分析的宽数据库包括文献每一项所包含的变量:地理区域、衡量标准、样本量、分析方法、显著性测试等。根据研究发生的地理区域对论文进行编码,发现约58.9%的论文只涉及一个国家,约23.07%的论文涉及4到20个国家,其余约18.3%的论文涉及全世界20到44个不同的国家。美国和亚洲(巴基斯坦、孟加拉国、印度、中国)是样本中最常见的地理区域,其次是中东和欧洲。跨部门研究较少,可能是因为设计和实施这样一项任务的难度高。通常而言,样本中所涉及的国家越多,开展研究所需的时间越长。所有选定的文献都是基于定量方法,主要采用通过调查收集的原始数据,可能是为了找到关于ESG影响的原始问题的答案。二手数据往往不可靠,且难以获取。至于完成研究所需的时间,74.4%的文献报告的研究时间长达6年。占主导地位的机构类型是银行,其次是金融公司。

学者采用不同的方式研究二者之间的关系,大多数研究认为绩效是一个多维度的结构,需采用多个指标作为独立变量,并主要使用客观的衡量标准。作为ESG表现的衡量标准,主要使用两个变量:ESG表现多维结构或指标、伦理评级。关于财务绩效的衡量标准,最常用的指标是总资产回报率(ROA)、净资产收益率(ROE)和净利润,在样本文献中约占87.2%。ESG表现和财务绩效之间的相关性已被假设和测量多次,结论通常表明二者之间存在轻微相关性。以财务绩效为因变量的回归模型的研究结果，发现 ROA 和 ROE 是文献数据中最常用的指标，分别占 34.2% 和 21.2%，且经常在多变量模型中一起使用。如果仅选择显示 ROA 作为参数，则有可能获得回归系数均值等于 0.0542 的估计值，突出 ESG 表现和财务绩效的轻微负相关性（-5.4%）。这意味着平均每增加一个单位的 ESG 投资就会产生 5.4% 的财务绩效负增长。标准偏差等于 0.2394，表明价差极低，分析具有可观的估计精度。

三、探索性分析

虽然 ESG 表现和财务绩效之间的关系已经受到广泛的实证研究检验，但结果仍然不确定。有学者发现二者之间的中性关系或消极关系。[1] 消极关系可以解释为对 ESG 的过度投资浪费宝贵资源，故而公司可以通过减少对 ESG 的过度投资以提高业绩和降低风险。也有学者从时间维度进行解释，认为短期可能存在消极关系，但长期来看二者之间以积极关系为主。[2] 其他研究则证实，ESG 表现和财务绩效之间存在积极关系。[3]

近年来，相关文献中出现这些混乱的研究结果可以归结于以下几点原因：

第一，ESG 表现和财务绩效的不同衡量标准可能是研究结论不

---

〔1〕 See Eduardo Duque-Grisales & Javier Aguilera-Caracuel, *Environmental, Social and Governance (ESG) Scores and Financial Performance of Multilatinas: Moderating Effects of Geographic International Diversification and Financial Slack*, 168 Journal of Business Ethics 315 (2021).

〔2〕 See Shou-Lin Yang, *Corporate Social Responsibility and an Enterprise's Operational Efficiency: Considering Competitor's Strategies and the Perspectives of Long-term Engagement*, 50 Quality & Quantity 2553 (2016).

〔3〕 See Kwang Hwa Jeong, *Permanency of CSR Activities and Firm Value*, 152 Journal of Business Ethics 207 (2018); Chuang Shun-Pin & Sun-Jen Huang, *The Effect of Environmental Corporate Social Responsibility on Environmental Performance and Business Competitiveness: The Mediation of Green Information Technology Capital*, 150 Journal of Business Ethics 991 (2018).

一的根源。正确衡量ESG表现和财务绩效是分析二者关系的重要前提。两种衡量标准的选取会对研究结果产生决定性影响。目前来看,二者的衡量标准多种多样,二者之间关系的研究结论产生分歧也是必然。ESG概念的多维性同样可能导致研究结论不一致。事实上,不同的ESG主题对财务绩效有不同的影响,每个主题对财务绩效都有独特的影响。如果将两个具有矛盾效果的成分结合起来,那么整体ESG测量的影响结果可能并不重要,甚至会呈现影响力较大的ESG主题的影响结果。例如,在企业中,与治理绩效相比,环境绩效和社会绩效的影响较弱。大多数研究发现,ESG表现良好会增加企业价值,而ESG表现较差会降低企业价值。[1] 披露ESG表现信息(好或坏)会降低企业价值,因为高ESG表现与低ESG表现的信息披露相互影响。如果企业具有较好的ESG表现,信息披露会削弱良好ESG表现的积极估值效应。背后的逻辑是,市场可能会将信息披露解读为企业试图证明在ESG计划中的过度投资是合理的。如果企业具有较低的ESG表现,信息披露有助于削弱不良ESG表现带来的负面影响,利于企业通过向投资者解释ESG表现的负面影响来证明不实施ESG计划是正当的,或者因为信息披露让投资者相信其已经做出可信的承诺来克服不良做法。

第二,同等条件下,在不同背景和时期所开展的研究可能得出不一致的研究结论,尤其是政策法规、风俗习惯等方面在不同背景和时期下的差异,对ESG表现与财务绩效之间关系的研究结论存在影响。以ESG政策法规为例,有一些国家明文规定需在年度信息披露报告中披露企业ESG的表现情况,也有一些国家则无需披露ESG表现情况。以法国为例,法国《新经济法规》第116条规定,上市公

〔1〕 See Ali Fatemi, Martin Glaum & Stefanie Kaiser, *ESG Performance and Firm Value: The Moderating Role of Disclosure*, 38 Global Finance Journal 45 (2018).

司必须在年度报告中通报有关 ESG 的表现信息。[1] 但是,该法规没有关于公司污染排放阈值或可再生能源使用等内容,也未规定对公司违反 ESG 行为的任何惩处措施。也就是说,该法没有规定“做”的义务,只是规定“说”的义务。ESG 制度体系没有很好建立起来,法律也没有强制要求实施 ESG 计划,唯一的要求是收集信息和起草 ESG 披露报告。如此,所有法国上市公司将遵循规定定期披露 ESG 报告,但很难在没有外在强制性要求的基础上改善 ESG 表现情况。即便公司 ESG 表现不好,也不会受到相应惩处,进而对财务绩效产生影响。相反,一些国家拥有较为完善的 ESG 制度体系,不仅要求上市公司定期披露 ESG 报告,还规定公司需积极实施 ESG 计划,比如中国、日本等。在这些国家中,如果公司 ESG 表现不好,将面临违法惩处,从而影响财务绩效。当然,政府并不是影响企业行动的(唯一)代理人,政策法规也不一定涵盖所有需要采取的行动。即使有通过政府措施和法律法规影响企业行动的意愿,颁布和执行所需的时间也可能过长。而且,企业自主采取行动可能比动员政府机构更有效率。此处笔者想说明的是,政策法规对 ESG 表现与财务绩效之间关系的影响可大可小,但却不容忽视。政策法规只是不同背景和时期下的影响因素之一,可想而知,背景和时期的差异对研究影响较大。因此,关于 ESG 表现与财务绩效之间关系的实证研究可能在不同背景和时期下得出截然不同的结论。

值得一提的是,目前大多数关于 ESG 表现与财务绩效之间关系的实证研究都以美国为背景,其他发达国家和发展中国家占少数。研究背景的单一化无益于对 ESG 表现与财务绩效之间关系的分析,甚至可能阻碍研究进程,并得出错误结论。毕竟美国无法代表世界,以美国为背景进行研究所得出的结论具有一定参考价值,但不

---

〔1〕 See New Economic Regulations Act § 116.

具有普适性。任何时候研究背景的多元化是确保结论不偏离真理的前提,关于 ESG 表现与财务绩效之间关系的实证研究也不例外。

第三,除样本大小的选择外,公司所属行业差异同样对 ESG 表现与财务绩效之间关系的实证研究有重大影响。一方面,不同行业的内部资源和外部环境不同,每个行业表现出独有的特性。比如,石油和天然气行业的公司会在 ESG 计划投入更多资源。常勇(Chune Young)等人发现,在比较制造业和非制造业的结果后,健全性、公平性、消费者、员工等社会表现(S)对非制造业的财务绩效有显著影响。然而,社会表现(S)对制造行业企业几乎没有影响。[1] 可见,行业差异影响 ESG 表现与财务绩效之间关系的研究结论。另一个值得关注的点是银行 ESG 研究。[2] 对银行进行单独研究的原因是,银行的会计计量和治理制度与其他行业不同,与公司治理(G)有关的研究将银行机构排除在分析之外。因此,为保证研究结论的正确性,在研究银行与其他行业之间 ESG 表现与财务绩效关系时,需将行业差异的影响考虑在内。另一方面,不同行业面对的是不同类型的利益相关方,而利益相关方对这些议题的关注度并不相同,[3] 关注度越高,ESG 影响越大。例如,电动汽车、混合动力汽车、燃料电池汽车等节能环保型企业的利益相关方普遍在 ESG 方面的认知水平较高,ESG 表现对这类企业财务绩效具有较大影响。因此,不同利益相关方寻找合适的 ESG 表现和财务绩效的衡量方法十分必要。

---

〔1〕 See Chune Young, Sangjun Jung & Jason Young, *Do CSR Activities Increase Firm Value? Evidence from the Korean Market*, 9 Sustainability 31 (2018).

〔2〕 See Shafat Maqbool & M. Nasir Zameer, *Corporate Social Responsibility and Financial Performance: An Empirical Analysis of Indian Banks*, 4 Future Business Journal 84 (2018); Stewart R. Miller, Lorraine Eden & Dan Li, *CSR Reputation and Firm Performance: A Dynamic Approach*, 163 Journal of Business Ethics 619 (2020).

〔3〕 参见郑若娟、陶野:《论企业社会绩效与财务绩效关系研究的分歧》,载《厦门大学学报(哲学社会科学版)》2012 年第 2 期。

第四,学者通过寻找 ESG 表现和财务绩效之间关系的影响因素以展开研究,比如企业规模、政策法规、良好声誉、董事会多元化等。南华(Nan Hua)等人指出,企业规模调节 ESG 表现对财务绩效的影响,但美国餐饮企业除外。[1] 杜克 – 格里萨莱斯(Duque-Grisales)等人进行了一项关于不同 ESG 主题对资产收益率影响的研究,发现宽松的金融政策和高度国际化发挥重要影响。[2] 普莱斯(Price)等人指出,企业良好声誉是影响 ESG 表现和财务绩效之间关系的重要因素。[3] ESG 对企业声誉和资本获取产生直接影响,从而间接提高企业财务绩效。赛迪(Saeidi)等人的研究反映了类似的结果,ESG 表现能够提高声誉、竞争优势和客户满意度,间接促进财务绩效提高。奥兹古尔(Ozgur)等人使用 2009 年至 2013 年的 5102 家公司年度报告样本的数据,进行固定效应回归分析。研究发现,ESG 表现和财务绩效的关系取决于董事会成员的多元化水平。随着公司董事会在文化、性别、肤色、年龄等属性上的多元化,企业 ESG 表现对财务绩效的积极影响更加深远。[4] 总体而言,这些影响因素都属于 ESG 三大主题下的子议题,在不同程度上影响着企业财务绩效。影响因素的选择差异将在企业财务绩效的影响程度上得到体现,影响力度越大,ESG 表现与财务绩效之间的关系越明显。反之,二者之

---

〔1〕 See Hyewon Youn, Nan Hua & Seoki Lee, *Does Size Matter? Corporate Social Responsibility and Firm Performance in the Restaurant Industry*, 51 International Journal of Hospitality Management 127 (2015).

〔2〕 See Eduardo Duque-Grisales & Javier Aguilera-Caracuel, *Environmental, Social and Governance (ESG) Scores and Financial Performance of Multilatinas: Moderating Effects of Geographic International Diversification and Financial Slack*, 2 Journal of Business Ethics 315 (2021).

〔3〕 See Joseph M. Price & Wenbin Sun, *Doing Good and Doing Bad: The Impact of Corporate Social Responsibility and Irresponsibility on Firm Performance*, 80 Journal of Business Research 82 (2017).

〔4〕 See Ozgur Ozdemir et al., *Corporate Social Responsibility and Financial Performance: Does Board Diversity Matter*, 6 Journal of Global Business Insights 98 (2021).

间关系越微弱。同理,选择单一影响因素或混合影响因素同样可能产生不同的 ESG 表现与财务绩效之间关系的研究结论。选择混合影响因素开展研究时,研究结论可能不一致,比如正面影响力较弱的影响因素可能在负面影响力较强的影响因素的作用下失效。当然,选择单一影响因素开展研究是比较理想的状态,但 ESG 三大主题下的影响因素成千上万,逐一选择影响因素进行研究,人力、物力、时间等资源的投入与耗损是一大难题。还需考虑的是,单一影响因素能代表 ESG 吗?这不是一个从量变到质变的问题,因为 ESG 本身是不断变换和扩展的概念,多少单一影响因素都无法组成 ESG 或者说代表 ESG,也就无法得出永远正确的 ESG 表现与财务绩效之间的关系。能让人信服的说法是,选择 ESG 三大主题下某个单一影响因素展开研究,ESG 表现与财务绩效之间关系的研究结论明确可信。

需强调的是,ESG 表现和财务绩效衡量标准的差异、跨行业样本选择、影响因素筛选和样本量大小固然是 ESG 表现和财务绩效之间关系研究结论不一致的诱因,但学者在实证研究中所采用方法的主观性和偏差性等固有缺陷同样可能导致二者之间关系研究结论的不一致。

综上,本部分内容对 2015 年至 2021 年有关 ESG 表现和财务绩效之间关系的文献进行了系统性回顾,采用预先设定的样本选择程序的方法,该程序参考了系统性回顾的程序(多阶段抽样方法)。而后,一方面,对文献中的发现进行描述性分析和探索性分析;另一方面,根据样本中所选论文报告的定量结果进行统计分析。不同研究的结果被视为财务绩效和 ESG 表现之间关系的观察结果,并通过一个增强解释力的共同衡量标准进行整合,进而获得一个较为精确的估计。在 93 项研究的样本中,每项研究都报告了大量有用的统计方法,存在大约 2725 个观察到的参数(包括财务绩效方法、ESG 方法、结果统计、可变性方法),这些参数是由 2015 年至 2021 年发表的最著名的学术论文收集的,涵盖世界大多数国家。

描述性分析和探索性分析表明,ESG 表现和财务绩效具有轻微相关性,尤其是 ESG 表现可能对财务绩效有消极的影响。以处理回归模型的样本为分析对象,假设财务绩效为因变量和总资产回报率参数,可以获得回归系数均值的估计值,等于 -0.0542 ±0.2394,显示了 5.4% 的轻微负相关性。这些初步结果证实了"企业并不能通过做好事而变得很好",即使意识到这种说法需要进一步的方法学分析,如元分析,以便控制所有的参数。ESG 表现和财务绩效之间的关系具有依赖性或相关性。依赖性或相关性可以通过回归模型来估计。在样本中,超过 70% 的论文使用了回归模型,在 77.4% 的情形下,ESG 表现被假设为估算模型中的独立变量;此外,仅在 15.5% 的研究中,这种关系是轻微负相关的。笔者还发现,总资产回报率和净资产收益率是最常用的财务绩效账面指标(分别出现在 34.4% 和 21.2% 的论文中),并且经常在模型中一起使用。而财务绩效市场指标则不太常用,特别是每股收益、市净率、价格/收益、股票回报、股票价格、托宾 Q 等。

关于 ESG 表现测量的措施方法,主要有两种类型:ESG 多维结构或指标(在 46% 的论文中)、道德评级(在 33.4% 的论文中)。ESG 多维结构通常非常复杂,有许多变量用于衡量 ESG 方法。道德评级包括社区再投资法评级(community reinvestment act rating)、伦理投资指数(ethibel)和可持续资产管理评分(sustainable asset management scoring)。此外,关于进一步研究的潜在方向,关于探索目前仍然较少但在未来可以更多使用的方法和变量,通过分析样本,发现其他研究路径是开放的,首先,检验哪个 ESG 维度在财务绩效中起关键作用将是有趣的,ESG 投资选择可以参考更多的认证评级,以及可以选择多种维度模型,以尽量减少审查者评估的主观性。

其次，构建一个共享的免费访问数据集，其中包含在最引人关注的研究中使用的主要变量，这将是研究人员非常感兴趣的。它可以促进定量分析方法和定性分析方法的采用。事实上，这项研究中出现的一个关键问题是，更复杂的统计技术的高频使用，如元回归分析，需要更广泛的自变量和因变量数据。提出的推论分析的理论意义是，减少所采用方法的异质性程度，避免影响整体结论的实现。

本章小结

信托投资中的注意义务在两大法系中有不同的称谓，且特点也有所差异。大陆法系中以善良管理人的注意义务为参考，概括抽象；英美法系中则以审慎投资人的注意义务为行为标准，具体详致。虽然信托投资中对注意义务的要求在两大法系中略有不同，但归根结底都是致力于确保受益人的经济利益最大化。故而，受托人参与 ESG 投资是否违背注意义务的关键在于 ESG 表现与财务绩效之间的关系，如果存在积极关系，则二者并不冲突；如果存在其他关系，则二者存在冲突。

学界关于 ESG 表现与财务绩效之间关系的实证研究结果混乱，众说纷纭，莫衷一是。目前的实证研究中二者之间的关系可分为积极关系、消极关系、中性关系和混合关系。尽管多数研究表明支持 ESG 表现与财务绩效之间存在积极关系，但也有不少学者主张二者之间存在消极关系、中性关系和混合关系。为此，本章采用系统叙述式文献综述的方法，在回顾 2015 年至 2021 年关于 ESG 表现与财务绩效关系的实证研究文献的基础上，分析 ESG 表现与财务绩效之间的关系及其背后逻辑。研究表明：(1) 导致 ESG 表现和财务绩效之间关系的研究结果混乱的原因可能包括 ESG 表现和财务绩效的不同衡量标准、研究背景和时期不同、样本大小和所属行业差异等。(2)ESG 表现和财务绩效具有轻微相关性,尤其是 ESG 表现可能对财务绩效具有消极影响。ESG 作为绿色金融的重要组成部分,明晰其表现与企业财务绩效的关系,既是全面建设社会主义现代化国家的发展需要,也是增进民生福祉的应有之义。尽管目前二者之间的关系尚无确切结论,但相信立足于本土资源和实际需要,持续深入研究,答案将在不远处。

需强调的是,本章所采用系统叙述式文献综述进行实证研究,具有一定局限性,具体体现在:首先,基于预设条件所筛选的样本文献进行研究,并未如传统实证研究采用调研走访、披露报告收集与整理等方式,所分析数据是在现有适格文献的基础上提取,仅能反映一定时期内学界关于 ESG 表现和财务绩效之间关系的综合态度。其次,尽管本章经由系统叙述式文献综述的分析发现,ESG 表现和财务绩效之间存在消极的轻微联系,但同样也有学者经由其他科学研究路径得出结论,主张二者之间存有积极关系、混合关系等关系的不同声音,不容忽视。最后,虽然该实证研究很有价值,也提供了很多有用信息,但可以在一项更深入的研究中通过分析一个更大的样本和更长的时间范围来改进和精确,以确认本研究中讨论的结论是有效的。

第四章　信义义务弱化的启示：以 ESG 投资为中心

第二章和第三章分别系统阐释了 ESG 投资与忠实义务、注意义务之间的冲突。然而，值得注意的是，这些冲突的成立前提在于信义义务具有法定性，如果信义义务属于约定义务，那么信托当事人可以在信托文件中约定禁止信义义务适用的条款，如此，受托人即便从事 ESG 投资也可能不与信义义务要求格格不入。这也意味着，ESG 投资和信义义务之间存在一个基本冲突需要解决，即信义义务的法律性质问题，以及由此引发的对信托自治的边界问题的思考。而且，近年来，信义义务作为信托法律制度中的一个重要概念，开始出现弱化的倾向，甚至在司法裁判中出现被视为合同义务的现象，进一步引发学界对于信义义务问题的广泛关注。为此，本章拟首先以信义义务的相关规定以及学界的通行学说为依据和分析对象，展开信义义务的概念与内涵，然后探析信义义务在历史进程中的弱化趋势及其对 ESG 投资的影响。

第一节　信义义务的概念和源起

诚如梅特兰(Frederic William Maitland)教授所言:"如果有人要问,英国人在法学领域取得最伟大、最杰出的成就是什么,那就是历经数百年所发展的信托概念。我相信再没有比这更好的答案了。"[1]在英国和早期被英国统治过的国家中,如美国、加拿大、澳大利亚和印度等,信托在这些国家的法律体系中都扮演着举足轻重的角色。亚洲、欧洲等一些法律体系中原本没有信托概念的大陆法系国家也在相继构建信托制度体系,如日本、韩国、中国等。《海牙关于信托的法律适用及其承认的公约》(Convention on the Law Applicable to Trusts and on Their Recognition)第 2 条将信托定义为:"信托系委托人在生前或死亡时创设的一种法律关系。在创设这一法律关系时,委托人为了受益人的利益或特定的目的,将信托财产置于受托人的控制之下。"事实上,信托基于分析角度和时代背景的差异而有不同定义。大陆法系和英美法系因思维模式不同(前者侧重构成要件,后者偏重目的导向),定义内容也有所差别。[2] 从最简单的概念定义看,信托即财产转移及管理的手段。[3] 委托人设立信托,将财产权委托给受托人,允许其以自己的名义为信托目的或受益人利益管理处分信托财产。[4] 然而,信托一旦生效,委托人通常丧失对信托财产的实际控制,由受托人管理处分信托财产。受托人是否按照法律规定及信托条款适当地履行职责,将直接影响受益人

---

〔1〕 参见[英]D. J. 海顿:《信托法》(第 4 版),周翼、王昊译,法律出版社 2004 年版,第 3 页。

〔2〕 参见方嘉麟:《信托法之理论与实务》,中国政法大学出版社 2004 年版,第 18 页。

〔3〕 参见史尚宽:《信托法论》,台北,台湾商务印书馆 1972 年版,第 1 ~ 12 页。

〔4〕 参见《信托法》第 2 条。

利益和信托目的实现。故而,信托条款一般会约定受托人的具体义务和法律责任。不过,基于契约不完备性理论,[1]信托条款所约定的信托当事人的交易安排,在现实运用过程中并不一定能得到最优或最有效率的交易结果。理性有限的信托当事人无法预知未来可能发生的全部事件,相对静止的预设交易安排无法满足进步社会的创新需求。[2] 在信托当事人之间存在信息不对称、谈判能力差异、知识性资源储备不同等情况下,信托期间内受托人有为自己谋利益的强烈动机。为弥补信托合同的不完备性,法律规范也对受托人义务作出较为详致的规定,包括强制性规定和任意性规定。依托信托条款和法律规范而得以具象化的信义义务,是发挥受托人的专业技能和管理经验,规避道德风险和防范自肥行为,维护受益人利益和实现信托目的的关键。[3]

信义义务作为重要的法律概念,应用范围极为广泛,如公司董监高的忠实勤勉义务[4],律师的保密义务[5],保险经纪人的谨慎义务和诚信义务[6]等。同时,信义义务还有诸多别称,如诚信义务、受信义务、受托人义务、受信人义务、信托义务等,这些相似称谓都有很强的道德属性。为行文方便,本书以信义义务统称这些相似称谓。要破解 ESG 投资与信义义务的冲突难题,需先厘清信义义务的历史起源、概念内涵等基本内容。为此,本节内容拟系统梳理信义义务的概念与起源,以期为破解 ESG 投资与信义义务之间的冲突问题奠定扎实的理论基础。

---

〔1〕 参见杨瑞龙、聂辉华:《不完全契约理论:一个综述》,载《经济研究》2006 年第 2 期。

〔2〕 参见刘杰勇:《已预售商品房项目转让中预购人权利保护的模式选择——以 11 省(市)商品房管理条例为分析对象》,载刘云生主编:《中国不动产法研究》2021 年第 1 辑,社会科学文献出版社 2021 年版。

〔3〕 参见杨祥:《股权信托受托人法律地位研究》,清华大学出版社 2018 年版,第 201 页。

〔4〕 参见《公司法》第 180 条。

〔5〕 参见《律师法》第 38 条。

〔6〕 参见《保险经纪人监管规定》第 43 条、第 44 条和第 63 条。

一、语义考察

要给一个法律术语下一个完美的定义,以至于囊括该术语所包含的所有内容而排除其他一切,这大概是不可能的。总有不确定的情况。归根结底,大多数法律上的区别是程度上的区别,语言很少能准确地表达出来。即使有可能为一个法律概念下一个确切的定义,这个定义也没有什么实际价值。人们不能把一个定义作为一个大前提,从中推导出用来支配行为的规则,法律没有这样发展。定义必须来自规则,而不是相反。在很大程度上,一个人所能做的就是试图用一种别人知道的方式来描述一个法律概念,该方式也只是以一种大概的方式。尽管有这些限制,每一类信托关系都试图被定义,或至少描述其中一类。信义义务基于信托关系而生,而信托关系的种类繁多。一般而言,一方有权根据另一方的授权做出影响他方权益的自由裁量决定时,该双方当事人之间便存在信托关系,如委托人与受托人(受益人),保险经纪人—投保人,董监高—公司,医生—患者,律师—客户,基金经理—基金份额持有人,证券经纪人—投资者,破产管理人—破产债权人等。[1] 从构成要件分析,信托关系包含三层相互关联的意思:(1)基于信任关系;(2)受托人享有一定的自由裁量权;(3)受托人被授权处理受益人的财产性权益。[2] 信托关系根据受托人权力大小、信托对象差异(人或物)、信托当事人数量、关系类型区分等因素可进一步分类和整理,但核心在于一方授予另一方事务管理处分的自由裁量权力。此种授予过程仰赖一方对另一方的信任。信任兼具理性与感性的成分,是一种重要的

---

〔1〕 参见许德风:《道德与合同之间的信义义务——基于法教义学与社科法学的观察》,载《中国法律评论》2021 年第 5 期。

〔2〕 See D. Gordon Smith, *The Critical Resource Theory of Fiduciary duty*, 55 Vanderbilt Law Review 1399 (2002).

社会资本(social capital),存在于各种社会关系之中,在社会运行中发挥着突出作用。[1] 在法学领域尤其是在奉意思自治原则为圭臬的私法中,信托同样扮演重要角色。一方面,私法领域不断将私人主体间的信任具象化,融合到合同、侵权等部门法中;另一方面,信任又以非正式法律制度的形式弥补法律体系的不足之处。信任与法律体系相辅相成,共同发挥作用。[2]

法律概念是法律体系认知网上的重要节点,尤其是在大陆法系中。而要对"信义义务"下一个精确的定义,难度可想而知。一方面,信义义务依托信托关系而生,信托关系丰富多样,难有定型,且各类型之间差距巨大,在整合所有信托关系的基础上提炼和把握信义义务的概念内涵极具挑战性。另一方面,大陆法系的思维方式与英美法系的具体制度差异极大,不能简单地将英语单词翻译成汉语,然后强行用大陆法系的理论体系去理解适用。实际上,给概念下定义本身便极具大陆法系的思维特色。[3] 故而,辨析信义义务的概念内涵需另辟蹊径。笔者拟从语词学角度出发,以词源和语意为考察维度,厘清信义义务的基本概念,结合信托在成文法中的相关规定和信托法学界的通说观点,探析信义义务的基本内容。

信义义务,又称受信义务、诚信义务、信托义务等,其英文用语"fiduciary duty"同样有诸多别称,比如"fiduciary obligation""fiduciary liability""duties of fiduciaries""obligation of fiduciaries"等。可见,信义义务不只在中文称谓上不得统一,在英文用语上同样莫衷一是,诸如义务、责任、原则等在很多适用情形下并未进行严格区分。鉴于信义义务起源于衡平法,是英美法系中的重要概念,

---

〔1〕 参见徐化耿:《论私法中的信任机制——基于信义义务与诚实信用的例证分析》,载《法学家》2017 年第 4 期。

〔2〕 See James S. Coleman, *Social Capital in the Creation of Human Capital*, 94 American Journal of Sociology 95 (1988).

〔3〕 参见徐化耿:《信义义务研究》,清华大学出版社 2021 年版,第 11 ~ 12 页。

而后随着两大法系的融合,大陆法系国家相继引进与移植信托制度,故而信义义务的概念在词源分析和语意考察上主要参考英美法系规定,辅之以大陆法系规定。“fiduciary duty”由“fiduciary”和“duty”组成。为更全面理解信义义务,下文拟分别探析“fiduciary”“duty”“fiduciary duty”的词源释义。

1. fiduciary

根据《元照英美法词典》(English-Chinese Dictionary of Anglo-American Law)的解释,fiduciary 的意思为:(1)受信托的,信用的,信托的;(2)受托人。源自罗马法,指受托人应恪尽诚信勤勉之责,为委托人的利益处理有关信托事务,且须达到法律或合同所要求的标准。受托人、破产管理人、遗嘱执行人、遗嘱管理人、监护人等均属受托人之列。[1]

按照《布莱克法律词典》(Black's Law Dictionary)(第 10 版)提供的解释,fiduciary 意思为:(1)在特定法律关系中,为他方利益行事,且负有诚信义务、忠实义务、谨慎义务和适当披露义务,例如公司的高级管理人员;(2)在管理他人金钱或财产时,承担高度谨慎义务的人,例如受益人起诉受托人投资投机性证券。[2]

《牛津法律词典》(Oxford Dictionary of Law)则认为,“fiduciary”来自拉丁语“*fiducia*”,意思同“trust”,(1)被他人信任的人有义务仅以该人的利益行事,如受托人。(2)处于被信任的地位。信托关系包括受托人—受益人、律师—客户、公司高级管理人员—股东、监护人—被监护人等之间的关系。[3]

根据《朗文法律词典》(The Longman Dictionary of Law)(第 6 版)的解释,“fiduciary”意思是:涉及信托或信任,如受托人和受益人

---

〔1〕 参见薛波主编:《元照英美法词典》,法律出版社 2003 年版,第 549 页。

〔2〕 See *Black's Law Dictionary* (10th *ed.*), Thomson Reuters, 2009, p. 743.

〔3〕 See *Oxford Dictionary of Law* (7th *ed.*), Oxford University Press, 2009, p. 229.

之间的关系。[1]《加拿大法律词典》(Dictionary of Canadian Law)认为,“fiduciary”意为:(1)受托保管某物的人;(2)监护人、委员会、导师、遗嘱执行人、遗产管理人或代表,以及任何以受委托身份行事的人。[2]

结合上述各类型法律词典关于“fiduciary”的释义,从词性的角度看,“fiduciary”既可当形容词,也可当名词。当形容词时,用于形容存在信任或信用的各类社会关系,即信托关系。《布莱克法律词典》(第10版)认为,信托关系(fiduciary relationship)系一方有义务在关系范围内为另一方的利益行事,比如受托人—受益人、医生—病人、律师—客户等典型的信托关系。信托关系通常出现在四种情况中:(1)当一方信任另一方的诚实正直,而另一方因此获得比其他人更大的优势或影响力时;(2)当一方为另一方承担责任时;(3)当一方有义务在关系范围内代表另一方行事或提供建议时;(4)当存在传统上被认为涉及信托责任的特定关系时,如律师和客户、保险经纪人和投保人之间的关系。[3] 可见,信托关系与信义义务(作为形容词时)之间互为解释,用一方界定另一方,循环往复。当信义义务为名词时,代指为他方利益行事,且负有忠实义务、注意义务等义务的人,如医生、律师、基金经理等广义上的受托人。

从词源角度看,fiduciary来源于拉丁语“*fiducia*”,常与“trust”“confidence”结合使用。可见,一方面,“fiduciary”与“信任”标签息息相关。受托人因被他人信任,为他人利益行事,负有忠实义务和注意义务,不得辜负该信任,否则将承担违反信义义务的责任。因此,信任是“fiduciary”词义的首要构成要素之一。另一方面,关于

---

〔1〕 参见[英]L. B. 科尔森:《朗文法律词典》(第6版),法律出版社2003年版,第175页。

〔2〕 See Daphne A Dukelow & Betsy Nuse, *Dictionary of Canadian Law*, Thomson Professional Pub, 2011, p. 384.

〔3〕 See *Black's Law Dictionary* (10th *ed.*), Thomson Reuters, 2009, p. 744.

fiduciary 源自拉丁文的说法并无疑义，但用来作为代指受托人的专门用语，且来自罗马法的说法有待商榷。[1] 众所周知，信托制度起源于衡平法，英国用益制度是最早的信托雏形，而后衍生出作为金融工具的现代意义上的信托（trust）。罗马法上同样存在信托质（*fiducia cum creditore*）、遗嘱信托（*fidei commissum*）等概念，这些概念同样被翻译为"信托"，但显然与英国用益制度有所差别。罗马法上的"信托"作为一种重要的担保制度和融资手段，是现代物权法让与担保的起源，[2] 而英国用益制度则是用于规避法律对继承人身份的限制，二者在基本法理和制度架构上存在较大差别。比较令人满意的解释是，衡平法中负责主持大法官法院的枢密大臣和法官群体大都精通罗马法和教会法，[3] 极有可能受到罗马法中信托契约和委托遗赠法律制度的影响，故而作为英国信托雏形的用益制度源自罗马法。但该解释与著名法律史学家和衡平法律师梅特兰的观点格格不入，信托是英国人在法律史上最伟大和杰出的创造，并非借鉴罗马法。因此，《元照英美法词典》中关于"fiduciary（n.）代指受托人，源自罗马法"的说法仍存疑虑，有待商榷。

2. duty

根据《元照英美法词典》提供的解释，"duty"意思为：(1)（n.）义务，指依照法律规定应当承担的或者依照约定自愿承担的责任，如对于一方欠他人的、应偿还的债务，对方当事人则相应地享有权利；(2)税收，指对货物或交易征收的税，尤指关税。这种意义上的责任

[1] 参见徐化耿：《信义义务研究》，清华大学出版社 2021 年版，第 13 页。

[2] 信托质指信托人通过要式买卖或者拟诉弃权的方式将信托物的所有权转移至受托人，同时信托人和受托人之间达成信托简要规范他们之间的权利义务，受托人的债权得到满足后，信托人通过时效收回的方式收回信托物的所有权。参见史志磊：《试论罗马法中关于信托质的三个问题》，载《政法学刊》2010 年第 3 期。

[3] 参见［英］D. J. 海顿：《信托法》（第 4 版），周翼、王昊译，法律出版社 2004 年版，第 11 页。

是加诸于物品而非人身的。[1]

按照《布莱克法律词典》(第 10 版),“duty”是指:(1)所欠或应当为满足他方需求而履行的法律义务;一方有必须做的义务,而他方也有相应的权利。(2)因受托人身份需为的任何行动、表现、任务或遵从。(3)注意义务(duty of care)。按照当地的现行标准,尽职尽责地使用特殊技能开展工作。(4)对商品或交易征收的税,尤其是对进口商品征收的税;进口税。从这个意义上讲,责任是强加给事物的,而不是强加给人的。(5)在武装部队分支机构服役;兵役。[2]

根据《牛津法律词典》(Oxford Dictionary of Law),“duty”是指:(1)执行或不执行特定行为的法律要求,类比“权力”(power)一词。(2)国家征收的款项,特别是对某些货物和交易征收的款项,比如关税、消费税和印花税。[3]《朗文法律词典》(The Longman Dictionary of Law)(第 6 版)主张“duty”的意思是,(1)因法律或道德义务而应作出的行为。“当法律命令或禁止一个人做某一行为时,他就有义务……义务是采取行动或不采取行动所产生的某些后果。”(2)权利的相关者。(3)对进出口征税。[4]《加拿大法律词典》(Dictionary of Canadian Law)是这样解释“duty”的:(1)法律承认的一项要求,以避免对他人造成不合理危险行为;(2)法律规定的义务。[5]

结合上述词典解释,“duty”的释义主要为义务和税收两类。当作“义务”理解时,duty 与“权利”相对应,与“obligation”意思相近,

[1] 参见薛波主编:《元照英美法词典》,法律出版社 2003 年版,第 452 页。

[2] See *Black's Law Dictionary* (10th *ed.*), Thomson Reuters, 2009, p. 615 – 617.

[3] See *Oxford Dictionary of Law* (7th *ed.*), Oxford University Press, 2009, p. 187.

[4] 参见[英]L. B. 科尔森:《朗文法律词典》(第 6 版),法律出版社 2003 年版,第 146 页。

[5] See Dukelow, Daphne A. Nuse & Betsy, Dictionary of Canadian Law, Thomson Professional Pub, p. 312.

违反义务的后果是承担“责任”(liability)。作为宽泛的概念,duty(义务)指主体以相对抑制的作为或不作为的方式保障权利主体获得利益的一种约束手段,不能依据自由意志任意行事,具有强制性。duty(义务)的来源可以是法律规定,也可以是合同约定,甚至可以是纯粹道德层面上的要求。当作“税”理解时,duty(税)指国家对商品或交易征收的款项,与“fiduciary duty”并无联系。实际上,在《布莱克法律词典》中“duty”的第 2 项释义,即因受托人身份需为的任何行动、表现、任务或遵从,与“fiduciary duty”“duty of loyalty”的释义相同,可见 fiduciary duty 最原始和核心的内容是 duty of loyalty,而非 duty of care。

3. fiduciary duty

根据《元照英美法词典》,“fiduciary duty”意思为:受托人责任或信托人义务。为他人利益办事时,必须使自己的个人利益服从于他人的利益。这是法律所默示的最严格的责任标准。[1]

按照《香港法律词典》提供的解释,“fiduciary duty”指为他人的利益真诚行事的公平义务。信义义务产生于信托关系的背景下,例如受托人和受益人之间的信托关系。有一些公认的关系类别,例如,受托人和受益人、代理人和委托人;公司董事及公司、卖方和拍卖商;律师和委托人。受信义义务约束的人员不得从其职位中获利(明确允许的情况除外),或将自己置于信义义务与个人利益可能冲突的位置。[2]

在综合词典中存在关于“fiduciary”“duty”“fiduciary duty”的各种释义,其中信义义务(fiduciary duty)可有两个层次的理解:其一,当 fiduciary 作“受托人或受信人”解释时,信义义务可以诠释为受托

〔1〕 参见薛波主编:《元照英美法词典》,法律出版社 2003 年版,第 550 页。

〔2〕 See *Hongkong Legal Dictionary*, LexisNexis, 2004, p. 386 – 387.

人(fiduciaries)的义务(duties),即 duties of fiduciaries。此时信义义务的内容因受托人(fiduciaries)所处的具体信托关系类型不同而有所差别。其二,当 fiduciary 作“受信任的”理解时,信义义务可解释为为他人利益行事需承担的义务,该义务来源的正当性基础在于信任,因信任而生,受道德约束,以忠诚为必要。正如能见善久教授所言:“信托,是以‘信任(trust)’为基础的制度。受托人应承担和这种信赖相对应的、严格的信义义务(fiduciary)。一言以蔽之,信任以及与此相应的‘诚实’为信托的基本思想。”

综上,信托关系种类繁多,难以提炼出概括性的定义,是英美法中最难以捉摸的概念之一,[1]而由信托关系而生的信义义务也同样难有确切定义。经由语词学的角度分析,信义义务系受托人为委托人利益行事负有的义务。信义义务的概念源自英美法系,美国法中信义义务一般包括忠实义务和注意义务,而英国法中信义义务一般仅指忠实义务。[2] 大陆法系国家(日本、韩国、我国)在引进或移植信托制度时,同样植入信义义务,因受成文化的立法思维模式影响,信义义务概念所包含的具体义务内容在大陆法系国家的规定中较为宽泛和具体,不仅包括忠实义务和注意义务,还包括分别管理义务、公平义务、报告义务等其他义务。[3] 信义义务要求受托人仅为受益人行事,且担负着合理的经验和技能。有学者从中华传统文化中理解信义义务,认为“信”代表能力、状态、人道、用力,是保护性规则;而“义”代表道德、品性、天道、自然,是防范性规则。“信”是手段和态度,是“义”的表现形式;“义”是目标和宗旨,是信托关系的核心

---

〔1〕 See Deborah A. DeMott, *Beyond Metaphor: An Analysis of Fiduciary Obligation*, Duke Law Journal 879(1988).

〔2〕 参见楼建波、姜雪莲:《信义义务的法理研究——兼论大陆法系国家信托法与其他法律中信义义务规则的互动》,载《社会科学》2017 年第 1 期。

〔3〕 参见《日本信托法》(2006)第 30 条至第 39 条、我国《信托法》(2001)第 25 条至第 42 条等。

特征。“信”代指注意义务,为表;“义”代指忠实义务,为本。[1] 相较于从英美法系追根溯源考察信义义务的语义,如此理解,也能恰如其分地诠释信义义务所包含的两大基本内容及其关系(忠实义务和注意义务),不失为一种令人满意的结论。

二、历史起源

通常认为,信托制度最初源自英国用益制度,经美国承继、发展和演变,由英美法系引入大陆法系,形成现代意义上的信托法律体系。与大陆法系不同,信托制度最早是作为财产移转和管理的灵活设计,为“规避法律”而设,游走于法律边缘,试图从法律约束及负担下挣脱的特质一直贯穿信托制度演变过程始终。13世纪至15世纪时期,英国民众为规避当时封建制度下的土地继承政策,设计用益制度,以允许土地为“另一个人的利益”(ad opus)被转让给第三人。“用益制度”一词据称源自诺曼法语“oes”,后者又出自拉丁文“*opus*”,意指“利益”。在此背景下,土地被转让给另一人,为了最初的出让人或其他当事人的利益而持有。简言之,甲将财产转让给乙,乙为了甲或丙的利益而持有。[2] 1066年诺曼被征服后,威廉一世宣布全部国土收归国王所有,任何领主仅能通过分封获得土地,受封者须向国王缴纳各种赋税,国王与受封者就土地上的法律关系属于所有(ownership)与保有(tensure)的关系。受封者通常还会进行次一级的分封,以致一块土地上最终存在国王(crown)、初代领主(overload)、多位中间领主(mesne lord)和直接占有土地的保有人(tenants)等权利主体。尽管1920年的《封地买卖法》(Quia Emptores)废除次分封制度(国王除外),且随着封建制度的日渐式

〔1〕 参见王莹莹:《信义义务的传统逻辑与现代建构》,载《法学论坛》2019年第6期。

〔2〕 参见[英]斯蒂芬·加拉赫:《衡平法与信托法:数世纪的结晶》,冷霞译,法律出版社2020年版,第100页。

微,封建赋税名存实亡,但复杂烦琐的英国土地权利体系及部分土地赋税仍被留存下来。〔1〕 为规避封建赋税和实现土地按其意愿移转的目的,土地保有人通常会将土地移转给一名值得信任的成年人,由其为自己和子女们持有该土地,并按约定将收益归自己所有,在保有人死后土地收益按照其意愿进行分配。这就是最初的“用益”设计。具言之,英国用益制度出现的原因可归结为四个方面:其一,中世纪英国土地法禁止遗赠土地,固守僵化不合理的土地继承制度。〔2〕 中世纪英国奉行嫡长子继承的土地继承制度,但部分土地保有人希望土地收益能够照顾全部子女的生计,而非仅嫡长子。成年嫡长子在继承时需向领主缴纳巨额土地继承金,未成年的嫡长子则无法保有土地,由领主代为占有,并享有对其的监护权和成年后的婚姻决定权。其二,宗教信仰使得教徒希望将土地转移给教会,但受到封建政权的阻挠。在中世纪狂热的宗教信仰氛围下,诸多教徒选择将土地赠与教会,教会所拥有的土地不断增多,且无需承担封建赋税。为遏制该趋势,封建领主们在 1279 年通过《死亡法令》(Statute of Mortmain),禁止教会继续接受土地捐赠,否则会将土地收归国有。〔3〕 其三,东征的战士们需要有人照顾其土地以供养家人。〔4〕 如前所述,在嫡长子继承制度的背景下,如果战士试图将其财产转移给未成年人的继承人,则需缴纳巨额继承金,且无法保有土地。因此,战士需要将包括土地在内的财产转移给一位可信任的朋友,如果战士平安归来,则其朋友必须归还财产;如果战士战亡,则其朋友被期待使用土地收益照顾该战士的家庭,并在继承人成年

〔1〕 See Paul Todd, *Textbook on Trusts* (3rd *ed.*), Oxford University Press, 1996, p. 3 – 7.

〔2〕 参见余晖:《英国信托法:起源、发展及其影响》,清华大学出版社 2007 年版,第 48 ~ 51 页。

〔3〕 参见侯宇:《美国公共信托理论的形成与发展》,载《中外法学》2009 年第 4 期。

〔4〕 参见[英]斯蒂芬・加拉赫:《衡平法与信托法:数世纪的结晶》,冷霞译,法律出版社 2020 年版,第 101 ~ 102 页。

后,将财产移转给他。而这种诉求无法在当时的普通法院获得任何帮助和支持。其四,玫瑰战争中战败方由于害怕土地被战胜方没收,通过用益制度将土地转移给别人管理。英王爱德华三世的两支后裔(兰开斯特家族和约克家族)为争夺英格兰王位而发生断断续续的内战,战争最终以兰开斯特家族的亨利七世与约克家族的伊丽莎白联姻为止,也结束了法国金雀花王朝在英格兰的统治,开启了新的威尔士人都铎王朝的统治。约克家族作为战败方,担心所保有的土地被没收,便通过设立用益制将财产转移给他人管理。[1]

尽管中世纪英国有强烈的设立用益制度的需求,但却无法从普通法中获得相应制度支持。普通法注重形式,缺乏灵活性,以实行令状制度为主要手段,有限的令状种类导致普通法上的诉讼救济途径无法满足现实的需要,尤其是土地继承问题。[2] 再加上普通法不承认用益制度,受益人的利益无法得到法律保障。在此背景下,英国民众不得不向国王请愿。国王和咨议会将这些案件交由其咨询人员——大法官(chancellor)处理,大法官秉持良心(conscience)和正义(justice)等朴素观念,发挥自由裁量权,妥善处理普通法院无法受理或处理结果不公的案件。直至 15 世纪,大法官的办公机构正式成为大法官法院(Court of Chancery),或称衡平法院。[3] 衡平法注重实质,而非形式,[4]以高度灵活性弥补普通法的僵化和不足,逐渐演变成与普通法并列的法律分支体系之一。

衡平法因用益制度而生,也以信托法为主要内容。信托受托人

---

〔1〕 参见周勤:《信托的发端与展开——信托品格与委托人地位的法律规制》,知识产权出版社 2013 年版,第 5 ~ 6 页。

〔2〕 参见冷霞:《英国早期衡平法概论——以大法官法院为中心》,商务印书馆 2010 年版,第 14 页。

〔3〕 See Richard H. Helmholz, *The Early Enforcement of Uses*, 79 Columbia Law Review 1503 (1979).

〔4〕 See Parkin v. Thorold, 16 Beav 59 (1852).

享有管理处分信托财产的巨大权利,且委托人在信托设立生效时便基本丧失对信托财产的控制,受托人难免会从中谋取私利,衡平法院在审理此类案件时需秉持公平、正义和良心的信念,发挥自由裁量权,将受托人的部分行为认定为非法,并加以惩戒。随着这类信托案例的不断累积,信托领域受托人的行为标准逐渐统一,形成信义义务的雏形,并逐渐在与信托关系相类似的法律关系中推广适用,如医生与病患之间、律师与客户之间、公司高管与股东之间等。实际上,所有存在信任因素,以及背信弃义情境的类似案件都在衡平法院管辖范围内,并非仅有信托关系。当信义义务的内容基本成熟时,衡平法院在处理其他类似案件时,将案涉关系中的受信人视作信托中的受托人,以信义义务的行为标准监督其行使管理处分权,以保障受益人的利益。事实上,在英国判例法背景下,信义义务的形成、发展和成熟经历了一段漫长的过程,下文将以若干具有代表性的判例对信义义务的演变过程进行阐释。

(一)沃利案

沃利案可以说是较为典型的实质意义上的信义义务案件。[1]案件中,原告约翰·沃利二世(John Walley the Younger)系被告约翰·沃利(John Walley)的儿子,原告作为未成年人,其外祖父弗朗丝·沃利(France Walley)无法直接将遗产转由孙子继承,于是设立遗嘱,将所有剩余的房屋、保有物业以及自由动产一概留给外孙约翰·沃利二世,并任命其女婿约翰·沃利为遗嘱执行人,要求其以信托的方式为继承人持有与管理遗产。被告约翰·沃利在弗朗丝·沃利逝世后占有遗产,并在 1678 年与地产公司克莱尔(Clare-hall)签订合同,将遗产中的宅院和物业的保有人更改为自己。然后,又将部分保有房产按揭给威廉斯(Williams),借贷金额为

[1] See Walley v. Walley (1687),23 ER 609,Vern 484.

200 英镑，后者又将该房产以 350 英镑按揭转给西摩（Seymour）。此外，约翰·沃利还将房产的回赎权（equity of redemption）信托给彼得·沃利（Peter Walley），允许其在自己无法偿债的情况下，将上述房产抵债。而后，约翰·沃利应征为东印度公司士兵，出海印度，生死未卜。同为被告的华纳（Warner）通过公证人找到彼得·沃利表达希望购买约翰·沃利房产的意愿，并在支付 870 英镑后如愿取得按揭。原告约翰·沃利二世将彼得·沃利、华纳告上法庭，指控其在明知房产上存在信托，且原告为受益人的事实清楚的情况下，仍出卖、购买房产或接受按揭，并请求法庭判令各被告将在交易过程中所得收益归为自己所有，重签保有租约，改由原告占有房产及物业。

法庭经审理查明，原告所述基本符合事实，判定原告应占有房产及物业，享有租赁的收益，被告应当将房产及物业的权属转移给原告，并需将各自所获收益归还原告。对于原告外祖父所遗留的动产数额，需聘请专业人士评估，以确定原告父亲最终应需偿还款额。该案中虽未明确提及信义义务，但实质意义上的信义义务在该案中得到体现，原告父亲作为受托人，未能以受益人利益行事，中饱私囊，违反信义义务，理应承担相应的法律责任。

（二）温彻斯特主教案

fiduciary 最开始用于指代受托人的案例是 1717 年的温彻斯特主教案。[1] 温彻斯特主教系一块采邑地的领主，某位骑士作为保有人（tenant）占有该地。该骑士及其继承人在该地开采大量铜矿并售卖，获取巨额利润。温彻斯特主教起诉至衡平法院，请求判令骑士的继承人停止采矿行为，并将所开采矿石归己所有。原告诉称，案

〔1〕 See Tara Helfman, *Land Ownership and the Origins of Fiduciary Duty*, Real Property, 41 Trust and Estate Law Journal 651（2006）.

涉土地属于自己的采邑地,自己才是土地的领主,对该土地享有最终产权(freehold),案涉土地下的土壤(铜矿)归自己所有,被告仅是公薄地产保有人(copyhold tenant),无权开采铜矿。被告则辩称,被继承人已经逝世,生前所开采矿石不可能复归原告所有,因为债权随主体消逝而不存在,不具有讨论的法律意义。此外,被告及其他传统土地保有人以往也进行伐木采石并售卖,属于真正的产权人(freeholders),而非公薄地产保有人。

衡平法院经审理认为,侵权行为不因侵权人逝世而消失,救济必须始终存在。该案中被告占有他人矿石及木材的行为,即便根据普通法规则,也属于违法行为,尤其是被占有矿石及木材仍在被告手中。从普通法角度理解,本案中,保有人作为领主的受托人(a fiduciary to the lord),侵吞案涉土地所开采矿石及木材属于明显失信行为,理应承担相应责任,原告主张依据传统和习惯继续挖掘和开采的观点无法成立,之前并无这样的判例。而且衡平法院认为,根据之前的程序说明(postea),在没有同时得到领主和保有人同意的情况下,不可以继续开采铜矿及其他矿石。该案第一次从形式意义上以"fiduciary"指代宽泛层面的受托人,并以失信行为判定进行案件审理。

(三)桑福德案

1726 年的桑福德案在真正意义上明确了信义义务的基本内容,即非营利性规则。[1] 在该案中,委托人甲将自己对某市场的租赁权以设立信托的方式遗赠给受托人乙,信托受益人为一名未成年人丙。为受益人利益,受托人乙试图在租赁到期前续约,但遭到出租人的拒绝。于是,租约到期后,受托人乙以自己的名义与出租人签

[1] See Keech v. Sandford [1726] 25 E. R. 223; (1726) Sel. Cas. Ch. 61, [1726] 10 WLUK 11.

订合同,成为新的承租人,租赁某市场并从中获取巨额利润并转移给受益人丙。然而,受托人乙同样从信托中获益。于是,信托受益方向法院提出申请,要求将该租赁以信托的方式从受托人处转移给自己,并请求对受托人承租前的获利行使归入权(accounting for the profits)。衡平法院法官经审理认为,考虑到对未成年受益人利益的保护,如果仅因为出租人拒绝与受益人续签合同,就认可受托人以自己名义重新签订租约,如此将很少有人选择与受益人续租。法官进一步指出,受托人应是唯一不适合作为承租人的人选,相比于自己租赁,不如放弃。因为如果让受托人自己租赁的话,谋私自利的行为会更加难以防范。故而,衡平法院判定,受托人乙应将承租人的法律地位让渡给受益人(未成年人丙),赔偿租赁所造成的损失,归还租赁所获的利润。

虽然该案中不存在欺诈指控,但衡平大法官确立一项原则,即受托人不得从信托中获取未经授权的利益。此外,应严格执行这一原则,因为允许受托人从他们之前以信托形式持有的续期租约中获益会存在欺诈风险。该原则显然与受托人的忠实义务相关,属于实质意义上的信义义务内容,旨在防范在利益冲突的情境下受托人的自肥行为,保障受益人的利益。该案虽案情和判决说理部分都较为简单,但首次清楚在定义了信义义务的实质内容,为以后信义义务的广泛适用提供判例参照,具有重大意义。

信托作为脱法的灵活设计,其起源与土地的继承与管理密不可分。中世纪英国土地法固守僵化不合理的土地继承制度、宗教信仰、东征战士的土地照管诉求、玫瑰战争中战败方的土地移转需要等是信托产生的直接推动力。信义义务作为信托的核心,其产生、发展和成熟有赖于英国衡平法背景下的若干典型判例的推动。沃利案系最早的实质意义上的信义义务案件,温彻斯特主教案中"fiduciary"一词开始用于泛指受托人,桑福德案则确立了信义义务的实质内涵。

三、理论基础

信义义务对各种广义信托关系的完整性至关重要,包括受托人和受益人、公司高级管理人员和股东、代理人和委托人、律师和客户、医生和病人、监护人和被监护人之间的关系。尽管信托关系多种多样,但所有信托关系都需遵守信义义务。然而,令人惊讶的是,关于信义义务的正当性基础,学界和实务界尚无统一定论。如前所述,信义义务的演变过程横跨多个世纪,有关信义义务的理解本身具有多维度性,而且,基于信托的高度灵活设计,信托关系及信义义务的内容不清晰,适用范围不断扩张,边界不定,为信义义务的理论基础探讨提供了充足的实践素材,导致学界关于信义义务的正当性基础众说纷纭,莫衷一是。但无论如何,梳理和总结信义义务的理论基础,有助于加深理论界对信义义务的理解和认识,指导实务界的司法实践。下文将重点分析和归纳三种较为典型的关于信义义务的正当性理论基础的观点,以供参考。

(一)财产理论

财产理论(property theory)主张,在特定的信托关系中,受托人经由授权享有对受益人在衡平法上的特定财产进行管理处分的权力,为防止受托人滥用权力而设定信义义务。简言之,从衡平法角度看,信义义务属于一种私有财产权保护的必然附属物,具有财产属性。信义义务的理论基础源于私有财产权的正当性。[1] 财产理论的合理性在于:第一,许多信托关系涉及受托人对受益人所拥有的衡平法意义上的财产行使权力,为避免受托人自利行为,信义义

〔1〕 See Paul Miller, *Justifying Fiduciary Duties*, 58 McGill Law Journal/Revue de droit de McGill 969 (2013).

务限制受托人权力的行使，防止其对财产的滥用或挪用（misapplication or misappropriation）。第二，与信义义务相关的权利具有财产权的外观，因为这些权利都在确保受益人对所拥有的信托财产的排他性的绝对权利。受益人让渡部分财产权利给受托人，以使其为自己管理处分财产，以获取更多利益，但信义义务的本质仍是维护受益人的财产权益的绝对财产权。更为激进的关于财产理论的观点认为，所有信托关系都是以财产所有权与控制权相分离为特征，受益人有权从受信托管理的财产中获得剩余价值（residual benefit），受托人对其行使控制权。信义义务默认控制信托关系，因为受托人的自由裁量权不容易被信义义务以外的其他手段所约束，否则就会破坏财产所有者委托控制权的目的。[1]

同所有学说观点一样，财产理论也存在反对的声音。首先，虽然可以认定信义义务源于信托关系，但二者并不完全等同。受托人属于受信人，但受信人并不必然是受托人。换句话说，信义义务的概念范畴远大于信托义务。许多类似的信托关系并不存在财产要素，或者说传统意义上的财产利益，[2]比如宗教领袖和教徒之间的关系、教师和学生之间的关系，这些关系属于信义关系，但不具有财产因素。虽然病人的身体康复与教徒的精神可以理解为广义上的财产因素，但并非普通法意义上的财产。[3] 可见，通过财产理论界定信义关系并不全面。其次，信义义务并非单纯用于防止滥用或挪用财产，还用于禁止可能损害受益人其他实际利益的冲突，比如竞业冲突、施加不当影响等。如果将注意义务也考虑进去，那么财产

---

〔1〕 See Larry E. Ribstein, *Are Partners Fiduciaries*, 2005 University of Illinois Law Review 209(2005).

〔2〕 参见范世乾：《信义义务的概念》，载《湖北大学学报（哲学社会科学版）》2012 年第 1 期。

〔3〕 See Leonard I. Rotman, *Fiduciary Doctrine: A Concept in Need of Understanding*, 34 Alberta Law Review 821(1996).

理论更是无法涵盖，因为注意义务包含积极行为要素，受托人需利用自身经验和技能为受益人利益积极行事。

（二）合同理论

合同理论（contract theory）认为，信托关系是履约成本与监督成本高昂的合同关系，即信托关系通过预设交易安排（信义义务）取代详尽的合同条款，以减轻交易成本，提高经济效益。[1] 合同理论的正当性源于四个层面：第一，信义义务具有合同属性，因为信义义务最初被恰当地理解为标准的合同条款。换言之，信义义务始于信托合同条款的约定，而后逐渐演变成衡平法意义上的信托默认原则，其内容也从最初的忠实义务向注意义务、分别管理义务等方面扩张。第二，信义义务源自信托关系，而信托关系都是基于合意的产物。多数信托关系以合同关系为基础，如公司高管与股东、医生与病患等关系中，普遍存在合同，缔约双方在合意的基础上签订信托合同。合同能够合理诠释这些信托关系的属性，反映这些信托关系的内容，或者说这些信托关系的要素都可以经由合同进行执行和调整。第三，在英美法系国家中，关于信义义务的适用与否，效力如何，以及违反信义义务所需承担的责任，都可在合同条款中由双方协商而定。第四，从法经济学的视角分析，信义义务更像标准化的格式条款，用于专业人士与普通民众之间所签订的合同，比如医生与病患、律师与客户、教师与学生之间所签订的关系型服务合同（relational service contract）。合同作为在利益冲突间取得平衡的一种机制，能借由法律和经济上的方法，勾勒出合同当事人的权利义务关系。与普通民众相比，专业人士拥有知识性资源优势，双方存在信息不对称，容易产生道德风险和代理成本问题。理性有限的合

[1] See Frank H. Easterbrook & Daniel R. Fischel, *Contract and Fiduciary Duty*, 36 The Journal of Law and Economics 425 (1993).

同双方当事人不可能预知未来可能发生之所有可能情况，相对静止的预设交易安排无法满足进步社会的创新需求。[1] 合同双方当事人无法通过合同条款对受托事务及行为标准进行事无巨细地约定，再加上诸多受托事务的执行需拥有一定的自由裁量权、缔约成本等因素的综合考量，使得与信义义务相关的合同内容无法形成具体条文一一列明，而是以不完全合同中的默认条款呈现出来。

合同理论虽然收获大量支持，但也不乏反对者。首先，尽管许多信托关系通过合同订立，但并非全部。信托关系也可以通过非合同形式、单方面承诺、司法法令等方式建立。[2] 合同理论并不能解释在合同之外建立的信托关系所产生的信托责任。其次，合同理论并未准确描述信托关系的性质，并非所有的信托关系都发生于普通民众和专业人士之间。专业知识不是受托人在法律上或事实上需具备的必要条件，还存在缺乏受托人专业知识的信托关系，比如民事信托中基于信任对亲朋好友的委托，这与合同理论所主张的信义义务的性质不同。最后，合同理论无法合理解释信义义务的内容。忠实义务作为信义义务的核心和关键内容，如果作为一项默认合同条款，那么缔约双方可以期待其内容和应用取决于缔约时的重要事实，如当事人期待、行业惯例等。然而，事实上忠实义务的核心内容是固定的，且无法更改的，即便在以灵活性著称的衡平法层面上，也是如此。换言之，信义义务具有强行法性质。[3] 当然，除前述三点外，还有许多关于合同理论的反对观点。但不可否认的是，信托关系与信义义务终究是私法领域的产物，多数情况下以合同关系为基

---

〔1〕 参见王文宇：《探索商业智慧：契约与组织》，台北，元照出版有限公司 2019 年版，第 45 页。

〔2〕 See Victor Brudney, *Contract and Fiduciary Duty in Corporate Law*, 38 Boston College Law Review 595 (1996).

〔3〕 See Scott FitzGibbon, *Fiduciary Relationships Are Not Contracts*, 82 Marquette Law Review Journals 303 (1998).

础,基于当事人的合意或约定而存在。在这种情境下,没有合同关系,信托当事人之间不会产生信托关系及信义义务,故而合同理论具有一定合理性。

(三)侵权理论

侵权理论(tort theory)将违背信义义务认定为一种侵权行为,以适用侵权的原理和具体制度来解释违反的信义义务行为。不同于大陆法系,英美法系侵权法的界限较为模糊不清,被描述为私法的"伞状范畴",[1]无所不包,对信义义务的违反也可以被归入侵权范畴之内。一种观点认为,违反信义义务是民事不法行为。与其他私人责任法域相比,侵权行为法具有极其宽泛的领域,包括对人的不法行为、对财产的侵占、对权利的侵害等,违反信义义务的行为当然可以被归入侵权行为。侵权法的民事不法理论似乎能比其他观点更好地解释信义义务,但民事不法行为如此宽泛,以至于在处理私法义务的分类和证明时几乎没有用处。比如,侵占土地和侵害他人人身可能被归为侵权的民事行为,但是要理解行为的性质,就必须了解财产属性和人身属性。理解权利、义务、侵权行为及补救措施的本质是阐明其正当性的关键,这与合理分类有关。违反信义义务是一种民事不法行为,但该观点无法厘清其错误性质,进而也无法说服我们为何将其归为侵权行为。另一种观点认为,违反信义义务是侵害受益人利益的侵权行为。侵权法主要关注对受保护人的损害赔偿,受保护利益包括个人利益(如个人隐私和人身安全)和所有权利益(如财产所有权)。违反信义义务可能涉及受托人对受益人的财产利益的侵害,是一种侵权行为。然而,这一观点的问题在于信义义务违反并不仅仅取决于侵害,违反信义义务有时涉及盗窃、

---

[1] See Gerald J. Postema, *Introduction: Search for an Explanatory Theory of Torts*, 2001 Philosophy and the Law of Torts 1 (2001).

挪用或侵占,但对受益人的人身或财产的侵害不是必然存在的。信义义务不同于侵权法规定的任何义务。作为一般规则,侵权行为法不要求人们为了他人的利益而行动,也不要求人们忽视自己的利益,而只是为了避免对他人造成"不利影响"。[1] 当受托人个人通过行使信托权力获得财产或利润时,无论受益人是否对该财产或利润有预先存在的权利,或甚至存在对获得该财产或利润的合理预期,受托人都需承担责任。信义义务禁止利益冲突,无论冲突的实现是否存在给受益人带来损害的风险。同样,信托救济不仅仅是补偿性的,受益人可以向受托人要求支付超额财产利益。无论从民事不法行为的角度,还是从侵权救济措施的角度看,违反信义义务当然属于一种侵权行为。

除财产理论、合同理论和侵权理论外,还有一些理论能够较为合理地论述信义义务的正当性,包括但不限于道德理论(morality theory)、信赖理论(reliance theory)、不平等理论(inequality theory)、不当得利理论(unjust enrichment theory)等。道德理论认为,虽然没有详细说明,但信义义务关心的是确保受托人行为合乎道德,受托人行为利于受益人。信义义务的正当性在于信任的道德价值。具言之,信义义务直接或间接地通过担保条件促进信任。信任的道德价值包括内在(如信任对人类繁衍至关重要)和外在(如信任使人能够有效合作以实现社会期望目标)。[2] 信赖理论主张,如果一方当事人对另一方给予信任和信赖,则该项关系为信托关系,即信任是信托关系的本质特征。但并非所有的信赖都会产生信托关系,也就是说一方对另一方的信托类别是多样的,信托关系的种类与其他关系(如合同中的信任)不同。针对该观点以信任作为区分是否为信

[1] See Peter Cane, *The Anatomy of Tort Law*, 1997 Bloomsbury Publishing 189(1997).

[2] See Austin W. Scott, *The Fiduciary Principle*, 37 California Law Review 539 (1948).

托关系的标准,存在反对的声音,比如信任概念本身的不确定性将直接影响该观点的有效性。不平等理论则以信托关系受益人处于劣势地位的事实出发,强调信义义务的功能在于通过对受信人施加严格的为受益人最佳利益行事的义务来调和不平等,比如监护人和被监护人之间的权利义务关系。与此相类似的还有脆弱性理论(vulnerability theory),受益人因能力、信息、背景等方面上的弱势,与受托人相比地位存在不平等,具有脆弱性,为防止受托人利用这种脆弱性谋求私利,需设定信义义务。不当得利理论认为,信义义务存在于当受托人为自己而非受益人利益行事,受益人有权从受托人处获得救济性赔偿的情形。具体而言,信托一旦设立生效,受托人享有管理处分信托财产的权利,如果受托人行事并非为了受益人最大利益,而是谋取私利,则存在不当得利,此种情形下受托人违反了信义义务,应当将所获取的不当得利归还受益人。

如上所述,关于信义义务的理论基础的相关学说论点,影响力有大小,说服力有强弱,支持与反对的声音大都并存,唯一确定的是,目前学界和实务界并没有统一或公认的结论,且随着社会发展与人类繁衍,不断更新的各类社会关系让本就范围宽泛、定义不一的信托关系及信义义务更加扑朔迷离,难以明晰。可以预见的是,有关信托关系及信义义务的各类话题仍将是未来一段时期内相关研究的重要课题。

第二节 信义义务弱化的趋势

信托财产管理权和收益权分离的设置,势必会引发代理成本问题,对受托人施加信义义务有助于制衡其管理和处分权能的扩张,实现受益人利益或信托目的。近年来,随着法律经济学分析方法的运用,尤其是公司法领域放松对董监高忠诚勤勉义务要求的影响,信义义务的合同性分析极为盛行,在以美国为代表的信托法研究中甚至出现弱化受托人信义义务的倾向,并间接影响立法。[1] 当然,关于信义义务弱化趋势的研究同样遭受其他学者的诟病,因其削弱了信义义务作为信托法规范的价值和意义。事实上,关于信义义务的弱化问题的争论,既反映市场对经济效率的追求,也体现出信义义务的规范价值。

关于信义义务的性质在前文中已有所提及,之所以专门一节讨论和辨析信义义务的性质演变趋势,是因为信义义务的理论基础与性质演变趋势所讨论的问题有所重叠,但并不相同。分析信义义务的性质演变趋势及背后的逻辑有助于解决 ESG 投资与信义义务的冲突问题,将很大程度上影响冲突解决的可能方案。为此,本部分内容将探讨信义义务的弱化体现,并以合同理论为中心回应关于信义义务弱化的争议。

一、信义义务弱化的体现

近年来,国内外学术界和实务界出现主张扩张受托人管理信托财产的自由裁量权,弱化信义义务的倾向,[2]强调信义义务的合同性质和任意性规则的特征,信托当事人可以任意修改甚至放弃忠实义务。尽管大多数大陆法系国家将信义义务作为法定义务加以规定,但也开始出现弱化的倾向,英美法系国家更是如此。事实上,信义义务弱化的趋势最早产生于公司法领域中针对董事、监事、高级管理人员的忠实义务和勤勉义务的放松主张,而后慢慢扩展至基金

---

〔1〕 See Tamar Frankel, *Fiduciary Duties as Default Rules*, 74 Oregon Law Review 1209 (1995); John H. Langbein, *The Contractarian Basis of the Law of Trusts*, 105 Yale Law Journalnote 625 (1995); Henry Hansmann & Ugo Mattei, *The Functions of Trust Law: A Comparative Legal and Economic Analysis*, 73 NYU Law Review 434 (1998).

〔2〕 参见孙弘儒:《受托人信义义务的弱化及其反思》,载《法治社会》2020 年第 6 期。

经理、投资顾问等信托关系中。

我国《公司法》第 180 条规定,董监高应当遵守法律、行政法规和公司章程,对公司负有忠实义务和勤勉义务。这是公司法领域中信义义务的总括性规定。公司管理层管理公司财产,股东享有财产性权利,权利分离必将带来代理成本问题,尤其是公司管理层持股较少的情形。如何确保管理层有效行使管理权的同时,避免损害股东权益成为公司法面对的难题。多种方法可以缓解代理成本问题,比如激励、惩罚等,但要从根本上消灭代理成本问题就必须构建广泛的、高成本的监督机制,以使得投资者和其他主体了解公司管理层的运作情况。在合同中约定细致的问责条款,实行管理层专职监督是监督机制最为理想的形态,但合同具有不完备性,合同当事人不可能预知未来可能发生的所有可能情况,相对静止的预设交易安排无法满足进步社会的创新需求,[1]通过合同条款的细致规定来监督管理层并不可行,成本高昂。信义义务可以成为替代解决方案,通过反盗窃指令、限制利益冲突交易、限制管理层自利行为等规则的限制,以阻吓作用替代事先监督。

信义义务意味着,法院应当在以交易成本为零时,以投资者和管理层本来可以达成的交易为判断标准进行审查,但实际上法院将同时援引商业判断规则(business judgement rule),得出不同的结论。根据该规则,即便公司管理层存在经营过失,也可免于承担责任。[2]如果管理层的决策存在利益冲突,法院并不会直接判定交易无效,而是会首先考虑是否有独立监督者批准该交易。即使未经批准,管理层也可通过证明该交易对公司有利而免于追责。弱化信义义务的趋势在公司法领域可见一斑。甚至有学者直接指出,公司是由一

---

〔1〕 参见于莹:《民法基本原则与商法漏洞填补》,载《中国法学》2019 年第 4 期。

〔2〕 参见[美]弗兰克·伊斯特布鲁克、[美]丹尼尔·费希尔:《公司法的经济结构》,张建伟、罗培新译,北京大学出版社 2005 年版,第 93 页。

系列不完备的契约构成,而不完备契约的存在源于未知世界的不确定性和交易成本问题。面对充满不确定性的世界,要在签订契约时预测所有的情态是无法实现的,即使预测到,也无法准确描述;即使准确描述,也存在交易成本问题。[1] 而公司法上的信义义务是在缺乏书面合同规定时,合同双方在交易费用为零的情形下,本应协商好的隐含契约条款,可以在公司章程中修改或放弃,本质上属于任意性规范,[2]在一些学者看来,即使信义义务完全弱化,也不会出现代理成本问题的恶化,原因在于:基于信息披露制度、股东大会决议(用手投票)、股市行情(用脚投票)与激烈的市场竞争等因素构建的监管机制,足以防止或避免产生代理成本。[3] 此外,期权激励机制的实施使得管理层的薪酬与公司产生的价值呈正相关,同样有助于促使管理层减少机会主义行为,忠实和勤勉地为公司和股东的利益服务。

除公司法领域外,信义义务的弱化趋势在信托法领域也同样明显。在理论层面,忠实义务奉行的唯一利益原则向最大利益原则转变是最好的证据。忠实义务作为信义义务的核心内容,最开始要求受托人仅为受益人的利益管理信托,不得为自身谋取利益,以任何其他目的管理信托都将直接被认定为违反忠实义务,无须进一步调查询问。而后,美国信托法学者对忠实义务的性质和内涵质疑,认为唯一利益规则过于严苛和僵化,阻碍受托人和受益人双赢的交易,属于历史遗留产物,应当废止。这些学者进一步指出,只要受托人能够证明所从事的利益冲突交易有助于实现受益人的最大利益,

---

〔1〕 See Oliver Williamson & Sidney Winter, *The Nature of the Firm: Origins, Evolution, and Development*, Oxford University Press, 1991, p. 1617 – 1708.

〔2〕 参见[美]弗兰克·伊斯特布鲁克、[美]丹尼尔·费希尔:《公司法的经济结构》,张建伟、罗培新译,北京大学出版社2005年版,第111页。

〔3〕 参见刘杰勇:《我国公司治理双重股权结构的监管机制再认识》,载《商业研究》2021年第5期。

则受益人不得撤销该交易。至于判断标准，受托人只要证明在交易发生时有合理理由相信交易有利于实现受益人的最大利益，那么，即使交易在结果上有害于受益人、有利于受托人，受益人也不得以存在利益冲突为由撤销。信义义务由唯一利益原则向最大利益原则的转化，正是放松和弱化受托人信义义务的体现。在立法层面，《美国统一信托法》第 802 条基本免除了唯一利益原则的“无需进一步询问”规则，而且当受托人在交易中享有重大利益，可能影响受托人判断时，可由受托人通过证明交易的公允性而免责，从禁止利益冲突交易转化为限制利益冲突交易。《美国统一信托法》极为普及，至今美国已有至少 35 个州实施该法典，[1] 可见，弱化信义义务的趋势已经在立法层面显现。

二、信义义务弱化的争议：以合同理论为中心

关于信义义务弱化的争议，实际上可以理解为是否允许信托当事人基于自由合意创设或删减信义义务规则，即信义义务的合同性质问题争议。“fiduciary”（受托）一词来源于“fiducia”，即拉丁语中的“信任”，[2] 自 17 世纪以来“fiduciary”一直被用来代指在事先约定范围内为他人利益行事的人。最初，信托用于规避封建制度下的土地转让限制规定，这些规定阻止土地所有人在生前自愿转让土地，并强制执行嫡长子继承制和征收高昂税负。也就是说，有且仅在土地所有人死亡时方能触发土地转让机制，由长子继承土地所有权。运用信托制度，土地所有人（“委托人”）可以在有生之年将其所有的不动产转让给另一个人（“受托人”），后者同意将土地转让给委

〔1〕 See John H. Langbein, *Questioning the Trust Law Duty of Loyalty: Sole Interest or Best Interest*, 114 The Yale Law Journal 929 (2004).

〔2〕 See Benjamin J. Richardson, *Fiduciary Relationships for Socially Responsible Investing: A Multinational Perspective*, 48 American Business Law Journal 597 (2011).

托人选择之人。随着时间的推移,信托从一种转让土地的方法演变为一种财务管理工具。[1] 现代受托人的工作是积极管理信托资产,积极管理意味着现代受托人拥有不同于古代受托人的,对管理这些受托财产的自由裁量权。伴随这种自由裁量权的扩张,代理成本也日益增长。为保护受益人免受受托人的自利行为影响,法律规定了信义义务,要求受托人以受益人的最大利益行事,并谨慎管理资产。

如今,受托人远非唯一承担受托责任的主体。律师是其客户的受托人,公司董事是其公司的受托人,代理人是其委托人的受托人,合伙人是彼此的受托人。[2] 这些主体应承担的具体职责因当事人之间的关系而异。例如,受托人的注意义务要求高度谨慎,而律师对委托人的注意义务是普通疏忽标准。信义义务确实存在,但关于信义义务是否具有合同性质存在争议。坚持合同理论的学者认为,所有的信义义务都可以协商,而那些反对合同理论的学者则认为有些基本的信义义务不能免除。[3] 判断哪种观点更为合理对 ESG 投资来说至关重要。比如,如果投资顾问的注意义务不能通过合同改变或删减,那么该顾问可能无法代表客户参与 ESG 投资。

弗兰克·伊斯特布鲁克(Frank Easterbrook)和丹尼尔·费舍尔(Daniel Fischel)是合同理论的忠实支持者。他们认为,尽管在讨论信义义务的许多案例中都使用道德性的语言,但实际上,信托关系不属于道德性质,而是合同性质。当合同文本的部分条款因缔约成本问题和知识性资源缺乏等原因而无法实现时,就会产生信义义务。具言之,合同具有不完备性,合同文本所预设的当事人交易安

---

〔1〕 See John H. Langbein, *The Contractarian Basis of the Law of Trusts*, 105 The Yale Law Journal 625 (1995).

〔2〕 See Scott FitzGibbon, *Fiduciary Relationships Are Not Contracts*, 82 Marquette Law Review 303(1999).

〔3〕 See Arthur B. Laby, *Fiduciary Obligation as the Adoption of Ends*, 56 Buffalo Law Review (2008).

排无法穷尽未来所有可能发生之情况。当合同文本所提供内容与现实情况之间存在太大差距时，将会产生信义义务。[1] 比如，房主与油漆工签订合同，由油漆工粉刷房主的房屋。这笔交易相当简单，几乎所有相关事项和突发事件，例如油漆颜色、付款、截止日期、不可抗力等，都可以在合同中说明。在投资顾问和客户之间的合同中，客户与投资顾问签订合同，让顾问管理客户资金并使收益最大化。在这类长期性投资协议中，客户几乎没有能力监督投资顾问。以投资收益来衡量投资顾问业绩可能并非一个好的衡量标准，因为在某些情况下运气可能对投资收益的影响巨大。现实生活中有太多可能性无法规定在合同中，故而，法院将包含忠诚和谨慎的信义义务强加给投资顾问，督促投资顾问为委托人最大利益管理处分资金。知识性资源的缺乏使得合同漏洞百出，但信义义务的存在能够在一定程度上填补漏洞。

学界存在许多关于信义义务的起源与所依托理论的讨论，[2] 包括财产理论、合同理论和侵权理论等，其中合同理论最受关注，该学说不仅解释了信义义务的起源，而且还解释了产生原因，即填补合同漏洞。当然，也有学者对合同理论持反对意见，最常见的批评是，合同理论无法解释合同为何不能改变信义义务的核心内容。阿瑟·莱比（Arthur Laby）教授将信义义务的核心内容归结为，受托人有义务将委托人的目的视为自己的目的。[3] 罗伯特·西特科夫（Robert Sitkoff）教授认为，委托人永远不能授意受托人失信行事，因此须将诚信作为信义义务核心内容。斯科特·菲茨吉本（Scott

---

〔1〕 See Frank H. Easterbrook & Daniel R. Fischel, *Contract and Fiduciary Duty*, 36 Journal of Law & Economics 425 (1993).

〔2〕 See J. C. Shepherd, *A Unified Concept of Fiduciary Relationships*, 97 Law Quarterly Review 51(1981).

〔3〕 See Arthur B. Laby, *Fiduciary Obligation as the Adoption of Ends*, 56 Buffalo Law Review 99 (2008).

FitzGibbon)教授则认为,即使得到委托人的同意,律师也不能变更其避免与客户利益冲突的义务。[1] 赵廉慧教授主张,信义义务的边界可以通过约定适当调整,但本质上属于法定义务。[2] 大卫·约翰斯顿教授则指出,信托创设之初,并非正式法律制度,不具有履行的法律约束力(法定或约定义务),至多是一种熟人之间的道德义务。[3] 许德风教授认为,信义义务处于道德与合同之间。[4] 上述所有观点可能都是合理的,但都未能支持这样的论点:信义义务并不阻止信托当事人就任何不违法的特定行为达成协议。换言之,信义义务的核心职责不决定协议内容;相反,协议内容可以定义信义义务的核心职责。

阿瑟·B. 拉比(Arthur B. Laby)教授认为,信义义务的核心内容是受托人接受委托人的目的。该论点未能正确诠释信义义务的核心内容。在前述两个假设合同中,一个是投资顾问和客户之间的合同,另一个是房主和油漆工之间的合同。顾问—客户合同之所以包含默认的信义义务,是因为其性质与房主—油漆工合同不同,存在很多空白和漏洞。可见,信义义务作为缺省规则之一,核心内容在于填补合同空白与漏洞,而不是实现受托人目的。斯科特·菲茨吉本(Scott FitzGibbon)教授的论点同样薄弱。失信不是指脱离任何协议的具体行为,而是仅由合同文本赋予其实质内容的通用术语。故而,尽管受托人可以不失信,但实际上这不能禁止合同允许任何特定行为,因为合同本身决定失信的内容。至于律师,除非律

---

〔1〕 See Scott FitzGibbon, *Fiduciary Relationships Are Not Contracts*, 82 Marquette Law Review 303 (1999).

〔2〕 参见赵廉慧:《论信义义务的法律性质》,载《北大法律评论》2020 年第 1 辑。

〔3〕 参见[英]大卫·约翰斯顿:《罗马法中的信托法》,张淞纶译,法律出版社 2017 年版,第 30 页。

〔4〕 参见许德风:《道德与合同之间的信义义务——基于法教义学与社科法学的观察》,载《中国法律评论》2021 年第 5 期。

师职业道德规范另有规定，否则律师和客户实际上可以约定放弃对利益冲突的禁令。大卫·约翰斯顿教授从法律史视角分析后认为信义义务属于道德义务，而这并不具有令人满意的说服力。毕竟自信托创设至今已然七八百年，[1]法律体系早已更新换代，不能以信托创设时仅是一种道德义务来推测现代意义上的信义义务也仅属于道德义务。

从本质上讲，信义义务是填补合同漏洞与空白的工具。合同理论与反合同理论之间的一个重要区别在于，合同理论解释了为什么法院要填补这些合同漏洞，而其他理论则专注于法院如何填补这些空白。将“如何”与“为何”混为一谈会导致反合同理论的错误思维，即只要存在填补合同漏洞的方法则需自动使用它，即便事实上并非用于填补漏洞。实际上反合同理论的基本原则不是基于法律，而是基于道德。反合同论者一直对合同论者将伦理和道德简化为合同安排的观点存有异议，或许是因为当道德华服的装饰被剥除时，在合同理论下人类对于有效经济收益的追求目标暴露无遗，而这份坦诚令人不安。但是，诚实本身是一种美德，是信义义务的核心职责之一。当合同当事人坦诚相待时更容易签订双方满意的协议，比如包含参与 ESG 投资的条款。

第三节 信义义务弱化的启示

虽然学界关于受托人信义义务的弱化存在争论，但普遍认同关于如何在允许信托当事人创设个性化的信义义务规则，与避免完全

[1] 13 世纪至 15 世纪时期，英国民众为规避当时封建制度下的土地继承政策，设计的用益制度，是为信托设计雏形。

弱化信义义务带来的负面效应之间寻求平衡,是极具研究价值的重要课题。本部分内容拟先分析关于信义义务弱化的质疑,然后重新定位信义义务发挥作用的方式和范围,反思信义义务弱化对 ESG 投资的影响。

一、信义义务弱化的质疑

弱化信义义务的倾向最早出现于公司法领域,而后在更多信托法学者的呼吁下,弱化信义义务的倾向向更多领域延伸,并在信托立法中体现。弱化信义义务必然会削弱对受益人的保护,甚至影响信托法赖以存在的道德根基和价值基础。故而,对于信义义务弱化的质疑声也很多。

首先,对于公司法领域中弱化信义义务的倾向扩大化的质疑。虽然在公司法研究领域将信义义务视为任意性规则已经较为普遍,但并非所有学者都如此认为。有学者仍主张信义义务属于法定义务,[1]还有学者认为,信托关系与其他信义关系存在差异,即便部分信义关系(如在公司法领域)可以弱化信义义务,但在信托关系中却未必。[2] 也就是说,信托法不应该简单追随公司法弱化信义义务的倾向。尽管信托关系与公司法领域中的股东和管理层关系在权利架构和分配上具有相似性,但是二者之间也存在诸多不同。第一,受托人的表现难以量化评判,不同于股东可借由股票价格直观判断管理层的表现。第二,受益人退出机制受限,不同于股东的灵活退出机制。股东能够以出售股票、股东大会决议替换管理层的方式退出信义关系,而信托法领域中,一方面不存在一个能够自由出售信

---

〔1〕 参见赵廉慧:《论信义义务的法律性质》,载《北大法律评论》2020 年第 1 期。

〔2〕 See Tamar Frankel, *Fiduciary Duties as Default Rules*, 74 Oregon Law Review 1209 (1995); Melanie B. Leslie, *In Defense of the No Further Inquiry Rule: A Response to Professor John Langbein*, 47 William & Mary Law Review 541 (2005).

托权益的资本市场，另一方面更换受托人需要巨大成本。第三，信托监督机制不健全。[1] 我国《信托法》仅规定公益信托必须设置信托监察人，对私益信托并无要求。实践中，私益信托受托人侵害受益人利益，以及未按照委托人意愿或信托目的管理处分信托财产的现象屡见不鲜，尤其是在家族信托和证券投资信托中。[2] 而公司法领域中，股东大会决议、股市行情、信息披露要求等监管机制较为完善，股东利益能够得到保障。可见，信托关系与公司领域中的股东和管理层的关系差别较大，对受益人的权益保障程度远不如股东，贸然将信义义务弱化势必会导致受益人权益保障的劣势地位。事实上，受益人的弱势地位与信托架构的特点有关。委托人将信托财产委托给受托人，主要原因在于受益人无能力妥善管理财产，受托人凭借知识性资源和值得信赖的形象被委以重任，受益人处于弱势地位，具体表现在四个方面。第一，受益人与受托人之间存在信息不对称。受益人对受托人的经济实力、组织结构、投资项目、持有利益等信息无法完全掌握，增加了受益人对利益冲突交易判断的难度。第二，受益人的信息理解和处理能力较弱。在信息不完全且有限时间内，受益人往往存在认识缺陷，无法作出理性判断。第三，受益人谈判能力较差。囿于法律知识和技能、市场地位等方面的差异，受益人在与受托人进行谈判时往往处于劣势地位。第四，集体决策难题。在发生利益冲突时，存在多个受益人的情况下，人数众多且利益分散，受托人单一个体搜集信息、处理信托、作出判断的成本极高，且个人意见对维权影响甚微，对全体受益人共同维权事宜容易表现出“理性冷漠”（不积极参与）或选择“用脚投票”（解除信

---

〔1〕 参见楼建波、刘杰勇：《论私益信托监察人在我国的设计与运用》，载《河北法学》2022 年第 3 期。

〔2〕 参见韩疆、王洋：《论私益信托引入信托监察人制度的必要性及其实现途径——以证券投资基金为例》，载《上海商学院学报》2017 年第 5 期。

托合同),而不是积极参与维权和主张诉求,易滋生"搭便车"心理,偷懒懈怠,导致受益人集体维权难以推进。[1] 受益人处于弱势地位,正是信义义务发挥作用之时,明确受托人行为标准,有助于降低监督成本,弥补受益人监管能力不足,以严厉的惩罚后果替代对受托人监管的缺失,防止代理成本问题。

其次,完全弱化信义义务势必会削弱信义义务作为信托法的道德基础,撼动信托法赖以存在的根基。信义义务多源于合意,反映道德中的荣誉感和忠信观念,并随着社会进步与法律发展,逐渐扩展至公司法、证券法等领域中。[2] 信义义务的发展历史可以理解为守信和背信斗争的历史。缺乏信任的社会,往往充斥着自私、冷漠以及各种阴谋论,无法形成稳定的安全感和秩序,难以促成高度自治。信托法将私主体之间的信任加以内化,通过道德规范法律化形成受托人的行为标准,即信义义务。[3] 即便弱化信义义务能为受托人管理信托带来更高灵活性和更高的效率,但也会连带产生一系列负面效应,比如信托当事人可以自由删减或修改信义义务条款,但会影响仰赖传统信义义务保护的委托人和受益人,甚至动摇信托制度的基础。正因如此,我国《信托法》上关于信义义务的部分规则属于任意性规则,当事人可以通过合意的方式加以部分修改,但是不能完全排除,并强调利益冲突行为的豁免需同时满足知情告知和公平市场价格交易两个条件,才能使得原本禁止的违反忠实义务的行为正当化。[4] 更有学者指出,虽然信义义务的规则有弱化的倾向,

---

〔1〕 参见刘杰勇:《已预售商品房项目转让中预购人权利保护的模式选择——以 11 省(市)商品房管理条例为分析对象》,载刘云生主编:《中国不动产法研究》2021 年第 1 辑,社会科学文献出版社 2021 年版。

〔2〕 参见许德风:《道德与合同之间的信义义务——基于法教义学与社科法学的观察》,载《中国法律评论》2021 年第 5 期。

〔3〕 参见徐化耿:《论私法中的信任机制——基于信义义务与诚实信用的例证分析》,载《法学家》2017 年第 4 期。

〔4〕 参见《信托法》第 28 条。

但不应该允许受托人完全免除自己的信义义务，否则受托人可以对受益人不承担任何信义义务，有违信托本质，也不利于对受益人的保护。[1]

二、信义义务弱化的反思

如上所述，信义义务具有合同性质，且有持续弱化的趋势。学界关于信义义务的弱化趋势褒贬不一，但普遍认为现阶段允许受托人完全免除自己的信义义务的结果不可想象，对信义义务的范围和条件的弱化应当得到限制，最低限度的忠实义务和注意义务应当成为信义义务不可削减的核心。[2] 立法层面上，各国对于信义义务弱化的态度也较为谨慎。以美国为例，《美国统一信托法》针对受托人免责条款的效力作如下规定，(1)解除受托人违反信托责任的信托条款在下列范围内不可执行：(a)免除受托人对出于恶意或不顾后果地漠视信托目的或受益人利益而违反信托的责任；(b)由于受托人对托管人的信托或保密关系的滥用而将相应条款添加到信托文件中。(2)受托人起草或提议的免责条款因滥用其信赖关系或者私密关系无效，除非受托人证明免责条款在该情况下是公平的，并且将条款的内容充分告知受托人。[3] 上述规则强调信义义务并非完全不可删减或修改，但忠诚和善意是信托不可更改和排除的核心，弱化信义义务需要把握程度问题，附加严格的限制条件。在司法实践中，美国大多数法院虽然会承认免责条款的效力，但是同时会采取较为谨慎的态度，在有限条件下承认免责条款的效力。在麦尼尔案中，[4]受益人以受托人未能及时履行通知义务为由诉诸法院，受

---

〔1〕 See Hayton David, *The Irreducible Core Content of Trusteeship*, Oxford Clarendon Press, 1996, p. 47.

〔2〕 参见赵廉慧：《信托法解释论》，中国法制出版社 2015 年版，第 306 ~ 307 页。

〔3〕 See UTC Section 1008.

〔4〕 See McNeil v. McNeil. 798 A. 2d 503. 509(Del2002).

托人则援引信托免责条款,主张自己的过失行为应当免责。法院经审理认为,通知义务并非注意义务的分支,而是其他义务,因此信托合同关于注意义务的免责条款并不能免除未尽通知义务的责任。在沃伦案中,法院虽然承认免责条款的效力,免除受托人的责任,但仍剥夺受托人的薪酬。[1] 可见,即便美国大多数法院承认免责条款的效力,但附加了严格的条件的范围,甚至追加经济惩罚措施。事实上,英美法院对待 ESG 投资的态度也呈现信义义务弱化的倾向,伴随着忠实义务从唯一利益原则向最佳利益原则过渡,历经从完全禁止 ESG 因素影响、允许将 ESG 因素当作经济利益要素、仅允许投资回报 ESG 投资、附条件允许附属利益 ESG 投资的演变。《日本信托法》(2006)同样在信义义务弱化的倾向上表现出谨慎态度,通过第 29 条第 2 款、第 30 条和第 34 条可以看出,信托当事人只可以通过信托行为减轻信义义务,而不能完全免除,否则所设定信托是否成立将受到质疑。

研究外国法律最大的好处之一是,可以重新思考并更好地理解本国的法律。信义义务弱化的倾向同样在我国《信托法》及相关法规有所体现。比如,《信托法》第 28 条规定禁止利益冲突的自我交易,但信托文件另有规定或者经委托人或者受益人同意,并以公平的市场价格进行交易的除外。事实上,在我国的司法实践中,我国《信托法》规定的规则几乎不适用于信托案件纠纷中。法院通常对《信托法》仅作原则性引用,极少直接引用其中的具体条款作为裁判依据,信托法方面的规则的适用存在被合同法规范和合同性裁判思维取代的倾向。[2] 我国商业实践中的遗嘱信托、宣言信托大都不被承认,现阶段所有信托大多是通过缔结合同的方式设立。合同性裁

---

〔1〕 See Warren v. Pazolt,89 N. E. 381(Mass. 1909).

〔2〕 参见杨秋宇:《〈信托法〉的合同法化适用倾向及其应对》,载《湖南农业大学学报(社会科学版)》2018 年第 6 期。

判思维势必会影响违反信义义务的责任认定，法律责任的认定以合同文本为限。这种裁判逻辑和惯性极容易弱化作为信托基础的信义义务的地位和价值，并混淆信义义务的法律性质。

信义义务弱化的倾向作为资本市场追求经济效率的体现之一，是关于合同性质与法定性质之间博弈的结果。信义义务的唯一利益原则确实过于僵化和严苛，阻碍经济效率，尤其是"无需进一步调查规则"，难免有过度保护受益人的嫌疑。但是，放任信义义务完全契约化的论点同样值得商榷。在法律和经济学理论的影响下，著名学者和改革者正在迅速拆除对受托人的传统法律和道德约束。〔1〕信托正在变成纯粹的"合同"，信托法只不过是"默认规则"，"效率"正在战胜道德。在由有远见的托管人、忠诚的受托人、知情的受益人以及老练的商业债权人组成的法律和经济学世界中，信任受托人可能是有意义的。然而，在现实世界中，事实并非如此。一个将受托人自主权凌驾于责任之上的信托体系，会给所有受信托影响的人带来巨大的人力成本，而且这种情况将越来越多。〔2〕

如上所述，信义义务弱化在我国的理论探讨和立法实践中都有所体现，但在现行信托制度下，我国信托实践以商业信托为主，民事信托较为落后，受托人居于主导地位，委托人和受益人处于弱势地位，如果任由信义义务完全弱化，信托制度的基础将会动摇。故而，应当谨慎对待信义义务弱化的倾向，在信托当事人合意修改或删减信义义务条款时附加严格的范围和限制条件，维护信托制度赖以存在的价值基础。也就是说，在信托文件明确约定受托人可参与 ESG 投资时，可能存在的问题在于受托人参与 ESG 投资过程中未能遵守

---

〔1〕 See Melanie B. Leslie, *In Defense of the No Further Inquiry Rule: A Response to Professor John Langbein*, 47 William & Mary Law Review 541 (2005).

〔2〕 See Frances H. Foster, *American Trust Law in a Chinese Mirror*, 94 Minnesota Law Review 602 (2009).

信义义务,如受托人选择投资风险大且回报低的 ESG 项目将违反注意义务,并不存在 ESG 投资与信义义务的冲突问题。在信托文件未明确约定受托人可参与 ESG 投资的相关条款时,受托人可经由协商约定的方式参与 ESG 投资,但不得通过免除忠实义务和注意义务的方式参与 ESG 投资。

本章小结

经由对信义义务的语意考察,信义义务(fiduciary duty)可有两个层次的理解:其一,当 fiduciary 作"受托人或受信人"理解时,信义义务可以诠释为 duties of fiduciaries。此时信义义务的内容因受托人(fiduciaries)所处的具体信托关系类型而有所差别。其二,当 fiduciary 作"受信任的"理解时,信义义务可解释为为他人利益行事需承担的义务。信义义务作为信托的核心,其产生、发展和成熟有赖于英国衡平法背景下的若干典型判例的推动。沃利案系最早的实质意义上的信义义务案件,温彻斯特主教案中 fiduciary 最开始用于泛指受托人,桑福德案则是确立信义义务的实质内涵。

从公司法领域中管理层忠诚勤勉义务的弱化趋势,再到信托法领域信义义务的弱化倾向,学术界和实务界对此褒贬不一。信义义务弱化的倾向主要体现在从唯一利益原则向最佳利益原则的转变,"无需进一步调查规则"的废除。信义义务弱化有助于提升经济效率,但不利于对受益人利益的维护,甚至可能会动摇信托制度赖以存在的根基。信义义务的存在有正当性理论基础,包括财产理论、合同理论和侵权理论等。财产理论(property theory)主张,在特定的信托关系中,受托人经由授权可以对有衡平法上利益的受益人的特定财产进行管理处分,为防止受托人滥用权力而设定信义义务。合同理论（contract theory）认为，信托关系是履约成本与监督成本高昂的合同关系，即信托关系通过预设交易安排（信义义务）取代详尽的合同条款，减轻交易成本，提高经济效益。侵权理论（tort theory）将违背信义义务认定为一种侵权行为，以适用侵权的原理和具体制度来解释信义义务的违反行为。

信义义务作为法律规定义务，并不具有强制性，系法律规定的缺省规则，允许信托当事人通过合同约定予以适当删减。换言之，信义义务具有合同性质，且有继续弱化的趋势。鉴于我国目前信托实务多以营业信托为主，受益人和委托人处于弱势地位，受托人处于主导地位，放任信义义务继续弱化的结果不可想象。故而，应当对受托人任意删减或创设个性化的信义义务条款的行为进行适当限制。这也意味着，在信托文件明确约定受托人可参与 ESG 投资时，可能存在的问题在于受托人参与 ESG 投资过程中未能遵守信义义务，不存在 ESG 投资与信义义务的冲突问题。在信托文件未明确约定受托人可参与 ESG 投资的相关条款时，受托人可以协商约定的方式参与 ESG 投资，但不得通过免除忠实义务和注意义务的方式参与 ESG 投资。

第五章　ESG 投资与信义义务的协调

越来越多的公司将环境、社会和治理(ESG)责任纳入其战略规划、报告和日常运营中。与此同时,实施同样做法的受托人的支持也在不断增加。个人投资者在其投资组合中越来越倾向于将 ESG 因素考虑在内,但代表他人做出财务决策的受托人在将 ESG 因素加入其投资流程之前需要考虑更复杂的因素。可以将受托人定义为有义务以诚信的方式对待另一个人的个人,尤其是在财务事项上。有许多职位通常会要求此人以受托人身份行事,例如:会计师、银行家、遗嘱执行人、财务顾问、董事会成员和公司管理人员等。在传统上,受益人的财务回报一直是受托人唯一的目标,但如今的受托人越来越多地被要求考虑额外的维度,而不仅仅是短期的经济收益。尽管诚如前面章节所言,ESG 表现与企业财务绩效之间的关系存在多种可能性,未有定论,但是许多投资者仍然关注与 ESG 投资目标一致的社会价值,并将其视为核心财务和战略风险,所识别的潜在风险与所有投资组合的财务绩效同样重要。例如,英格兰银行审慎监管局已将气候变化确定为与银行目标相关的金融风险。

ESG 投资与信义义务之间存在冲突,而信义义务本身具有合同性质,有继续扩大弱化的趋势。为协调 ESG 投资与信义义务之间的冲突,本章内容将以限制信义义务弱化趋势为思路,分析 ESG 投资与信义义务之间的一般协调方式,然后尝试探讨调和 ESG 投资与忠实义务、注意义务之间的具体冲突。

第一节　ESG 投资与信义义务的一般协调方式

全球投资理念逐渐从股东利益最大化的单一维度考量向 ESG 等多维度考量发展。企业目标不再仅以财务绩效为唯一指标,非财务绩效指标的影响力越来越大。不可否认的是,尽管市场对 ESG 投资的有效性仍存疑虑,但在诸多驱动因素的作用下 ESG 投资已然成为时下全球最为流行的投资理念。然而,ESG 投资与信义义务之间存在冲突,需进行调和。为此,本节内容将从事前告知、协商解决、事后救济三个层面协调二者之间的冲突。

一、事前告知

信息披露的义务是信托关系的标志,如果一方有义务为了受益人的利益,以诚实、正直、忠诚和最大诚信无私地行事,并且该方拥有对其利益至关重要的信息,则必须披露该信息。也就是说,当受托人参与 ESG 投资时,应当主动告知投资人,尤其是 ESG 投资与信义义务之间存在冲突时,包括 ESG 投资与忠实义务在各部门法领域中的冲突表现、ESG 表现与企业财务绩效之间的不确定关系等内容,以确保在信息对称的情况下投资人同意受托人的 ESG 投资行为,缓解 ESG 投资与信义义务之间的冲突。当然,这里涉及两个问题:一是受托人是否应向投资人事前披露参与 ESG 投资行为,即信息披露的时机和范围;二是受益人同意受托人违反信义义务行为的界限及需要满足的条件。

首先,在考虑受托人的披露义务时,不可避免地会出现各种问题和情况,例如何时存在披露义务以及在确实存在披露义务的情况下该义务的范围(必须披露的确切内容)。事实上,即便是在存在披露义务的情况下,受托人也没有义务向受益人披露所有信息,而只是披露对其受益人的利益有重大影响且存在于其互动的信托范围内的信息。受托人是否对受益人负有积极的披露义务,或者可能拥有的任何披露义务是否仅限于防范潜在的利益冲突,是一个存在争议的问题。前文所讨论的关于受托人义务是法定性还是合同性的争论,深刻影响着受托人披露义务的定性。对披露义务更广泛的看法是认为其不仅包括消极义务,还包括受托人必须与受益人分享的积极信息。在柏克案中,安大略省上诉法院认为,抵押财产在可疑情况下进行非正常交易方式转售时,律师代表抵押人和抵押权人行事,律师作为受托人的相关义务是向其客户披露所有重要事实。[1] 作为有义务参与他人相关行为的人,受托人应被理解为拥有积极的义务,提供与其受益人利益相关且属于其互动范围内的所有重要信息。例如,律师有积极的义务向其客户提供有关其参与民事或刑事诉讼的重要信息,医生有义务向其患者提供与其健康问题相关的信息。在麦金尼诺案中,加拿大最高法院认为患者有权查阅其医生持有的医疗记录,并规定了积极的信托披露义务,类似于受益人有权查阅信托文件和信托财产相关信息。[2] 披露义务伴随着患者对医

〔1〕 See Commerce Capital Trust Co. v. Berk, 68 OR (2d) 257.

〔2〕 See McInerney v. MacDonald, 126 NBR (2d) 271.

生纯粹诚信的不可避免的依赖而产生。虽然披露义务适用于所有形式的信义关系,但在服务咨询关系中最为突出,如律师和客户、医生和患者、投资顾问和客户的关系中。由于知识的专业化,咨询关系在当代社会变得更加重要。这些关系的前提是个人对其顾问的知识和专长的依赖,这造成了前者相对后者的相应脆弱性,这种情形特别容易被顾问滥用。尽管如此,并不是所有的咨询关系都是信托,也不是所有被认为是信托的咨询关系要素都属于信托关系。仅仅是一个人给另一个人提供建议的事实不足以将其描述为信托。关于一个人对另一个人给出的建议的依赖,也可以得出类似的结论。事实上,顾问向客户披露重要信息的职责来源于咨询业务本身,而不是真正的信托责任。咨询关系中体现披露重要性的一个例子可见于摩尔案。[1] 在该案中,原告正在接受白血病治疗。在这一治疗过程中,原告的医生意识到获得原告的稀有细胞样本会带来重大的科学和商业利益。医生基于健康原因建议切除原告的脾脏。然而,在脾切除术之前,医生给外科医生下了书面指示,要求他们分离部分脾脏,并将其运送到单独的研究单位。原告后来接受了几次术后程序,在这些程序中,原告提供了各种液体样本。医生声称这些程序在医学上是必要的,但事实上,这些程序只是为了获取原告的细胞以进一步进行医生的个人研究。这位医生后来获得了一项基于其使用的原告细胞的专利。如果原告知道手术和后续程序的真正原因,他本可以在决定是否同意时做出明智的判断。因为手术的真正原因没有透露,原告本以为这在医学上是必要的,仅仅是因为他的医生的强烈要求。在接受医生的建议时,原告信赖医生的知识和专业技能,并相信医生会为原告的最佳利益行事。在这种情况下,原告有理由假定这一程序是为了他自己的利益而不是他的医生

[1] See Moore v. Regents of the University of California, 793 P. 2d 479 (Cal. 1990).

的利益。但该案中医生明显滥用了原告的信任和依赖以谋取私利。正如法院在该案中解释的那样：(1)医生必须披露与病人健康无关的个人利益，无论是研究还是经济利益，这些都可能影响医生关于病人健康的专业判断；(2)医生未能披露此类利益可能会在未获得知情同意的情况下实施医疗程序或产生违反信义义务的诉因。因此，披露义务不仅包括消极义务，还包括受托人必须与受益人分享信息的积极义务。换言之，受托人拥有积极义务，提供与其受益人利益相关且属于其互动范围内的所有重要信息。当信托关系发生在 ESG 投资语境下，受托人当然也有积极义务在事前向投资人披露参与 ESG 投资的行为。

其次，虽然没有精确的公式来定义对违反信义义务的同意，但受益人的同意必须是在充分知情的前提下独立作出的，尤其是关于受托人参与 ESG 投资。这必然要求受托人向其受益人提供全面、坦率的冲突性质的信息披露，并建议其在决定是否同意前寻求独立的法律意见。[1] 受益人必须了解所有重要事实，并被告知其确切的法律含义。如果没有这种情况，受益人的同意对于免除受托人信托责任而言将是无效的。但是，必须强调的是，这种同意的有效性可以由法院根据相关的事实和情况进行审查。因此，如果受益人的同意是自愿的、完全知情的、独立做出的，并且在经法院审查后仍有效，则受益人的同意能够原谅受托人违反信义义务的行为。

确定受托人披露义务的性质和范围必须根据事实和具体情况而定。在温特案中，[2]一块土地的所有者雇用多名房地产经纪人为这块土地寻找买主。经纪人安排将土地出售给一家公司，其中一名

〔1〕 See Leonard Ian Rotman, *Fiduciary Law*, Thomson Carswell 2005, p. 334.

〔2〕 See Wendt v. Fischer, 243 N. Y. 439.

经纪人是该公司的总裁兼经理。虽然所有人对获得的价格感到满意,但他没有被告知该经纪人在交易中获取的个人利益。与此同时,该公司转售土地并获利。在确定原所有人有权收回所有经纪人在出售中收到的佣金以及公司在转售土地时获得的利润时,卡多佐法官(Cardozo J.)指出,经纪人有义务适当向原所有人披露存在的自身利益,如果满足双重利益,有效的披露必须是明确、毫无保留地披露真相。如果受托人不确定是否披露信息或披露到何种程度,受托人应寻求法律建议。但是,作为一般规则,建议受托人披露更多而不是更少以避免责任。当受托人有义务披露与受益人的法律或实际利益相关的信息时,必须提供信息范围和详细内容以使受益人能够作出明智的决定。

综上,在 ESG 投资背景下,试图通过协商同意来免除受托人参与 ESG 投资违反信义义务的部分法律责任的,至少需满足三个条件:(1)受托人提供全面、坦率的具有利益冲突性质的信息披露,并建议受益人在决定是否同意前寻求独立法律意见。(2)同意是自愿、完全知情和独立做出的。(3)法院经审查后认为同意有效,能够免除受托人违反信义义务的法律责任。值得强调的是,并非所有的同意都具有效力、都能够免除受托人参与 ESG 投资违反信义义务的法律责任,典型的例子如同意受托人的违法资产管理行为、受托人恶意损害投资人利益行为等动摇信托制度根基的行为,将不发生效力,最低限度的信义义务要求应当成为不可削减的核心。

二、协商解决

既然信义义务具有合同性质,且有继续弱化的倾向,那么理论上受托人可经授权或批准参与 ESG 投资,但需满足最基本的信义义务要求。信托合同中的免责条款也可以允许受托人参与 ESG 投资。[1] 授权是指信托条款明确允许受托人从事 ESG 投资。批准则是信托受益人对受托人的作为或不作为的明确表示同意,从而使受托人不承担责任。免责条款,是指信托合同中约定的消除受托人特定行为责任的条款。[2] 鉴于信义义务的合同性质,受托人可与客户协商后参与 ESG 投资。然而,美国证监证会(SEC)发布警告,受托人参与 ESG 投资不能依赖批准的方式,且委托人签订免责条款时需谨慎。[3] 下文将重点分析受托人在不违反信义义务的基础上分别经授权、批准和免责三种方式参与 ESG 投资。

(一)授权

授权(authority),指由法律、公司或团体章程、法庭裁判等正式授予的可实施某行为的权力。[4] 信托设计本身决定受托人的职责和权利。基于信义义务具有合同性质和弱化倾向的讨论前提,原则上明确的信托文件条款可以允许受托人从事违反信义义务的行为。在美国矿工工会诉罗宾逊案中,[5]一项集体谈判协议决定增加丈夫去世时已领取养老金的配偶的福利,但丈夫在退休前去世的,其配偶的福利不增加。原告辩称,区分丈夫去世时已领取养老金的配偶和没有领取养老金的配偶与信托没有正当联系,因此是非法的。初审法院支持该论点,但最高法院认为,因为信托条款规定受托人必须执行集体谈判协议中规定的福利水平,与协议是否合理并无关

---

〔1〕 参见汪怡安、楼建波:《信托受托人免责条款效力探析——美国法的立场及其启示》,载《盛京法律评论》2020 年第 1 期。

〔2〕 在事实发生之前作出的受益人同意称为授权或批准,在事实发生后作出的受益人同意称为免除。

〔3〕 See *Letter from Kenneth C. Fang, Senior Counsel, SEC, to Heitman Capital Managerment*, LLC (Feb 12, 2007), available at http://www.sec.gov/divisions/investment/noaction/2007heitman021207.pdf.

〔4〕 参见薛波主编:《元照英美法词典》,法律出版社 2003 年版,第 119 页。

〔5〕 See Mine Workers v. Robinson, U. S. 562(1982).

联。美国判例法表明，只要信托条款不授权他人进行违反公共政策的非法活动或行为，那么就可以依约执行。这是源自判例法的基本授权原则，并且该原则允许受托人参与 ESG 投资，只要该投资不是非法行为或违反公共政策。由于信义义务本质上具有合同性质，投资顾问同样可以类似方式获得授权。具言之，投资顾问需向其客户充分披露 ESG 投资的风险，在基金招股说明书或发行备忘录中详细描述 ESG 投资将如何适用于该基金及其对投资者可能构成的风险，并确保客户了解后在合同中明确同意其参与 ESG 投资。

（二）批准

批准（approval），意味着认知及其后裁量权的行使。[1] 即使受托人的行为未经授权，但如果受益人在行为发生前明确表示同意该行为，在满足一定条件下受托人无需对该行为承担信托责任。[2] 然而，需注意的是，受益人仅仅不反对并不代表同意，以及受益人可以在越轨行为发生前撤回同意。如果有多个受益人，要免除受托人责任就必须得到所有受益人的同意。为使此类批准生效，受益人应了解所同意行为涉及的所有重要事实及受托人在该事项中的权利，并且不得阻止其行使这些权利。在亨肖案中，[3] 被告是代表破产客户的律师，试图以受益人同意作为辩护理由。客户拥有一个债务人持有账户（debtor-in-possession account，DIPA），法院要求其开设另一个单独账户，用以存储应纳税销售收益。客户并未遵循法院命令，而是将账户资金继续存入 DIPA 中。被告要求客户从 DIPA 账户中支付律师费，即使客户未经法院批准不得提取资金。事后，法院责令被告归还这笔款额。被告辩称，法院未能回应破产人早先将资金从财产账户中非法转移到 DIPA 的行为，意味着法院默许后来的违

[1] 参见薛波主编：《元照英美法词典》，法律出版社 2003 年版，第 87 页。

[2] See Restatement (Third) of Trusts § 78 cmt. c (3) (2007).

[3] See U. S. v. Henshaw, 388 F. 3d 738 (10th Cir. 2004).

规行为。但是,法院表示,批准原则的适用前提是仅在受益人知道所有重要事实的情况下。法院作为法律意义上的(税收)受益人之一,并不知道客户实施了非法转移支付律师费等重要事实行为。故而,被告律师不得以批准原则抗辩。

根据批准原则,若信托所有受益人都了解 ESG 投资,并明确表示同意,则在一定条件下参与 ESG 投资的受托人不会因违反信义义务而承担责任。但“同意”不能像亨肖案中那样仅仅表示不反对即可,而必须是所有受益人明确表示同意。

(三)免责

免责(exempt from liability)指不用承担根据法律或公正原则应履行的责任、义务(可因合同、侵权、纳税、触犯刑律等情况而产生,包括各种绝对的、偶然的或将来可能承担的并通过诉讼可以执行的责任、义务)。[1] 理论上,免责分为事前免责和事后免责,事前免责须通过信托条款明确约定,事后免责是受益人对受托人违反信义义务参与 ESG 投资的行为免予追究信托责任。需强调的是,仅在信托条款明确约定何种具体类型的违反信义义务行为不会使受托人承担责任的情况下,法院承认该免责条款的法律效力。[2] 信托条款可能为受托人提供不同于法律规定的投资权利和义务,甚至有人主张,通过信托条款免除受托人的忠实义务要求。正如《信托法重述(第三次)》所解释的那样,“受托人可根据信托条款明示或默示的授权,从事绝对忠诚原则禁止的交易”。[3] 当然,尽管免责信托条款可能会有不同的解释,但它们通常起控制作用,除非合规是不可能的或非法的,或者情况发生了变化,合规可能会挫败或严重损害信托目的的实现。信托条款可能会缩小允许投资的范围,在这种情况

---

〔1〕 参见薛波主编:《元照英美法词典》,法律出版社 2003 年版,第 841 页。

〔2〕 See Restatement (Second) of Trusts § 117 – 127cmt.

〔3〕 See Restatement (Third) of Trusts § 87 cmt. c. (2007).

下,如果受托人投资范围更广,受托人通常会违反信托。然而,公平地说,法院并不总是会竭尽全力执行限制受托人投资权力的信托条款。法院限制此类条款效力的一种方式是严格解释这些条款。或者如果信托条款要求受托人做不可能做到的事,例如投资一种不再可用的特定证券,受托人当然可以适当地做其他事。同样,如果由于托管人既不知道也没有预料到的情况,遵守信托条款会阻碍或严重损害信托目的的实现,法院可以允许或指示受托人偏离信托条款。更常见的情况是,信托条款试图扩大受托人的投资权力。在这种情况下,应判断信托条款是否扩大了允许投资的范围,如果是,扩大到什么程度,这是一个解释问题。当然,关于授权受托人在投资中行使酌处权的条款通常不允许受托人以谨慎的身份以外的方式进行投资。然而,信托条款可能会授权受托人进行谨慎的人不会进行的投资。这也是一个解释问题,法院可能会严格解释此类条款。但是,没有明确的政策规则阻止托管人提出与当地法律规定不同的投资议程。当信托条款授权受托人投资"证券"时,对这个词的含义的理解可能会出现各种问题。但非常清楚的是,使用"证券"一词通常并不限制受托人投资存在担保的债务;相反,它几乎总是包括无担保债务,如债券、信用债券和股票。判例法上关于信托免责条款较有影响力和有意义的判例分别是美国的佩林案和英国的阿米特奇案,下文将逐一展开。

1. 佩林案

在美国佩林案中诉讼的核心问题是信义义务是否可以经由当事人之间签署的信托文件予以免除。[1] 1971 年,山姆·佩林(Sam Perling)作为委托人设立信托,以其女儿作为受益人,公民和南方国家银行(Citizens and Southern National Bank, C&S)和金牌公司

〔1〕 See Perling v. Citizens & Southern National Bank, 300 S. E. 2d649, 674(Ga. 1983).

(Golden)作为共同受托人,信托不可撤销,但山姆·佩林保留更换受托人的权利。信托财产以 3000 股美国产业公司(United States Industries, Inc. , USI)构成,在信托成立时每股高达 24 美元,这些年来,股价一直在稳步下降,直到 1976 年最终以每股约 5 美元的价格售出。1978 年,C&S 和 Golden 被撤销受托人的资格,受益人对其提起诉讼,诉称受托人违反信义义务,在股价连年下降的情况下,仍保留 USI 股票作为唯一财产主体,疏于管理信托财产。让 C&S 和 Golden 担任受托人的原因在于该银行保证其能够使主体多样化并进行更安全的投资。C&S 和 Golden 辩称,根据信托条款的解释,只要受托人诚信行事,即没有欺诈行为,受托人就无需对损失承担责任。《信托法重述(第二次)》第 222 款规定,信托文书可以免除受托人违反信托的责任,但恶意(bad faith)、故意(intentional)或鲁莽(reckless)违反信托的除外。

该案大多数法官认为,在霍夫曼案中,[1]信托文书明确规定"任何受托人不承担证券价值贬值的责任"。法院据此认为信托文书的语言准确无误,放弃了受托人注意义务,即便不诚实或滥用自由裁量权,也不承担信托责任。在斯泰纳案中,[2]如果信托文本授权受托人保留股票,则不存在资产折旧责任,并明确表示受托人在保留股票的同时不存在价值折旧责任。也就是说,信托当事人可以通过信托文本授权受托人进行法律清单之外的投资的权利,而无需法院命令,以确保受托人自由进行更有利可图的投资。问题是,受托人的行为标准是什么?法官认为,如果信托文书解除了受托人的法定义务约束,但没有规定任何行为标准,则受托人有义务以处理自身事务时的判断和谨慎来管理信托财产。另一个需要考虑的问题是,

[1] See Hoffman v. First National Bank, 205 Va. 232 (1964).

[2] See Steiner v. Hawaiian Trust Co. , 47 Haw. 548, 393 P. 2d 96 (1964).

委托人是否可以免除受托人的注意义务？法官认为，只要信托文本的条款在表达意图时明确无误，就可免除受托人的注意义务。但即使如此，也不能放弃受托人善意行事的义务（忠实义务）。现在的任务是确定在本案中有争议的信托文本条款是否明确无误地表达了免除受托人的注意义务的意图。从文书的释义来看，意图的表达明确无误。“基于善意的任何投资都是正当的”（any investment retained in good faith is proper），可以简单理解为，只要不违反道德，任何投资都是合理的且无需承担责任。

然而，该案首席大法官希尔（Hill）不同意大多数人的意见，希尔法官认为，山姆·佩林希望以USI股票为其女儿建立信托，由C&S和Golden担任受托人。信托协议包括以下内容：“受托人基于善意的任何投资均为适当投资，尽管其种类、金额或比例未经法律授权适合受托人。”[1]多数人认为，上述措辞明确无误表达了委托人解除受托人谨慎行事义务的意图。但希尔法官并不同意。自1863年以来，美国法律规定“持有信托财产的受托人必须在保护信托财产方面尽一般努力”[2]。可以说，作为一个法律问题，正如大多数人所做的那样，委托人同意将信托财产委托给受托人，以便受托人能够明智而有效地为其女儿的利益管理大量资产，并且委托人明确放弃了行使普通照管的法定权利吗？希尔法官不这么认为。诚然，受托人可能已经获得这样的弃权。但常识表明，委托人不太可能在知情的情况下放弃普通照管权利，因此，正如大多数人所认识到的那样，法律明智地规定，任何此类弃权必须明确无误。希尔法官认为，此处所涉及的语言并不是明确无误地放弃坚持行使普通勤勉义务的法定权利。委托人同意的是，受托人只要善意行事，就不必承担责任。

---

〔1〕 Any investment made or retained by the Trustee in good faith shall be proper, although of a kind or in amount or proportion not authorized by law as suitable for the trustees.

〔2〕 See OCGA § 53－13－51.

“善意”是指无过失吗？当然，委托人不认为所使用的语言可能被解释为受托人不需要行使普通勤勉义务。毫无疑问，委托人希望得到睿智、分秒必争的关注，甚至是一定程度的运气，但委托人并没有达成使其有权这么做的协议。在希尔法官看来，受托人也不可能达成多数人认为受托人应该达成的协议。当然，问题是受托人是否能够做到这一点，受托人是否明确无误地这样做，希尔法官认为受托人没有这样做。而且，当法官们将委托人的意图作为法律事实加以确定时，法官们便有制造不公正之嫌，不允许受益人以简单权利去试图证明受托人未尽到普通勤勉义务。因此，希尔法官表示反对。

简言之，该案信托受益人诉称，受托人持续购入价值大幅下跌的信托股票，违反受托人的注意义务。受托人辩称，信托合同中有特定条款允许其持有股票，并免除其信托责任。法院据此驳回受益人诉求，支持受托人不承担信托责任。可见，美国法下关于受托人注意义务的免责条款有效，而免除受托人参与 ESG 投资造成损失责任的条款也可得到法院支持，因为该条款明确适用于具体某特定行为（如参与 ESG 投资）。

2. 阿米特奇案

英国阿米特奇案的主要问题涉及和解协议中受托人免责条款的真正含义以及此类条款在英国法中的合理性。1984 年 10 月，宝拉（Paula）的祖父根据 1958 年《信托变更法》向法院申请变更婚姻协议信托（the trust of the marriage settlement）。根据婚姻协议，宝拉的母亲是房产的终身租客，年仅 17 岁的宝拉是房产的拥有者。房产主要由一家名为 G. W. 职业护士有限公司（G. W. Nurse & Co. Limited）的家族公司的耕地组成。宝拉的母亲和祖母分别是该公司的唯一董事和股东。根据变更条款，受婚姻协议信托约束的财产在宝拉和她的母亲之间进行了分割。部分土地连同 230, 000 英镑完全免费转让给宝拉的母亲，并从婚姻协议的信托中解除。剩余的土地

("宝拉的土地")连同30,000英镑分配给了宝拉。由于宝拉尚未成年,其股份被指定以信托形式持有,该信托为维护其利益而运作。根据信托文件规定,受托人以信托形式持有财产,以积累收入,将信托收益定期支付给宝拉直到其年满25岁,此后直到宝拉年满40岁,受托人将信托财产分期转让给宝拉。宝拉起诉受托人违反信托,第一,受托人指定公司耕种宝拉以及转让给其母亲的土地。不仅没有区分宝拉的利益和其家人的利益,而且受托人故意无视宝拉的利益,将其置于其母亲或其他家庭成员的利益之下,而这些家庭成员并不是信托的对象;或者至少是有意识地漠视宝拉的利益。第二,受托人未能适当监督公司对宝拉土地的管理。第三,受托人未能对宝拉的土地价值在1984年为了分割进行估值之日至1987年出售之日之间明显大幅下跌的原因进行适当调查。第四,受托人未能向宝拉母亲支付适当的贷款利息。

被告辩称,信托文件第15条规定:"对于宝拉的基金或其他财产在任何时候因任何原因发生的任何损失,受托人概不负责,除非此类损失是由其受托人实际欺诈(actual fraud)造成。"第15条免除了受托人对信托财产损失的责任,无论受托人多么懒惰、轻率、不勤勉、疏忽或故意,只要其没有不诚实地行事。宝拉认为,信托文件第15条旨在排除除实际欺诈之外的所有责任的受托人豁免条款因令人反感或违反公共政策而无效。法官经审理认为,排除受托人违反信托的个人责任的条款有效,即使其意图限制受托人对重大过失的责任。在解释受托人义务的限制时,受托人对受益人负有不可减少的核心义务,并可由受益人强制执行,这是信托概念的基础。如果受益人没有对受托人强制执行的权利,则不存在信托。受托人为受益人的利益诚实、善意地履行信托的义务是赋予信托实质内容的最低必要义务。如果该条款旨在排除受托人因不诚实或欺诈行为而产生的信托违约责任,并且如果受托人确实存在不诚实或欺诈行为,则该条款将无效。也就是说,信托条款并不能排除受托人违反忠实义务的责任。[1] 此后部分判例对上述规则进行了进一步细化,如巴拉克洛案认为,受托人也可以被免除其鲁莽行为的责任。[2] 博格案则主张即便受托人是起草该条款的律师,也不构成对此类免责条款的否定。[3]

阿米特奇案明确了英国判例法下信托文书中限制受托人违反信托责任的条款有效,除非其旨在排除不忠实的责任或排除该人的核心受托责任。阿米特奇案反映的问题是,在实践中专业受托人知道在信托文书中拟定若干条款以排除其责任,进而逃避过失责任;鉴于不知道信托文书中包含此类条款的非专业受托人将因此对任何违反信托(包括疏忽过失)的行为承担全部责任。这使得专业受托人处于不合逻辑的优势地位。此外,如果受托人被要求本着良心行事,那么允许受托人粗心或疏忽似乎与忠实义务相违背。

英国枢密院在斯普雷德受托人有限公司案的上诉中审议了有关排除受托人责任的法律。[4] 1989 年在根西岛颁布的一项法令允许免除过失和重大过失的责任,但不包括欺诈或故意违约的责任。克拉克勋爵(代表多数人发言)承认,在某些情况下,英国法律确实区分了普通过失和"重大过失",这与米莉特法官在阿米特奇案中的观点相反。尽管如此,根据英国法律,自阿米特奇案以来,可以排除重大过失责任。

英国《2000 年受托人法》规定了受托人的法定注意义务,即"在特定情境下具有合理的技能和谨慎"。[5] "注意义务"与受托人的行为环境有关。如果受托人拥有或声称自己拥有任何特定的"特殊

[1] See Armitage v. Nurse [1998] Ch 241.

[2] See Barraclough v. Mell [2005] EWHC 3387.

[3] See Bogg v. Raper (1998/99) 1 ITELR 267.

[4] See Spread Trustee Co. Ltd. v. Hutcheson [2011] UKPC 13.

[5] See Trustee Act 2000 § 1(1).

知识或经验”，那么将根据这些因素推断受托人的注意义务。例如，作为股票经纪人或律师将比没有正式资格的受托人保持更高的标准。因此，如果受托人的职责需“在专业技能过程中”履行，那么注意义务要求此类专业人员需具备相关特殊知识或经验。需强调的是，信托文件可以明示或默示地取代《2000 年受托人法》的规定。因此，这种注意义务可能会受到信托条款明确约定的限制，甚至受到那些表明委托人意图排除注意义务的解释的限制。通常情况下，法定注意义务适用的主要场合包括：受托人根据《2000 年受托人法》行使“一般投资权”时（general power of investment）；[1]行使其他任何被授予的投资权时；履行《2000 年受托人法》规定的与行使或审查投资权有关的义务时。《2000 年受托人法》第 4 节规定了投资行为标准：（1）行使投资权力时必须遵守：①与拟进行或保留的任何特定投资以及该特定投资的同类投资对信托的适用性；②信托投资多样化的必要性（只要适合信托的情况）。（2）受托人应不时审查投资，并根据标准投资标准，考虑是否适当或应改变投资。（3）受托人还应考虑“投资组合理论”：投资不应孤立看待，而应作为整体投资战略的一部分。[2]

与之前的《1961 年受托人投资法案》所规定的形式主义不同，英国《2000 年受托人法》规定，“受托人可以进行任何类型的投资”，这在英国信托立法中被称为“一般投资权”。信托文书可能会对受托人进行投资的权力施加限制，而金融监管实际上可能会阻止被认为不太擅长进行投资的人进行某些类型的投资。在创建一般投资权时，《2000 年受托人法》还规定，该权利是信托文书中规定的任何权利之外的权利，也可以被任何此类信托文书排除。因此，委托人可

---

〔1〕 See Trustee Act 2000 § 3.

〔2〕 See Trustee Act 2000 § 4.

以阻止受托人进行特定形式的投资。该规定与此前已废除的《1961年受托人投资法案》不同,这意味着受托人在没有任何明确相反规定的情况下可以自由进行任何适当的投资,而受托人此前被认为在没有任何相反规定的情况下只能进行有限范围的投资。《1961 年受托人投资法案》要求受托人必须谨慎行事(with caution),当然,这一义务的效果是,受托人往往会非常谨慎地投资,因此不会为信托赚取巨额利润,除非信托文书排除其信托责任。因此,《2000 年受托人投资法》的目的是解放受托人,使他们能够在其管理的信托范围内适当行事。以合理的谨慎和技能行事的标准(with reasonable care and skill)意味着受托人可能承担比以前更大的风险,前提是他们所承担的风险水平在他们所管理的信托计划的背景下是合理的。例如,受托人以信托形式持有老年寡妇的唯一储蓄,则需要以不承担太多风险的方式进行投资;如果受托人受雇为专业股票经纪人,代表亿万富翁投资 5000 万英镑,并被明确指示尽可能多地赚取利润,预计将在风险市场进行投资,以便为亿万富翁受益人带来足够的利润。因此,英国《2000 年受托人法》从“谨慎”到“合理”的转变对受托人义务的概念化产生了巨大影响。

综上,基于信义义务具有合同性质,且有持续弱化的趋势,受托人可经由授权、批准和免责条款等方式来免除违反信义义务的法律责任,如参与 ESG 投资。但为维护信托制度赖以存在的价值基础,信义义务肆意弱化的趋势应当得到限制,最低限度的信义义务应当成为不可删减的核心。那么,信义义务的核心是什么?目前相关立法并没有确切答案,因为没有一个完整的清单列出所有受托人对所有受益人的义务。可以确定受托人应承担的一些关键义务,例如避免利益冲突和向受益人提供确定形式的信息,但尚未制定出一份适用于所有信托的明确清单。其中一个原因是受托人有能力在与委托人的合同中限制其对疏忽和其他错误的责任;另一个原因与大量信托有关，其中有具体的法律法规，如养老金信托，这些法规确定了受托人在这些特定情况下的义务的限度和范围。受托人不得不诚实行事，即使明确规定其义务的合同旨在排除其在履行职责过程中的不诚实责任。通过合同明确排除受托人的义务可以被认为是对受托人义务范围的一种有问题的测试。一方面，如果受托人同意采取行动的唯一依据是向受益人说明违反信托的责任将受到合同规定的限制，那么将义务强加给受托人是错误的。另一方面，如果要遵守受托人的严格义务，就基金价值的任何减少都要向受益人说明，则不应允许任何受托人在处理信托基金方面存在疏忽行为。

三、事后救济

原则上受托人违反信义义务参与ESG投资则需承担相应的责任。受托人承担信托责任能够弥补投资人的利益损失，使信托财产恢复到违反信义义务之前的信托状态，是ESG投资和信义义务之间冲突的事后协调方式。关于违反信义义务的认定，理论上有主观标准和客观标准，主观标准是指从受托人按约定履行受托事务时的主观心理状态出发，有无损害受益人利益的故意或恶意，行事动机是否单纯；客观标准则是将受托人履行受托人事务时的行为与同等情形下理性受托人的行为作对比，判断受托人行为是否符合受益人利益以及常规做法。英美法系以客观标准为主，以主观标准为辅，比如《美国统一信托法》第1001条和第1002条规定，受托人应当对信托财产的不适当处置或错误分配、侵吞信托财产或疏忽大意等行为承担责任，在此过程中，受益人仅需证明其利益因受托人违反信义义务的行为而被剥夺或产生实际损害结果即可提起诉讼，追究受托人责任。[1] 大陆法系则是相反，以主观标准为主，以客观标准为辅。

〔1〕 See Uniform Trust Code §1001&1002.

例如,《日本信托法》第 27 条和第 29 条、《韩国信托法》第 38 条和第 39 条、我国《信托法》第 22 条和第 32 条都规定,受托人未能分别管理信托财产或管理不善,致使信托财产遭受损害,或者违反信托目的处理信托财产,则应当承担赔偿责任。[1] 其中对受托人管理是否妥善、是否违反信托目的等要素的判断难有客观统一的标准,很大程度上取决于受益人综合各种信息后所得出的主观评价。

大陆法系国家一般规定违反信义义务的救济措施,包括利益归入、恢复原状和赔偿损失、行使撤销权等。第一,受托人因利用信托财产获益,则利益均归入信托财产。[2] 归入权的行使并不以受托人行为对信托财产造成损害为前提。事实上,不仅受托人利用信托财产获益的行为,利用受托人地位所获取信息和机会进而谋利的行为,其所获利益也应归入信托财产。也有学者主张,像英美法系一样,将归入权作为违反信义义务的一般救济措施,而不仅是对利用信托财产谋取利益损害债权人利益的救济方式,受托人侵吞受托财产、固有财产与信托财产交易、因在不同信托财产之间交易而获益等行为均为归入权适用对象。[3] 如果受托人获得任何未经授权的利润,则这些利润必须以推定信托的形式为受益人持有。这一原则意味着,即使受托人(如为受益人提供咨询的律师)在未经授权的情况下将自己的资金投资于同样涉及信托财产的交易,那么受托人获得的任何利润都将以推定信托的形式为该信托的受益人持有。[4] 该原则异常严格,因为其是根据冲突的可能性,而不是根据是否存在实际的利益冲突来衡量的。[5] 第二,赔偿损失。[6] 由于信托法对

[1] See Trust Act(Japan 2006) § 27&29、Trust Act(Korea 1961) § 38&39.

[2] 参见《信托法》第 26 条第 2 款。

[3] 参见赵廉慧:《信托法解释论》,中国法制出版社 2015 年版,第 324 页。

[4] See Boardman v. Phipps [1967] 2 A. C 46.

[5] See James Penner, *The Law of Trusts*, Butterworths, 1998. p. 276.

[6] 参见《信托法》第 27 条。

于信义义务基本围绕财产而规定,因而受托人的责任自然与信托财产的损失补救紧密相联。那么,信托法领域内如何在不重提与补救措施(remedy)相关的法律规则的前提下讨论受托人责任(救济措施)?较为妥适的解决方案是将补救措施与信托关系给委托人带来的风险的严重程度和针对该风险的替代保护措施联系起来。救济措施旨在补偿错误的受害者,并处罚违规者。这种解决方案有助于概括种类繁多的救济措施,并能浅显易懂地解释其基本原理。当然,这种解决方案还有助于合理规范救济措施的适用范围。[1] 需强调的是,针对违反信义义务的行为,救济措施并非唯一,法院在审判时也没有针对违反行为单独选择一种救济措施。损害赔偿可以与禁止未来从事某种行为方式的禁令相结合,甚至可以考虑扣减利润。违反信义义务的救济措施的正当性源自普通法上受托人的违约(如损害赔偿)和侵权(如惩罚性损害赔偿)。当然,不同于普通法上的违约和侵权,衡平法上违反信义义务的救济还在于维护信托关系中的信任因素,制止和威慑受托人不适当履行受托事务的行为。信义义务仅针对受托人,具有单向性,受益人没有监督受托人是否按照信托目的或受益人利益行事的义务或权利,因而信义义务比普通法上的任何义务都更为严苛些。[2] 第三,撤销权。受托人违反信托目的处分信托财产或因违反管理职责,处分信托财产造成损失的,委托人有权向法院申请撤销该处分行为。[3] 需强调的是,我国信托法规定撤销权的权利主体为委托人,而不是受益人,需与英美信托法的规定相区分。

英美法系背景下,受托人违反信义义务从事利益冲突交易的,

---

〔1〕 See Dan Dobbs, *Law of Remedies*: *Damages*, *Equity*, *Restitution*, 2nd Edition, WestGroup, 1993, p. 1 – 2.

〔2〕 See Leonard I. Rotman, *Fiduciary Law*, Tomson Canada Limited, 2005, 681.

〔3〕 参见《信托法》第22条。

补救措施与我国的规定大体相同。需要的补充的是,在英美信托判例法中,未经受益人同意以个人身份购买信托财产,视为受托人违反信义义务,即使交易在所有其他方面都无可非议。在这种情况下,受益人享有的几种替代补救措施具有类案指导价值。首先,如果受托人后来以更高的价格转售财产,受益人可以迫使受托人归还所得利润。[1] 如果受托人没有转售财产,或者如果受托人将财产转售给非善意购买人,受益人可以收回财产本身,以及财产转售过程中所获利润。[2] 但是,在没有实际欺诈的情况下,受托人有权保留或获得其为财产支付的金额及其利息,[3]以及受益人可以迫使受托人再次出售财产。[4] 其次,如果受托人以低于其价值的价格购买信托财产,受益人可以允许受托人保留该财产,但可以迫使受托人支付额外价款,即出售时财产的价值与最初购买价格之间的差额。当然,如果受托人已经支付公平的价格,受益人可以确认出售,因为如果财产的价值下降,受益人很可能希望出售财产,出售不是无效的,而是可撤销的。换句话说,当受托人未经受益人同意购买信托财产时,受托人不能从财产价值的增加中获利,而必须承担财产价值下降的损失。法院实施这一严格的规则是为了尽量减少受托人为了自己的利益而不是受益人的利益行事的诱惑。一旦受益人得知出售,受益人必须合理迅速地采取行动,要么确认出售,要么撤销出售。如果受益人不合理地拖延很长时间才提出反对,受益人将因懈怠或诉讼时效经过而被禁止行使撤销权。当然,不了解事实或法律上无行为能力的受益人将不会被禁止。

无论大陆法系还是英美法系中,受托人违反信义义务的补救措

---

〔1〕 See Obermaier v. Obermaier,470 N. E. 2d 1047(1984).

〔2〕 See Birnbaum v. Birnbaum,503 N. EY. S. 2D 451(1986).

〔3〕 See Broder v. Conklin. (1898) 53 Pac. 699.

〔4〕 See Morse v. Hill,136 Mass. 60 (1883).

施多与财产责任有关,尤以损害赔偿为主。衡平法上信托制度的损害赔偿制度最早可以追溯至《1858 年衡平法院改革法案》,又称为“卡恩斯勋爵法案”(the Chancery Amendment Act 1858),该案首次将实践中早已存在的救济方式法定化,因为衡平法院在该法案出台之前早已开始将损害赔偿作为救济措施。原则上,受托人违反信义义务的财产救济措施分为三个层次:第一,有义务恢复违反信义义务而转移的任何信托财产,即归入权。要求受托人收回违反信义义务而转移的任何财产是一种衡平法上的所有权救济,涉及收回以往以信托形式持有的财产,而不是任何替代财产,我国《信托法》第 26 条亦有所规定。如果信托计划损失一项特别贵重或有价值的财产,那么这种补救办法对受益人尤其重要。受托人将被要求交出其拥有或者控制的特定财产。在塔吉特案中,[1] 法官表示,违反信义义务应首先针对受托人个人提起诉讼,以收回信托财产。但是,如果原始财产已超出受托人控制或占有范围,则针对受托人的信托诉讼将转变为单纯的金钱损失诉讼,以从受托人个人处收回违反信义义务而滥用的特定财产的等价物。第二,如果原始信托财产无法追回,则受托人个人有义务以现金形式恢复或补足信托财产,这意味着受托人需向受益人支付与减少的信托财产数额相等的款额(或其他财产)。恢复信托财产的价值,其方式多为提供与因违反信义义务所产生的损失的财产价值相等的金钱或其他财产。受托人需支付的补偿金额是能将信托财产恢复到违反信义义务之前状态的金额。所需赔偿的金额是能将信托财产恢复到未发生违约时的水平的金额。换言之,第二种补救措施的关键是恢复信托财产价值所需的金额。需强调的是,因违反信义义务而遭受损失的个人赔偿与收回相当于信托财产价值的损失赔偿之间存在差异。至于损失赔偿

---

〔1〕 See Target Holdings Ltd. v. Redferns [1995] UKHL 10.

的具体方式,除直接支付现金外,还存在多种形式,比如以允许房产、车辆、贵金属等等价物进行赔偿,赔偿价值必须等于受益人能够证明的因违反信义义务而造成的财产损失,从而使信托财产恢复到之前状态,包括信托财产的性质、信托财产随后可能遭受的任何损失等。第三,受托人需赔偿受益人因违反信义义务遭受的任何其他损失。

至于在违反信义义务诉讼的抗辩事由方面,大陆法系与英美法系存在明显差异,衡平法与普通法也有所不同。在国民西敏银行案案中,[1]受托人对违反信托的索赔有很好的抗辩理由,其依据是,受托人未能从信托投资中产生足够的利润,受托人所做的与其他处于相同地位的受托人在金融市场上所做的一样。如果受益人同意受托人的行为或同意免除受托人的违约责任,以上依据也是一种很好的抗辩。如果信托文书中有一条款排除或限制受益人起诉权利,受托人同样有很好的抗辩理由。尽管受托人不得被免除其对不诚实行为的责任,但他们可以通过这种方式免除其对一般过失的责任。英国《1925 年受托人法》第 61 条甚至明文规定,如果法官认为受托人“行为诚实、合理,并且应该因违反信义义务而得到公平的免责”,则法院可以免除受托人的责任。[2]

第二节　ESG 投资与忠实义务的具体协调方式

ESG 投资与忠实义务的冲突在各国家或地区的信托法、慈善法和养老基金法中都有所体现。ESG 投资与信托法中的忠实义务体

---

〔1〕 See National Westminster Bank plc [1992] EWCA Civ 12.

〔2〕 See Trustee Act 1925 § 25.

现为:信托自治的边界问题,即当受益人的经济利益服从于附属利益时,是否已经突破私人信托目的性质的界限?以及私人信托中所有受益人的授权同意、授权的时间范围难以确定等问题。ESG 投资与慈善法中忠实义务的冲突体现在:慈善信托受托人多为信托公司,需积极承担社会责任,然而相较私人信托,慈善信托受托人参与和慈善目的不相符的 ESG 投资需满足极为严苛的条件。ESG 投资与养老基金法中的忠实义务的冲突体现在:养老金信托中存在适当时间范围内两个或两个以上的风险和回报属性相同的投资选项,受托人可以考虑将附属利益因素作为投资选择的决定性因素,这种平局决胜的立场与唯一利益原则相冲突。

一、ESG 投资与信托法中忠实义务的协调

第一,信托自治的边界问题,私人信托的委托人可以在多大程度上将非慈善目的(附属利益)置于受益人的利益之上?也就是说,如果信托条款允许将受益人利益从属于非慈善目的(附属利益),将引发这样一个问题,即信托自治的限度及其限制问题。针对该问题,美国普通法的答案是区分许可性条款和强制性条款。一方面,即使不分散投资是鲁莽的,那么保留未分散投资组合的许可授权也不能免除受托人的责任。受托人有意保留资产而不考虑多样化,行使这一权力也必须谨慎,并符合受益人的最佳利益。以此类推,即使信托条款中有授权附带利益型 ESG 投资的规定,受托人仍需接受最佳利益的公平交易测试。如果附带利益型 ESG 投资计划通过实质性牺牲回报或增加风险的方式损害受益人的利益,则受托人将无法通过最佳利益的公平交易测试。[1] 另一方面,关于不分散投资的强制授权,美国普通法的答案是,受托人必须遵守授权,除非这样做

---

〔1〕 See Uniform Prudent Investor Act Section § 5 cmt.

会损害受益人。如果遵守将导致对信托或受益人产生实质性损害，受托人是否遵守信托条款(指导或限制受托人的投资)将取决于法院的判定。[1] 需注意的是，上述分析根据的是美国的普通法规则，如《信托法重述(第二次)》和《美国统一信托法》。但是，关于理论上委托人平衡受益人利益和其他利益的自由界限究竟在哪里，仍存在争议。美国一些州，包括著名的特拉华州，[2]已经颁布背离普通法的法令，允许强制执行委托人的不分散化投资的指示，[3]或者允许信托用于各种非慈善目的。[4] 这些州的法令可能会授予委托人更广泛的自由来平衡其他利益，包括可能更倾向于从 ESG 投资中获得的附带利益，而不是受益人的利益。2018 年，特拉华州成为第一个通过颁行法令处理授权 ESG 投资的信托条款的州。[5] 修订后的《特拉华州信托法》(Delaware Trust)使得规定"可持续或社会责任投资战略"的信托条款具有强执行性，不管是否考虑投资业绩。[6] 从字面上理解，该条款偏离了美国普通法规则，使授权或免责条款具有强制执行性，可以出于道德或伦理原因，牺牲投资回报以追求其他利益，允许受托人参与 ESG 投资计划。

第二，关于私人信托中多个受益人关于 ESG 投资的授权同意、授权的时间效力难以确定的问题。多个受益人之间往往存在利益冲突，比如终身受益信托中未成年受益人与成年受益人之间可能存在的表达能力差异和利益冲突。多个受益人在集中授权同意参与 ESG 投资可以使受托人免于追责的时间也是一个悬而未决的问题。

---

〔1〕 See Restatement (third) of trusts § 66(2).

〔2〕 See Robert H. Sitkoff & Max M. Schanzenbach, *Jurisdictional Competition for Trust Funds: An Empirical Analysis of Perpetuities and Taxes*, 115 The Yale Law Journal 356(2005).

〔3〕 See Del. Code tit. 12 § 3303(a)(3).

〔4〕 See Del. Code tit. 12 § 3356(a).

〔5〕 See Del. Code Ann. tit. 12.

〔6〕 See Del. Code tit. 12 § 3303(a)(4).

2018 年,美国新颁行的《特拉华州信托法》规定,受托人可以考虑(may take into account)受益人的财务需求和个人意愿,包括受益人想参与的 ESG 投资,或其他价值投资。[1] 换言之,如果参与 ESG 投资是受益人的个人价值取向或愿望,则受托人可以理解为允许附带利益型 ESG 投资。但也存在这样的顾虑,受托人"可以考虑受益人的个人意愿",但并不意味着允许受托人违背信托条款和信托目的。《特拉华州信托法》作为世界范围内较为先进的信托法,同样未能就受益人意见分歧和授权免责时间的问题给出清晰答案。但可以肯定的是,受益人的个人意愿与信托目的或信托条款一样影响着受托人的投资决策。笔者认为,受益人的意见分歧问题可参照公司治理结构的资本多数决方式来解决。通常而言,决策方式分为全数决、多数决和少数决,是指组织作出决议时,将全体成员的全部同意表示、多数同意表示或少数同意表示作为决策依据。多数决根据所需同意的成员数量的多少可分为简单多数决和绝对多数决。简单多数决是指超过 1/2 成员的多数同意,绝对多数决是指以一个限定的超过 1/2 的多数同意表示为决策依据。[2] 研究表明,多数决比全数决更能够节约决策成本,多数决作出正确决策的概率高于少数决。[3] 理想的受益人分歧解决模式是将受益人群体多数意见作为整体意见。那么,将怎样的同意比例限制视为多数同意较为妥当?笔者认为,以信托利益的 2/3 以上的受益人的意见作为整体意见较为妥当。首先,简单多数决(1/2 以上意见)虽具备一定经济效率,但未能充分顾及多数受益人的意见与合法权益,并非最优安排。其次,将信托利益份额而非受益人总人数,作为分母较为合适。我国

---

〔1〕 See Del. Code tit. 12 § 3302(a)(2019).

〔2〕 参见刘杰勇:《已预售商品房项目转让中预购人权利保护的模式选择——以 11 省(市)商品房管理条例为分析对象》,载刘云生主编:《中国不动产法研究》2021 年第 1 辑,社会科学文献出版社 2021 年版。

〔3〕 参见余锋:《国际组织中的多数决新解》,载《时代法学》2011 年第 1 期。

《公司法》采用资本多数决原则，即以股东持有的表示同意的“股份数”的多数为决策依据，而非股东人数。[1]“基于私法自治原则，公司决议如同公司章程一样，其合法性取决于其正确性，而正确性的标准在于票数——以全票或多票通过的，视为正确。”[2]资本多数决原则的合理性在于，资本市场中回报必然与风险程度成正比，为补偿受益人承担的风险代价，需确认投资回报率与投资风险系数之间的正比关系，而想要确保投资回报，又必须赋予受益人与其收益数额相适应的表决权。[3]资本多数决运用得当能够有力地保障公司经营决策机制的高效运行，[4]具有一定的借鉴意义。受益人群体存在意见分歧时，以其拥有的信托利益份额做作为“股份总数”，信托利益的绝对多数视为全部受益人的整体意见。既节约决策成本，避免集体决策难题，也可提升决策效率。至于对未成年受益人权益的维护，可以引入私益信托监察人制度解决。我国《信托法》仅规定公益信托监察人，对私益信托可否设立监察人并未提及。作为受益人代表，私益信托监察人具有监督受托人、保持信托生命力、提供专业咨询和维护受益人利益的作用。[5]引入私益信托监察人制度后，未成年受益人的权益可由私益信托监察人予以保障。至于授权的时间效力问题，笔者认为，只要授权协议满足合同生效要件，则具有法律效力，不因授权时间长短而改变。当然，法律另有规定或者当事人另有约定的除外。[6]如果授权时间过后，缔约条件发生变化，信

---

〔1〕参见刘杰勇：《世行营商环境视域下新股优先认购权的模式选择》，载《金融法苑》2020 年第 4 期。

〔2〕参见邵万雷：《德国资合公司法律中的小股东保护》，载梁慧星主编：《民商法论丛》第 12 卷，法律出版社 2000 年版。

〔3〕参见刘俊海：《股份有限公司股东权的保护》，法律出版社 2004 年版，第 507 页。

〔4〕参见马明生、张学武：《资本多数决的限制与小股东权益保护》，载《法学论坛》2005 年第 4 期。

〔5〕参见楼建波、刘杰勇：《论私益信托监察人在我国的设计与运用》，载《河北法学》2022 年第 3 期。

〔6〕参见《民法典》第 502 条。

托当事人可以协商一致后变更相应条款。

二、ESG 投资与慈善法中忠实义务的协调

我国《慈善法》第 44 条和《慈善信托管理办法》第 2 条规定，受托人需基于慈善目的管理信托，而非基于一个或多个受益人的意志。慈善信托受托人进行 ESG 投资存在两种情况：第一，当慈善信托受托人所进行的 ESG 投资符合慈善目的，则不存在冲突，比如马云公益基金旨在促进人与自然、人与社会的和谐发展，其受托人进行购买绿色债券、节能环保技术研发等 ESG 投资并不违背慈善目的。第二，慈善信托受托人进行与慈善目的不相符的 ESG 投资时，将与忠实义务相违背，该如何协调？比如扶贫基金受托人参与致力于环境保护的相关投资。

相较私人信托，慈善信托受托人参与与慈善目的不相符的 ESG 投资需满足更为严格的条件。第一，慈善基金的目的与某项 ESG 投资的目的不相一致。第二，信托条款允许受托人考虑 ESG 投资类别。第三，慈善受托人的行为不能损害慈善机构的声誉。第四，慈善受托人忽略部分慈善捐赠者的意见，这些人可能出于某些原因认为投资与慈善目的不符，继续参与投资可能会使慈善捐赠者不愿意继续捐赠。第五，符合交易公平性测试的司法审查要求，且这样的投资过程不会涉及重大财务损害风险。换言之，只有当两项投资财务回报基本相当时，受托人才能基于个人对酒精、烟草或武器的厌恶等理由在两者之间进行选择。受托人不得任意采取 ESG 投资政策，如果信托文件中没有委托人的指示，受托人应考虑可能影响投资的任何风险，并将其与投资收益相平衡。典型例子如，在 1994 年之前，受托人认为种族隔离对南非的投资构成不适当的政治风险，如果受托人真的考虑该问题，并本着诚意决定为其利益而避免这些

风险,就很难让受托人承担拒绝将其基金暴露于此类风险的责任。同样,例如,受托人可以考虑公众情绪对烟草行业未来的可能影响,或者考虑到公众情绪对啤酒厂、酿酒厂或军事设施价值的可能影响,以及其他不受信任投资者的社会或道德观点的影响,只要所获得投资回报与其他类型投资相当即可。

三、ESG 投资与养老基金法中忠实义务的协调

《养老基金法》规定受托人必须以受益人的经济利益为唯一目的参与 ESG 投资,掺杂附属利益的 ESG 投资需要考虑受益人经济利益以外的利益,如环境保护、性别平等等,这与我国《养老基金法》下的忠实义务要求相冲突。风险回报型 ESG 投资则不受影响。但还可能存在一种情况,即当 ESG 因素涉及商业风险时,受托人将这些因素与其他经济因素一样视为经济因素进行考量,此时 ESG 因素属于影响受益人投资回报的经济影响因素,而非附属利益的影响因素。这种情况下 ESG 投资是否与《养老基金法》中的忠实义务存在冲突?以美国劳工部公告为参考,美国劳工部在 2018 年 4 月发布的公告中指出:“由于每项投资都必然导致放弃其他投资机会,因此不允许受托人牺牲投资回报或承担额外的投资风险,以此作为利用投资促进共同社会政策目标的手段……但是,当相互竞争的投资同样符合计划的经济利益时,受托人可以将这些 ESG 因素作为投资选择的平局破坏者……如果受托人仅基于经济因素(包括环境、社会和治理因素)审慎地确定投资是适当的,则受托人可以在不考虑投资可能带来的任何附带利益的情况下进行投资。”公告接着指出:“在做出决策时,受托人不得过于轻易地将 ESG 因素视为与特定投资选择相关的经济因素。相反,养老金信托受托人在提供退休福利时必须始终将计划的经济利益放在首位。受托人对投资经济性的评估

应侧重于对投资回报和风险有重大影响的金融因素。"[1]养老金信托中存在适当时间范围内两个或两个以上的风险和回报属性相同的投资选项时,受托人可以考虑将附属利益因素作为投资选择的决定性因素,[2]这种平局决胜的立场与唯一利益原则相冲突。因为唯一利益原则对受托人的要求是不受任何第三人利益或实现信托目的以外的其他动机的影响。[3] 此外,即便存在两种或两种以上在适当时间范围内回报和风险相等的投资选择,基于分散投资组合理论,受托人也应该对所有投资选项进行投资。"鸡蛋不能都放在同一个篮子里。"分散投资能够在不损失投资组合预期回报的情况下降低整体投资组合的风险。如果两家公司具有相同的投资风险和回报,那么同时投资更具效率。当然,以上是在流动的资金充足的情况下得出的结论。然而,即便受托人声称两个投资项目基本相同,但出于流动资金或其他交易成本的原因,仅能投资一个项目。在这种情况下,唯一利益原则仍然不允许受托人考虑附属利益来打破投资选择的僵局。再者,平局决胜的立场容易为受托人违反唯一利益原则的行为提供辩护,与《养老基金法》的立法意图相违背,与大资管背景下的预防政策和监管措施不符。

综上,养老基金信托中仅允许进行回报型 ESG 投资。当 ESG 因素成为经济影响因素,且在适当范围内存在两项或两项以上的风险和回报属性基本相同的投资选择时,唯一利益原则不允许受托人将附属利益因素作为决定性考虑因素。需强调的是,慈善信托受托人参与和慈善目的不相符的 ESG 投资需满足一定的条件。第一,受托人所参与的 ESG 投资和慈善信托的目的不同。第二,符合最佳利益原则的公平交易测试的司法审查要求。第三,投资回报基本相当,不涉及重

[1] See DOL, FAB 2018-01, p. 2.

[2] See DOL, FAB 2018-01, p. 2.

[3] See Restatement (Third) of Trusts § 78(1) cmt. f.

大财务风险。除这三个条件外,作为慈善信托的特殊需求,受托人参与和慈善信托目的不相符的 ESG 投资不得损害慈善机构的声誉。

第三节 ESG 投资与注意义务的具体协调方式:以 ESG 信息披露为中心

第二章的实证研究表明:ESG 表现(environmental, social and governance performance)与企业财务绩效(corporate financial performance)之间的关系并不确定,存在积极关系、消极关系、中性关系和混合关系等多种可能性,甚至在进行系统叙述式文献综述的实证研究分析后,发现 ESG 表现和财务绩效存在轻微消极关系。导致 ESG 表现和财务绩效之间关系的研究结果混乱的原因可能包括 ESG 表现和财务绩效的不同衡量标准、研究背景和时期不同、样本大小和所属行业差异等;这也意味着,ESG 投资与非 ESG 投资能够获取同等经济效益的假设本身存疑。而无论大陆法系的善管注意义务还是英美法系的谨慎投资义务,都要求受托人在信托投资中运用合理的技能和注意进行投资,履行必要的调查和判断等投资程序,综合考量投资风险和回报,进行建设性投资。

当所参与的 ESG 投资项目中 ESG 表现和财务绩效之间呈现积极关系时,受托人符合谨慎投资义务的要求。美国《信托法重述(第三次)》第 227 条规定谨慎投资人规则的注意义务包含注意(care)、技能(skill)、谨慎(caution)三个方面内容,根据美国的信托法理论,[1]"注意"指在管理信托的过程中,勤勉和积极地尽到合理的努

〔1〕 See Edward C. Halbach & Jr, Trusts, *Gilbert Law Summaries*, Thomas/West, 2008, p. 176.

力。“技能”指要全部达到这种受托人所要求的能力水平。“谨慎”指需要不仅要注意信托财产的安全,还有必要注意信托财产的合理收益。[1] 简言之,受托人应保管好信托财产,并对信托财产进行建设性使用(如谨慎投资和管理),公平行事(考虑不同受益人的不同利益)。当经评估后所参与的某项 ESG 投资项目中的 ESG 表现和财务绩效之间呈现积极关系时,受托人满足注意义务中的“谨慎”要求,即所投资项目能够产生合理收益。

当所参与的 ESG 投资项目中的 ESG 表现和财务绩效之间呈现中性关系或消极关系时,受托人存在违反谨慎投资义务的行为。如前所述,谨慎投资义务要求受托人管理信托财产并进行建设性使用,能够产生合理收益,而所参与的投资 ESG 项目未能产生合理投资回报,甚至会导致信托财产的亏损,那么受托人显然违反了谨慎投资义务。事实上,受托人的谨慎投资义务标准是客观标准,不以受托人尽到主观标准要求的职责而免责。[2] 谨慎投资义务不以具体个体的能力为基准,而是考虑到受托人所属的社会阶层、经济地位和职业属性等因素,按照这类群体所应具有的一般的、客观的注意义务作为判断的标准,尤其是当受托人是信托公司等机构时,则其应以更高的专业行为标准作为前提来管理信托。对具有专业投资人的能力和经验的受托人,应该采取更高的谨慎投资行为标准。也就是说,如果所参与投资 ESG 项目未能产生合理投资回报或产生亏损,则不管受托人主观上是否有违反谨慎投资义务的过错,只要结果上所参与的 ESG 投资项目未能产生合理收益或产生亏损,则受托人即违反谨慎投资义务。

当所参与 ESG 投资项目中 ESG 表现和财务绩效之间呈现混合

〔1〕 参见赵廉慧:《信托法解释论》,中国法制出版社 2015 年版,第 331 ~ 332 页。

〔2〕 See Gary Watt, *Trusts and Equity* (5th *edition*), Oxford University Press, 2012, p. 369.

关系时，比如环境(E)要素表现良好则会提升企业市值，社会(S)要素表现良好则损耗企业财务绩效，在这类混合关系的情境下，受托人是否违反谨慎投资义务的关键在于所参与 ESG 投资项目能否产生合理收益。然而，目前 ESG 表现与财务绩效之间关系的研究结论混乱不一，即便采用系统叙述式文献综述的实证研究方式，所得出的结论也具有局限性。较为妥当的解决方案是缩小范围、降低难度，将 ESG 表现和财务绩效之间关系的研究放到具体个案中去探讨，比如某省某钢铁企业近 5 年来 ESG 表现和财务绩效之间的关系。

无论大陆法系的善管注意义务还是英美法系的谨慎投资义务，都要求受托人在信托投资中运用合理的技能进行投资，进行必要的调查和判断等投资程序，综合考量投资风险和回报，进行建设性投资，产生合理收益。然而企业 ESG 表现与财务绩效之间的关系并不确定，存在积极关系、消极关系、中性关系和混合关系等多种可能性。这也意味着，对于受托人参与 ESG 投资是否符合谨慎投资义务并不确定，受托人甚至可能会违反该义务。如果存在积极关系，则二者并不冲突；如果存在其他关系，则二者存在冲突。那么，如何明确 ESG 投资与注意义务冲突与否？为此，本部分内容拟以 ESG 信息披露为中心，解析 ESG 信息披露应对 ESG 投资与注意义务之间的冲突的功能，讨论我国 ESG 信息披露的制度现状与实践问题，并探索 ESG 信息披露在我国的构建与运用。

一、ESG 信息披露的功能解析

受托人应保管好信托财产，并对信托财产进行建设性使用(如谨慎投资和管理)，公平行事(考虑不同受益人的不同利益)。当经评估后所参与的某项 ESG 投资项目中的 ESG 表现与财务绩效之间呈现积极关系时，受托人满足注意义务中的“谨慎”要求，即所投资项目能够产生合理收益。当所参与 ESG 投资项目中 ESG 表现与财务绩效之间呈现消极关系时，受托人存在违反注意义务的行为。注意义务要求受托人管理信托财产并进行建设性使用，能够产生合理收益，而在所参与的投资 ESG 项目未能产生合理投资回报，甚至导致信托财产的亏损时，那么受托人显然违反了注意义务。事实上，受托人的注意义务标准是客观标准，不以受托人尽到主观标准要求的职责而免责。[1] 注意义务不以具体个体的能力为基准，而是考虑到受托人所属的社会阶层、经济地位和职业属性等因素，按照这类群体所应具有的一般的、客观的注意义务作为判断的标准，尤其是当受托人是信托公司等机构时，则其应以更高的专业行为标准作为前提来管理信托。对具有专业投资人的能力和经验的受托人，应该采取更高的谨慎投资行为标准。也就是说，如果所参与投资 ESG 项目未能产生合理投资回报或产生亏损，则不管受托人主观上是否有违反注意义务的过错，只要结果上所参与的 ESG 投资项目未能产生合理收益或产生亏损，则受托人即违反注意义务。还可能存在一种情况是，当所参与 ESG 投资项目中 ESG 表现与财务绩效之间呈现其他关系时，比如环境（E）要素表现良好则会提升企业市值，社会（S）要素表现良好则损耗企业财务绩效，在这类混合关系的情境下，受托人是否违反谨慎投资义务的关键在于所参与 ESG 投资项目能否产生合理收益。导致 ESG 表现与财务绩效之间关系的研究结果混乱的原因可能包括企业 ESG 表现与财务绩效的不同衡量标准、研究背景和时期不同、样本大小和所属行业差异等。也就是说，目前无法得出关于 ESG 表现与财务绩效之间关系的确切判断。较为妥当的解决方案是缩小范围、降低难度，将 ESG 表现与财务绩效之间关系的研究放到具体项目中去探讨。

---

〔1〕 See Gary Watt, *Trusts and Equity* (5th *edition*), Oxford University Press, 2012, p. 369.

然而,新的问题是,如何评估 ESG 表现对财务绩效的影响?实证研究中测量企业财务绩效的指标选用机制和衡量标准都相对成熟且固定,而准确评估 ESG 表现方面仍然存在障碍,主要原因在于我国 ESG 信息披露制度不尽完善,存在披露信息质量欠佳、披露信息可比性弱、披露信息的真实性难以验证等问题,[1]导致评估机构难以获取权威可靠的 ESG 信息,进而影响其客观公正评估公司的 ESG 表现情况。可见,正确评估具体项目中 ESG 表现与财务绩效之间的关系,明晰受托人违反注意义务与否,完善 ESG 信息披露制度是关键。

值得强调的是,完善 ESG 信息披露制度不仅可以为量化 ESG 表现与财务绩效之间关系提供权威数据和衡量标准,还可以推动公司合规改革。监管机构依靠公司披露 ESG 信息识别潜在违法行为,并制定相应法律规范阻止公司反社会行为。以爱彼迎(Airbnb)为例,爱彼迎是私人控股公司,不受美国联邦证券法规制,无需履行强制信息披露义务。爱彼迎提供的房间比许多世界级连锁酒店都多,但监管机构对其内部运营知之甚少,并渴望获得有关爱彼迎的数据,以至于向一位计算机业余爱好者购买。[2] 爱彼迎不是一个孤例。如果这些公司定期披露其运营的基本信息,包括业务范围和法律纠纷记录,政府部门或许能够制定和实施更有效的监管计划,将潜在问题提前解决。此外,ESG 信息披露允许公众协助监管公司活动,揭露虚假报告。如果公司披露虚假报告信息,了解真相的公众可能会发现公司的违规行为并进行揭发。ESG 信息披露同样使律师更容易识别侵权行为及其受害者,使受害者能够共享信息并相互协调。学者、记者和其他公众群体也可以分析公开披露 ESG 信息,

---

〔1〕 参见彭雨晨:《强制性 ESG 信息披露制度的法理证成和规则构造》,载《东方法学》2023 年第 4 期。

〔2〕 See Olivia Carville & Meet Murray Cox, *The Man Trying to Take Down Airbnb*, BLOOMBERG, https://www. bnnbloomberg. ca/meet-murray-cox-the-man-trying-to-take-down-airbnb-1. 1263088, last visit on March 15, 2024.

并可能会向原本不情愿的立法者施加压力,要求其采取行动防止或惩罚反社会行为。同理,监管机构也可以识别违法行为或其他需要额外监管的领域。更深层次的理解是,ESG信息披露能够加强对公司行为的社会控制。虽然公司管理者会严格遵守监管机构制定的问责机制,但经由ESG信息披露,公司管理者还将受到舆论和公众的监督,谨慎行事。非法或不道德行为被揭露将使公司面临法律责任和社会谴责,这有助于防止管理层从事违规生产经营活动。因此,ESG信息披露有助于确保公司管理者遵守远超金融领域的其他法律,保护公众免受反社会行为的影响。

二、我国ESG信息披露的现实状况

通过获取高质量的ESG信息披露,以基金经理为主的受托人能够客观评估特定ESG投资项目中企业财务绩效与ESG表现之间的关系,进而避免违反注意义务。ESG信息披露作为我国信息披露制度体系的重要组成部分,最早由中国证监会于2002年发布的《上市公司治理准则》第88条提出,要求披露对利益相关者决策有实质性影响的信息。经过20多年的制度演变,我国ESG信息披露制度仍存在一些实践问题亟待解决。

(一)我国ESG信息披露的制度现状

世界范围内的ESG信息披露主要存在自愿披露、鼓励披露和强制披露三种形式。第一,自愿披露。公司主动披露ESG信息的动因来自经济性激励,ESG信息披露有助于提升公司价值。根据声誉约束机制,公司为建立良好声誉与正面形象,会积极向利益相关方披露ESG信息。[1] 第二,鼓励披露。监管部门鼓励公司披露ESG信

---

〔1〕 See Soleimani Abrahim, William D. Schneper & William Newburry, *The Impact of Stakeholder Power on Corporate Reputation: A Cross-country Corporate Governance Perspective*, 25 Organization Science 991 (2014).

息,并逐渐要求一些公司强制披露 ESG 信息公司。披露 ESG 信息的激励从经济性激励向合法性激励逐渐过渡,并随着制度压力的递增,合法性激励的影响越来越大。第三,强制披露。监管部门强制要求公司披露 ESG 信息。公司披露 ESG 信息的动因主要来自合法性激励。

目前我国 ESG 信息披露主要以自愿披露为主,以强制披露为辅。[1] 在中国证监会层面,ESG 信息披露制度首次规定于《公开发行证券的公司信息披露内容与格式准则第 2 号——年度报告的内容与格式》(2012 年修订)第 25 条,鼓励上市公司积极披露履行社会责任信息。此后,中国证监会不断调整和完善了 ESG 信息披露规则。2018 年修订的《上市公司治理准则》第 95 条明确要求上市公司披露环境信息、履行扶贫等社会责任信息。《公开发行证券的公司信息披露内容与格式准则第 2 号——年度报告的内容与格式》(2021 年修订)是我国目前 ESG 信息披露制度最主要的规范文件,其增设"环境和社会责任"和"公司治理"两个章节,鼓励上市公司主动披露履行社会责任信息。在交易所层面,深圳证券交易所、上海证券交易所持续推进上市公司 ESG 信息披露。深圳证券交易所、上海证券交易所分别于 2006 年和 2008 年发布《深圳证券交易所上市公司社会责任指引》和《关于加强上市公司的社会责任承担工作的通知》,鼓励上市公司定期对外披露社会责任报告。2019 年上海证券交易所发布《科创板股票上市规则》第 4.4.1 条第 2 款规定,科创板上市公司应在年度报告中披露履行社会责任情况,以及违背社会责任的重大经营事项。2022 年上海证券交易所发布《关于做好科创板上市公司 2021 年年度报告披露工作的通知》,要求在年度报告中披露

[1] 参见彭雨晨:《ESG 信息披露制度优化:欧盟经验与中国镜鉴》,载《证券市场导报》2023 年第 11 期。

ESG 相关信息，并视情况单独编制和披露 ESG 报告。2023 年年底，深圳证券交易所发布《上市公司自律监管指引第 1 号——主板上市公司规范运作（2023 年 12 月修订）》的第 8.4 条和第 8.7 条规定“深证 100”样本公司应当在年度报告披露的同时披露社会责任报告，包括公司年度资源消耗总量、排放污染物种类和数量等 9 项自愿披露的环境信息。从事火力发电、钢铁冶炼等环境影响较大行业的上市公司应当披露其中至少 7 项环境信息，尤其是环保投资和环境技术开发方面信息。

需要强调的是，鉴于环境保护问题具有更强的社会公益特性，我国早在 2003 年便开始建立一定范围内的企业环境信息披露制度，[1]并通过《上市公司环境信息披露指南》（征求意见稿）（2010）、《关于构建绿色金融体系的指导意见》、《半年度报告的内容与格式》等规范文件，逐步建立和完善上市公司强制性环境信息披露制度，明确上市公司披露环境信息的义务，实施差异化的信息披露框架，对重点排污单位的上市公司执行更严格的环境信息披露要求。

总体而言，我国现行 ESG 信息披露制度主要由中国证监会行政监管规则和深圳、上海证券交易所的自律监管规则共同构成，主要适用于上市公司，依赖上市公司 ESG 报告，[2]凸显自愿性强、强制性弱的特征。[3] 除环境信息外，其他 ESG 信息披露的相关监管规则多以原则性和概括性话语进行描述，对披露内容缺乏细致化要求，比如《公开发行证券的公司信息披露内容与格式准则第 2

〔1〕 原国家环境保护总局《关于企业环境信息公开的公告》（2003）强制要求被列入名单的企业依法披露环境保护方针、污染物排放总量、环保守法记录等信息。

〔2〕 从形式或命名方式上看，ESG 信息披露多以“社会责任报告（CSR）”“环境、社会及管治报告（ESG）”“可持续发展报告”“环境报告书”“ESG 信息披露报告”等命名，为行文方便，本书以 ESG 报告统称类似概念。

〔3〕 参见冯果：《企业社会责任信息披露制度法律化路径探析》，载《社会科学研究》2020 年第 1 期。

号——年度报告的内容与格式》(2021 年修订)第 42 条鼓励上市公司披露“职工权益保护”信息,但具体指的是薪资待遇、性别平等还是工作环境并不确定。

(二)我国 ESG 信息披露的实践问题

第一,披露公司数量偏少且分布不均。近年来,发布独立 ESG 报告的上市公司数量呈现上升趋势,但主动选择进行 ESG 信息披露的企业在全体上市公司中所占的比例仍然较小。以 2007 年至 2022 年我国 A 股上市公司发布的 ESG 报告来看,发布 ESG 报告比例均值基本维持在 20% ~25% 。[1] 这意味着目前市场上还有约 3/4 的上市公司未披露 ESG 信息。在行业层面,不同行业的 ESG 报告有所区别,以 2022 年为例,金融业、采矿业等行业的 ESG 信息披露情况较好(50% 以上),租赁和商务服务业、信息传输等行业的 ESG 信息披露情况较差(25% 以下)。[2] 不同行业的 ESG 信息披露情况参差不齐、分布不均。

第二,披露信息可比性弱且可信度低。首先,ESG 披露信息可比性弱。2022 年我国上市公司所发布的 ESG 报告中有 59. 3% 的报告没有披露任何横向(行业内可比和跨行业可比)和纵向(含跨年度绩效对比和绩效实现程度描述)的定量数据,仅有定性分析,难以通过定量分析实现不同公司之间的横向比较。[3] 不同公司之间对 ESG 实现程度描述模糊,行业内可比性和跨行业可比性低。此外,

---

〔1〕 参见王遥、刘学东:《中国上市公司 ESG 行动报告(2022 – 2023)》,载 https://nbd-luyan-1252627319. cos. ap-shanghai. myqcloud. com/nbd-console/1e05aec6a11e84f7217f59353c766403. pdf,最后访问时间:2024 年 3 月 15 日。

〔2〕 参见王遥、刘学东:《中国上市公司 ESG 行动报告(2022 – 2023)》,载 https://nbd-luyan-1252627319. cos. ap-shanghai. myqcloud. com/nbd-console/1e05aec6a11e84f7217f59353c766403. pdf,最后访问时间:2024 年 3 月 15 日。

〔3〕 参见北京大学光华管理学院、多伦多大学罗特曼管理学院:《2022 中国资本市场 ESG 信息质量暨上市公司信息透明度指数白皮书》,载北大光华管理学院网,https://guanghua-rotman. work/,最后访问时间:2024 年 3 月 15 日。

公司 ESG 报告不连续也导致披露信息的纵向可比性较低。同一公司报告间断或不连续,绩效实现程度描述前后不一,将导致跨年度绩效对比难度加大。其次,ESG 报告的未审验率高,报告质量和可靠性存疑。2022 年,经过专业机构审验的 ESG 报告仅占比为 4.91%。95.09%的报告未经专业机构审验,报告审验的市场反应度不高。而且,仅有不到一半(48.9%)的报告中注明了邮箱、电话等意见反馈渠道,反馈机制普及度较低,[1]报告在质量和可靠性方面仍有较大提升空间。

第三,披露内容流于形式且指标各异。首先,在报告篇幅上,我国上市公司 ESG 报告中,有六成报告的篇幅未超过 30 页,近两成的公司报告在 10 页及以下。[2] 除报告的篇幅普遍偏短外,大部分报告的内容更多的是象征性的口号和原则,而非公司 ESG 信息,涉及具体指标的定量披露更是少之又少。其次,不同公司对于 ESG 信息披露指标的理解不同,故而所披露内容差别较大,且部分重要指标披露率低,如质量管理体系认证、客户满意度、本年度环保改造总投入、公司碳减排量、本年度社会公益捐赠总额等五项重要指标的披露率处于较低水平。

三、我国 ESG 信息披露的制度完善

我国现阶段上市公司 ESG 信息披露制度在披露公司数量与行业分布、披露信息可比性与可信度、披露内容和指标等方面仍有较大提升空间。为提高 ESG 信息披露质量,满足基金经理等群体

---

[1] 参见北京大学光华管理学院、多伦多大学罗特曼管理学院:《2022 中国资本市场 ESG 信息质量暨上市公司信息透明度指数白皮书》,载北大光华管理学院网,https://guanghua-rotman.work/,最后访问时间:2024 年 3 月 15 日。

[2] 参见中国上市公司协会:《2021 年度 A 股上市公司 ESG 信息披露情况报告》,载中国上市公司协会网,https://www.capco.org.cn/sjfb/dytj/202208/20220831/j_2022083115295500016770778905273125.html,最后访问时间:2024 年 3 月 15 日。

的 ESG 信息需求,明确 ESG 表现与财务绩效之间的关系,应对 ESG 投资与注意义务之间的冲突,本部分内容拟结合我国现阶段证券市场基本情况,探讨完善我国 ESG 信息披露制度的一应方案。

(一)实施二元信息披露机制

所谓二元信息披露机制,即上市公司强制披露 ESG 信息,非上市公司自愿披露 ESG 信息。目前我国仍处于强制性的经济转轨过程,完全竞争的市场经济制度还未构建完善,绝大多数资源仍处于强制性的计划管理中,政府仍是我国经济活动和社会活动的主导力量。而 ESG 信息披露在某种程度上可以说是公司向政府寻租的重要途径。公司为达到目的倾向通过加大 ESG 投资,提升公司 ESG 水平,并发布 ESG 报告来与政府进行沟通协调,以协助政府在晋升锦标赛中获胜,而政府则给予不同形式的回报。[1] 因此,目前 ESG 信息披露在我国并非一种公司自发的决策,而更多表现为由上而下政策推动的结果,完善 ESG 信息披露制度仍需一套由监管部门主导制定的信息披露规范。我国香港作为内地企业主要的上市地之一,已经形成较为完备的 ESG 信息披露体系。我国内地可借鉴港交所的 ESG 披露演进历程,制定 ESG 信息披露的可行框架与评价指标,以量化方式呈现 ESG 信息,逐步提升披露的强制程度,实现由"自愿披露"到"半强制性披露"再到"强制性披露"的转变,持续规范披露要求,扩大披露范围,通过信息披露来间接促进公司经营与治理方式不断向高水平、高质量转变。

当然,对于上市公司实施 ESG 强制性信息披露,学界有不同的

〔1〕 参见黎文靖:《所有权类型、政治寻租与公司社会责任报告:一个分析性框架》,载《会计研究》2012 年第 1 期。

声音。有观点认为,ESG 强制性信息披露会显著提升公司运营成本,包括合规成本和诉讼风险。[1] 一方面,公司被迫花费大量人力、物力等稀缺性资源用于 ESG 信息的收集、分析和整理,聘任律师、会计师和审计师等专业人员,存在高昂的合规成本。另一方面,一旦施行 ESG 强制性信息披露,公司及其管理层面临关于虚假陈述、误导性披露或"漂绿"等违法行为的诉讼风险将大幅度提升,倒逼公司花费更多成本以确保 ESG 信息披露的真实性和可靠性。然而,事实上强制 ESG 信息披露未必会显著增加公司运营成本。以欧盟为例,2022 年 11 月欧盟颁布《公司可持续发展报告指令》,[2] 全面推行 ESG 强制性信息披露。该指令被称为 ESG 信息披露领域的里程碑式立法,施行后并未引起社会不良影响,尤其是显著增加公司运营成本问题。[3] 此外,截至 2022 年 6 月底,中国 A 股上市公司中有 1738 家独立披露 ESG 报告,披露企业数量较上一年同期上涨了 22.14%。[4] 如果 ESG 信息披露将显著增加运营成本,那么基于我国现行自愿性 ESG 信息披露机制,大多数公司将"用脚投票",拒绝发布 ESG 报告。然而,现实是我国 A 股上市公司发布 ESG 报告的数量和比例在持续上升。可见,强制 ESG 信息披露并不会显著增加成本,或者说强制 ESG 信息披露带来的经济收益高于发布 ESG 报告增加的成本。

也有观点认为,ESG 自愿性信息披露具有强制性信息披露不可

---

〔1〕 参见楼秋然:《ESG 信息披露:法理反思与制度建构》,载《证券市场导报》2023 年第 3 期。

〔2〕 See Directive (EU) 2022/2464 of the European Parliament and of the Council of 14 December 2022, https://eur-lex.europa.eu/legal-content/EN/TXT/? uri = CELEX:32022L2464.

〔3〕 参见彭雨晨:《ESG 信息披露制度优化:欧盟经验与中国镜鉴》,载《证券市场导报》2023 年第 11 期。

〔4〕 参见王遥、刘学东:《中国上市公司 ESG 行动报告(2022－2023)》,载 https://nbd-luyan-1252627319.cos.ap-shanghai.myqcloud.com/nbd-console/1e05aec6a11e84f7217f59353c766403.pdf,最后访问时间:2024 年 3 月 15 日。

取代的优势,比如信息披露的灵活性、披露内容的丰富性等。[1] 然而,我国正处于经济结构调整和发展方式转变的关键时期,ESG 信息披露制度作为实现可持续发展战略与"双碳"目标的重要支点,是民营经济开展可持续发展投资和识别 ESG 风险的关键基础。上市公司属于经济体量大和影响范围广的组织形式,有着强制 ESG 信息披露的社会价值和时代意义。当然,这不意味着彻底废止 ESG 自愿性信息披露。ESG 自愿性信息披露可以适用于经济体量较小和影响范围有限的非上市公司。对于非上市公司来说,以鼓励引导为主,搭建信息发布平台,提高经营管理的透明度,为市场参与者、消费者和劳动者等利益相关方"用脚投票"创造更好的制度环境。

总体而言,构建上市公司强制披露、非上市公司自愿披露的二元 ESG 信息披露机制,是目前较为合适的 ESG 信息披露制度,既有强制披露的真实性与统一性,也有自愿披露的灵活性和丰富性,可恰好实现制度功能的关联性和互补性。

(二)采用双重重要性原则

传统 ESG 信息采用单一重要性原则,即仅披露对投资者而言重要的 ESG 信息。双重重要性原则指上市公司应向投资者和其他利益相关者披露 ESG 信息。以往为了其他利益相关者而强制上市公司披露 ESG 信息的努力被认为毫无意义。在大多数情况下,直接向投资者和监管机构披露已经足够。如果没有,则可以根据需要向特定受众进行有针对性的披露,如销售点的特定产品、面向消费者的披露,或个别工作场所的危害详情,以作为补充。然而,多年来信息披露对象差异导致的问题仍然突出,事实证明这些观点的说服力不足。其他利益相关者也有信息识别的需求,最好通过为其利益设计

---

〔1〕 参见李燕、肖泽钰:《强制与自愿二元定位下〈证券法〉ESG 信息披露制度的体系完善》,载《重庆大学学报(社会科学版)》2024 年第 2 期。

的广义信息披露系统来满足这些需求。尽管许多公司自愿向其他利益相关者发布 ESG 报告,甚至私营公司可能会选择与其他利益相关者分享有限的 ESG 信息,以应对丑闻或其他情况,然而这些显然不足以满足其他利益相关者的需求。自愿披露 ESG 信息具有不完整性和不一致性,而缺乏法律规定使得公司有充分的动机进行无价值披露。当然,公司也有动机对投资者隐瞒信息,因为投资者是一个拥有强大而统一利益的群体,公司依赖这个群体。公司希望利用内幕信息寻租,并担心将信息优势拱手让给竞争对手。因此,从公共利益和投资者利益维护的角度考虑,以投资者利益为导向的单一性 ESG 信息披露机制并不是一项妥适的选择。

以美国为例,一段时期内美国实行以投资者利益为导向的单一 ESG 信息披露制度,倾向于财富最大化和规避公司社会责任。在美国经营的公司经常被要求定期披露 ESG 信息,如商家需向消费者披露产品和服务信息[1]、雇主需披露工作场所的危害因素[2]等。然而,这些信息披露是针对特定目的的披露,许多文件仅向政府部门提供,其他利益相关者往往需经历艰难曲折的过程才能获得这些信息。尽管美国国会通过的《1933 年证券法》(Securities Act of 1933)和《1934 年证券交易法》(Securities Exchange Act of 1934)规定了上市公司的 ESG 信息披露义务,发行人以“公开(public)”的形式出售证券时应当及时依法向投资者和监管机构履行 ESG 信息披露义务,但披露内容和披露规则由美国证监会(SEC)所颁行的其他法律规范具体规定。[3] 公司在证券交易所上市交易,需提供有关现金流的详细信息、资产、资本结构、高管薪酬、现在与未来财务业绩,以及其

---

〔1〕 See e. g. 15 U. S. C. § 1601(a) - (b) (2018); Pub. L. No. 101 - 535, 104 Stat. 2353 (2016); 21 C. F. R. pt. 801 (2019).

〔2〕 See 29 C. F. R. § 1910. 1200 (2019).

〔3〕 See Usha Rodrigues, *Dictation and Delegation in Securities Regulation*, 92 IND. L. J. 435, 456 (2017).

他与投资者相关的各类信息。证券监管机构的任务是保护投资者,促进融资,鼓励资本市场健康发展,而 ESG 信息披露制度是实现这些目标的关键机制之一。ESG 信息披露制度既能保护投资者免受欺诈,允许投资者在信息对称的基础上以较少资本投资优质公司,避免劣币驱逐良币,有效分配资源,还能阻止公司管理者从事自我交易和其他自利行为,并允许投资者在自利行为发生时及时惩戒公司管理者。然而,值得强调的是,除投资者外,ESG 信息披露还对诸多利益相关方有益。例如:(1)监管机构将依据 ESG 信息披露获得对辖区内商业活动的总体了解,并制定相应政策;(2)竞争对手将依据所披露的 ESG 信息来对比自身发展战略与所在行业其他竞争对手的发展战略之间的差别;(3)银行将依据 ESG 信息披露判断潜在借款人信誉。尽管 ESG 信息披露有着法律期待的积极影响,但在美国,这些影响机制是以投资者为中心,为其投资行为提供信息对称的条件,并迫使公司管理者关注其利益。易言之,ESG 信息披露可以让整个社会获益,但美国的制度设计并没有考虑到整个社会,仅要求公司披露与投资者相关的 ESG 信息。

以投资者利益为导向的 ESG 信息披露还有一个令人不安的副作用,即产生这样一种共识:投资者是资本市场中唯一重要的成员。更糟糕的是,由于证券法仅从财务影响的角度定义了信息披露的重要性,因此当公司披露有关其可持续性的虚假信息时,不会受到惩罚。对依赖此类信息的公众几乎没有补救措施,投资者可能无权获得损害赔偿,除非他们能够确定其财务相关性,这对于某些类型的 ESG 信息而言可能是不现实的,比如证明公司参与降污减排活动与公司市场价值的关系。事实上,目前学界关于 ESG 表现与公司市场价值之间关系存在积极关系、消极关系、中性关系和混合关系等观点,这也意味着 ESG 表现是否与公司市场价值存在关联本身是未知命题,无法证明公司所披露 ESG 信息与公司财务的相关性。如此,这不仅使 ESG 投资成为在法律上不被承认和不受保护的类别，而且还鼓励证券发行人积极破坏公众利用公司 ESG 信息披露作为刺激变革聚集点的意图。

既然以投资者利益为导向的 ESG 信息披露并非良策，那么以投资者和其他利益相关者为导向进行 ESG 信息披露是否可行？对双重重要性原则的普遍质疑是，披露范围过于宽泛以至于难以运作，因为潜在的利益领域多达数百个。[1] 然而，事实上大多数要求披露信息的呼吁取决于几个基本类别的信息，包括反腐败措施、公司治理、环境影响、劳动关系（性别多样性、工作条件和薪酬待遇）等。[2] ESG 信息披露的工作框架可以从这些主题开始，并根据实际情况进行适当调整。值得强调的是，为最大限度减少业务负担，ESG 信息披露可以将重点放在已经加工整理的信息上，例如公司已经被要求向政府机构提交的报告，或者手头上可能的 ESG 信息，这样可以减轻公司收集数据的额外负担。以美国 ESG 信息披露制度为例，公司必须向公平就业机会委员会（EEOC）披露性别多样性信息，[3] 向美国国家环境保护局（EPA）披露环境信息，[4] 向安全与卫生署（OSHA）和员工披露工作场所危险和伤害信息，[5] 向消费品安全委员会（CPSC）披露危险产品信息。[6] 这些披露与其他类似信息披露，可以汇总并汇编成一份 ESG 报告。同理，受信息披露要求约束的上市公司可以将之前备案的 ESG 披露信息纳入公众信息披露当中，从而避免不必要的重复，降低公司负担。相应的，非上市公司则

---

〔1〕 See Ellitt J. Weiss, *Disclosure and Corporate Accountability*, 34 Business Lawyer (ABA) 575 1979).

〔2〕 Susan N. Gary, *Best Interests in the Long Term: Fiduciary Duties and ESG Integration*, 90 University of Colorado Law Review 731 (2019).

〔3〕 See 29 C. F. R. § 1602. 7 (2019).

〔4〕 See 40 C. F. R § 704 (2019).

〔5〕 See 29 C. F. R. § 1904. 7, 1904. 39, 1910. 1200 (2019).

〔6〕 See 16 C. F. R. § 1115. 6 (2019); 21 C. F. R. § 314. 80, 803 (2019).

可自愿提交更完整的报告,包括治理结构、损益表、资产负债表、经营范围、环境影响等。当然,任何 ESG 信息披露要求都可能引发反对意见,被认为涉及商业秘密,或者披露将使披露公司处于竞争劣势。然而,在某种程度上这是一种制度特性,而不是一个缺陷。美国证券法同样要求强制披露有利于竞争对手的信息,只要其影响范围可控即可。

(三)统一 ESG 信息披露标准

统一 ESG 信息披露标准能够有效解决披露内容可比性弱、可信度低等现实问题。2023 年 6 月,国际可持续发展准则理事会(International Sustainability Standards Board, ISSB)正式发布了首批可持续信息披露准则《IFRSS1:可持续发展相关财务信息披露一般要求》和《IFRSS2:气候相关披露》的最终文本。目前国际上的 ESG 标准正处于加速成型阶段,初步形成以 ISSB ESG 披露准则和以 GRI Standards 为代表的 ESG 信息披露新格局。一些国家(地区)同样在推进 ESG 信息披露标准的统一工作。欧盟《公司可持续发展报告指令》为 ESG 报告的具体内容和呈现方式设立了统一的信息披露标准,包括:(1)所提供的历史数据的关键绩效指标须可予计量;(2)信息披露报告应当公正呈现公司的 ESG 表现,避免不恰当影响报告读者决策或判断;(3)一致性原则所披露报告应采用统一的披露统计方法,方便 ESG 数据日后进行有意义的比较。我国香港特区的立法趋势同样朝着统一 ESG 信息披露标准发展,要求所披露的 ESG 信息在公司间和一段时期内具有一致性和可比性。

我国可在借鉴国际主流披露标准,参考欧盟等地规则的基础上,制定符合中国特色的 ESG 信息披露标准。根据公司的规模大小、行业领域等要素设置一般披露内容和关键绩效指标,对不同行业采用特定的披露要求,同时要求公司进行定性披露和定量披露,以增加披露公司数量,改善信息披露报告质量。比如,在披露报告中描述如何将气候相关风险融合进公司战略、公司领导层如何管理与气候相关的风险和机遇、ESG 因素如何影响公司的战略、与温室气体排放和气候变化财务影响相关的指标等。此外,我国 ESG 信息披露制度可统一规定 ESG 报告的名称、格式、披露规则和信息披露公示平台,增强 ESG 披露信息报告的可读性和规范性,方便利益相关者了解公司 ESG 信息和内部情况。

同时,还可通过 ESG 信息数字化减少统一 ESG 信息披露标准的难度。ESG 信息往往涵盖企业财务、采购、生产、销售、人力资源、安全环保等多个部门,存在统计口径差异、数据采集困难、量化数据少、时效性差等问题,影响企业信息披露的积极性,制约第三方机构对 ESG 信息价值的挖掘。数字化技术如人工智能、大数据、云计算等有助于解决信息不对称难题,推动公开、透明的 ESG 生态体系建设。在统一数据标准、搭建数字化平台两个方面有望实现快速突破。统一的 ESG 数据标准是保证数据可衡量、可对比的基础,有助于消除数据壁垒,促进信息资源共享,并提高数据质量。搭建 ESG 数字化平台,融合大数据、人工智能、物联网等先进技术手段,可以实现 ESG 信息收集测算自动化、数据统计简单化、数据管理流程化。

(四)设立信息强制鉴证规则

当前披露制度存在一个弱点,即除非能够证明某一特定声明会影响证券价格,否则披露虚假 ESG 信息几乎不会受到惩罚。比如,上市公司可能在 ESG 信息披露报告中作出“净零”承诺或其他气候承诺,打算在某一日期前减少温室气体排放,但这些公司目前无需提供支持其主张的信息,如告知投资者如何履行自己的承诺和实施进度。还有越来越多的基金公司将自己营销为“绿色”、“可持续”和“低碳”,但基金经理们并未披露他们使用这些名称的标准和基础数据,以及行业对名称规则进行的整体性观察。实际上,“名称使用规则”禁止实质性欺骗或误导性基金名称,要求基金将至少 80% 的资产投资于其名称所示的投资类型、行业和地理位置。通常情况下,当 ESG 表现优异时,公司将积极进行信息披露,选择真实、客观和及时的信息传递不可模仿的信号,凸显自身优势,提升品牌知名度和市场价值,与利益相关方建立良好关系,以获取更多资本关注和投资机会。当 ESG 表现较差时,公司通过积极披露环境信息来进行"漂绿",以维持其良好声誉,但在"漂绿"过程中可能会借助文字游戏做表面文章,如披露非量化信息、采用模糊性语言等,此时公司环境信息披露数量较多,但质量相对较差。

为此,ESG 信息披露制度需要一个强有力的鉴证机制,以确保信息披露报告质量。为保障 ESG 报告质量,我国可确立第三方鉴证机构,通过独立审慎的外部评估机构对所披露的 ESG 信息进行严格的审查评价,形成客观公正的鉴证报告,外部评估机构对所出具的鉴证报告负责。此外,还可以对所披露的 ESG 信息进行指数性赋值评估,形成公司 ESG 绩效指数,真实反映公司 ESG 表现情况和信息披露水平。第三方鉴证机构应具有开发信息披露系统所需的技能和经验,在为公众制定标准化报告方面具有专业知识,同时兼顾公司低成本的信息披露要求。第三方鉴证机构通过分析公众如何利用公司所披露 ESG 信息开展审查工作,包括调查当地监管机构、了解如何利用披露信息、当前信息披露系统弱点等,从而制定一套标准化评估框架,允许对报告公司进行有意义的比较。

四、小结

关于 ESG 表现和企业财务绩效之间关系的研究结果较为混乱,难有定论。要明确二者之间的关系,需缩小范围,降低难度,放到具体个案中去探讨。新的问题是,如何衡量 ESG 表现影响企业财务绩效的程度大小？可以从构建一套完善的 ESG 信息披露制度来开始。完善的 ESG 信息披露制度能够提供具有权威性和公信力的 ESG 表现数据,明确具体投资项目中 ESG 表现与财务绩效之间的关系,从而判定受托人参与 ESG 投资是否违反注意义务。我国 ESG 信息披露制度存在披露公司数量偏少且分布不均、披露信息可比性弱且可信度低、披露内容流于形式且指标各异等问题,完善我国 ESG 信息披露制度可从实施二元信息披露机制、采用双重重要性原则、统一 ESG 信息披露标准和设立信息强制鉴证规则四个方面着手。

值得强调的是,即使有初步的完善思路,国内外公司和监管部门仍将面临挑战,难以制定完善的 ESG 信息披露制度,以提供结构完整,信息披露系统且层次清晰,具有高度的可比性、可信性、可读性和创新性的披露报告。因为没有一套全球统一的数据作为持续披露的基础,也没有一套全球统一的指标和分析工具来评估和管理 ESG 所带来的风险和机遇。衡量和管理 ESG 表现的数据和分析工具不足是加强披露的重大障碍。此外,ESG 信息的质量差异很大,数据市场尚未整合,公司没有可以依赖的信誉良好和市场认可的数据提供商。与 ESG 相关的数据和金融产品缺乏统一的定义和标准,同样阻碍市场参与者监测和管理 ESG 风险。即便在数据、指标、分析工具、ESG 风险评估和信息披露等市场要素整合后,投资人和公众将发现评估 ESG 信息的质量和准确性仍是一项挑战,因为公司的规模大小与行业特性千差万别,且瞬息万变。

本章小结

近年来,在各国政府持续完善绿色发展相关法规、推动绿色经济发展的大背景下,ESG 投资逐渐成为主流。尽管信义义务在默认情况下会阻碍受托人参与 ESG 投资,但基于信义义务的合同性质,原则上受托人可经由授权、批准以及免责条款等方式参与 ESG 投资。需强调的是,为维护信托制度赖以存在的价值基础,在信托当事人合意修改或删减信义义务内容时应附加严格的范围和限制条件,最基本的忠实义务和注意义务应成为不可删减的核心。

ESG 投资与信托法中的忠实义务的协调:当受托人得到追求附属利益的指示,即使该指示将导致受益人利益受到实质性损害,受托人也必须遵守,而是否违反信义义务取决于法院的认定。当受益人之间存在意见分歧时,以占信托利益的 2/3 以上的受益人意见作为整体意见。授权协议效力不因授权时间长短而改变。ESG 投资与慈善法中的忠实义务的协调:公司形式的慈善信托受托人可能会考虑与慈善目的不一致的附属利益,这类投资行为需满足一定条件,尤其是需满足最佳利益原则的交易公平性测试的司法审查,且不得损害投资回报。ESG 投资与养老基金法中的忠实义务的协调:当适当范围内两个或两个以上的风险和回报属性相同的投资选项时,受托人不得将 ESG 因素(附属利益)作为投资选择的决定性因素。这种平局决胜规则与养老基金法中的唯一利益原则相违背。

囿于 ESG 表现和财务绩效的衡量标准、研究背景和时期、样本大小和所属行业等方面差异,目前无法得出 ESG 表现和财务绩效之间关系的确切判断。受托人参与 ESG 投资违反谨慎投资要求。协调 ESG 投资与注意义务之间的冲突,需将 ESG 表现和财务绩效之间关系的探讨放到具体个案中。实证研究中测量财务绩效的指标选用和度量标准都相对成熟且固定,而 ESG 表现的量化则需要构建一套完善的 ESG 信息披露系统,为投资者制定契合信托目的的个性化 ESG 表现评估体系提供权威可靠的企业 ESG 表现数据,帮助投资者厘清 ESG 表现与财务绩效的关系。我国 ESG 信息披露制度的构建与完善可从四个方面入手:(1)实施二元信息披露机制;(2)采用双重重要性原则;(3)统一 ESG 信息披露标准;(4)设立信息强制鉴证规则。

本章对 ESG 投资与信义义务之间协调适用的探寻，至少可以在两方面给予我们启示。(1)信义义务具有合同属性，且有继续弱化的倾向，是 ESG 投资与信义义务经由授权、批准和免责等方式协调适用的理论基础。但是，信义义务的内容的协商删减或修改需适当限制，不可触及信义义务核心内容，动摇信托制度的价值基础，比如诚实善意(good faith)。(2)美国法以衡平法作为信托救济依据，合同法规则几乎不适用于信托，而我国信托案件纠纷中，法院通常对《信托法》仅作原则性引用，极少直接引用其中的具体条款作为裁判依据，信托法规则的适用存在被合同法规范和合同性裁判思维取代的倾向。[1] 我国商业实践中遗嘱信托、宣言信托大都不被承认，现阶段所有信托几乎都是通过缔结合同方式设立。受托人参与 ESG 投资问题适用合同法的相关规则并无不妥，比如《民法典》第 506 条对合同免责条款的无效情形有相应规定。具言之，信托当事人缔结合同遵循契约自由原则，所预设的交易安排完全基于当事人意思自治，则受托人经由授权、批准和免责条款等方式参与 ESG 投资的行为合法合理，违背公序良俗、强制性规定和触及信义义务核心内容的除外。

[1] 参见杨秋宇：《〈信托法〉的合同法化适用倾向及其应对》，载《湖南农业大学学报(社会科学版)》2018 年第 6 期。

结　论

ESG投资作为可持续发展的责任投资类型之一，实质上是主张在投资回报之外，将环境保护、社会责任和公司治理等因素纳入决策考量的一种价值取向投资理念。学术界和实务界对ESG投资的常见担忧主要包含投资回报影响、信息质量担忧和市场类型差异三个方面。投资回报影响指对ESG投资可能限制投资池的担忧，从而导致预期的低回报可能性。信息质量担忧涉及环境、社会和治理问题的数据可访问性和透明度。市场类型差异涉及对ESG投资方法与实践的怀疑。虽然对ESG投资仍存疑虑，但也有诸多驱动要素激励投资者参与ESG投资，使其成为日益流行的投资理念，主要有政府法规、资本市场和企业构成三大驱动要素。近年来，包括机构投资者基金、高校捐赠基金、主权财富基金和家族基金等在内的各类型主流基金纷纷参与ESG投资。目前参与ESG投资的受托人主要有基金经理和"资产管理型"投资顾问两类，以基金经理为主。尽管不同信托关系中信义义务的具体内容有所差异,但大都以忠实义务和注意义务两个层面为出发点不断细化和具体化,以实现受益人的利益为目的履行义务。

通过对信义义务的历史溯源和语意考察,信义义务(fiduciary duty)有两个理解方式:其一,当 fiduciary 作“受托人或受信人”解释时,信义义务可以诠释为 duties of fiduciaries。其二,当 fiduciary 作“受信任的”理解时,信义义务可解释为为他人利益行事需承担的义务。沃利案是最早的实质意义上的信义义务案件,桑德福案则是确立信义义务的实质内涵的第一案。信义义务的弱化趋势最早开始于公司法领域,而后逐渐扩展至信托法领域中,尤其体现在忠实义务内核从唯一利益原则向最佳利益原则演变,且基本废除“无需进一步调查规则”。对此,学术界和实务界存在质疑的声音,一方面,信义义务具有正当性理论基础支持,如财产理论、合同理论和侵权理论,完全弱化信义义务势必削弱信义义务作为信托法赖以存在的根基。另一方面,基于受托人的表现难以量化评判、受益人退出机制受限、信托监督机制不健全等先天不足,信托法领域不能简单追随公司法领域中信义义务弱化的趋势。信义义务虽然具有合同性质,且有持续弱化的趋势,但是任由其弱化的结果难以想象,需对其弱化的范围和条件进行限制,忠实义务和信义义务应成为不可删减的核心内容。这也意味着,受托人可经授权同意后参与 ESG 投资,但不得通过协议约定免除忠实义务和注意义务来实现参与 ESG 投资的目的。

关于 ESG 投资与信义义务之间冲突和协调的讨论主要分为三种情况:第一,当信托文件明确约定受托人可以参与 ESG 投资时,此时不存在受托人是否参与 ESG 投资和信义义务之间的冲突,可能存在受托人在 ESG 投资过程中选择的利益与信义义务的冲突,比如同等条件下受托人选择风险高收益小的 ESG 投资项目,未选择风险小收益高的 ESG 投资项目,或者受托人将受托资产投资于通过 ESG

责任投资方法选择的股票或证券低于约定比例，违反谨慎投资义务。[1] 此时二者之间所发生的冲突在其他信托投资类型中同样存在。第二，当信托文件未约定受托人参与 ESG 投资的相关条款时，受托人参与 ESG 投资，既不是为了受益人的利益（违反忠实义务），又不一定会带来合理收益（违反注意义务），将与信义义务产生冲突。这种情况下，可以通过协商进行协调，经由受益人的同意参与 ESG 投资，并结合信息对称、事后救济等措施共同进行 ESG 投资与信义义务之间冲突的一般性协调。第三，当信托文件未约定受托人参与 ESG 投资的相关条款时，且受托人也没有征得受益人同意参与 ESG 投资，可通过非协商解决的方式进行协调。这种情况需将 ESG 投资与信义义务的冲突及其具体协调分为 ESG 投资与忠实义务、ESG 投资与注意义务两个层面进行分析。第二种和第三种情况值得深入探讨，下面具体展开：

当信托文件未约定受托人参与 ESG 投资的相关条款，而受托人参与 ESG 投资时，ESG 投资与信义义务之间存在的冲突可通过协商的方式进行一般性协调，并辅以信息对称和事后救济等措施。第一，信息对称。受托人为受益人利益管理信托，且拥有对其利益至关重要的信息，则必须披露该信息，双方处于信息对称状态。受益人的同意必须是在充分知情的前提下独立作出的，尤其是在受托人参与 ESG 投资时。这必然要求受托人向其受益人提供全面、坦率的具有冲突性质的信息披露，受益人必须了解所有重要事实，并被告

---

〔1〕 国内外 ESG 基金招募说明书中大都明确约定：ESG 投资证券或股票的最低资产比例。我国 ESG 基金招募说明书中大多约定："投资于 ESG 责任投资证券的比例不低于非现金基金资产的 80%。"比如大成 ESG 责任投资混合型发起式证券投资基金（A 类份额）、易方达 ESG 责任投资股票型发起式证券投资基金、广发 ESG 责任投资混合型证券投资基金等。国外 ESG 基金招募说明书中则大多约定：最低资产投资比例不低于 90%，比如 AXA World Funds—Framlington Digital Economy、AXA World Funds—ACT Emerging Markets Short Duration Bonds Low Carbon 等。

知其确切的法律含义,否则受益人的同意对于解除信托责任而言将是无效的。第二,协商解决。虽然信托文件未授权受托人参与 ESG 投资,但受益人在投资行为发生前明确表示同意,则受托人参与 ESG 投资不违反信义义务。需强调的是,为维护信托制度赖以存在的价值基础,保障受益人和委托人权益,信义义务持续弱化的趋势应当得到限制,通过协商约定方式制定个性化信托条款时,忠实义务和注意义务应成为不可删减的信义义务核心内容。也就是说,受托人可与受益人协商,经后者同意后参与 ESG 投资,但不得通过协议约定免除忠实义务和注意义务、删减信义义务的核心内容来实现。第三,事后救济。当信托文件并未约定受托人参与了 ESG 投资的相关条款,而受托人参与了 ESG 投资时,受托人违反信义义务需承担信托责任,将信托资产恢复至投资前的状态。违反信义义务与否存在主观标准与客观标准两种判定标准,英美法系以客观标准为主,以主观标准为辅。大陆法系则是相反,以主观标准为主,以客观标准为辅。受托人违反信义义务的补救措施多与财产责任有关,尤以损害赔偿为主。救济措施的第一种形式是要求收回受托人违反信义义务而转移的任何财产,第二种形式是恢复信托财产的价值,其方式多为提供与违反信义义务导致损失的财产价值相等的金钱或其他财产。

当信托文件未约定受托人参与 ESG 投资的相关条款,且受托人也没有征得受益人同意便参与 ESG 投资时,ESG 投资与信义义务之间存在的冲突可通过非协商解决的方式进行协调,可分为 ESG 投资与忠实义务、ESG 投资与信义义务两部分进行讨论。这种情况下 ESG 投资与忠实义务的冲突在信托法、慈善法和养老基金法中有所体现。ESG 投资与信托法中忠实义务的冲突和协调:当受益人利益服从于附属利益时,是否突破非慈善信托目的性质的限度?以及私人信托中受益人的授权同意、授权效力范围难以确定等问题。以美国信托法为借鉴,当受托人得到追求附属利益的指示,即使该指示将导致受益人利益受到实质性损害,受托人也必须遵守,而是否违反信义义务取决于法院的认定。当受益人之间存在意见分歧时,以占信托利益的2/3 以上受益人意见作为整体意见。授权协议效力不因授权时间长短而改变。ESG 投资与慈善法中的忠实义务的冲突和协调:公司形式的慈善信托受托人可能会考虑与慈善目的不一致的附属利益,这类投资行为需满足一定条件,尤其是需满足最佳利益原则的交易公平性测试的司法审查,且不得损害投资回报。ESG 投资与养老基金法中的忠实义务的冲突和协调:当 ESG 因素涉及商业风险,受托人可将这些因素视为经济因素考量。当适当范围内存在两个或两个以上的风险和回报属性相同的投资选项时,受托人是否能够将 ESG 因素(附属利益)作为投资选择的决定性因素?答案是,这种平局决胜规则与普通信托法中的唯一利益原则相违背,不被允许。值得一提的是,ESG 投资可根据投资动机区分为投资回报型 ESG 投资和附属利益型 ESG 投资,前者旨在提高风险调整后的收益,后者出于道德或伦理原因而提供利益。在英美信托判例法背景下,法院对 ESG 投资与忠实义务冲突的处理随着忠实义务核心内容的演变从唯一利益原则逐渐向最佳利益原则过渡,历经从完全禁止 ESG 因素影响、允许将 ESG 因素当作经济利益要素、附条件允许附属利益型 ESG 投资的演变,ESG 投资与忠实义务之间的冲突得到缓解,兼容性增强。

ESG 投资与注意义务的冲突主要体现在:无论是大陆法系中的善管注意义务,还是英美法系的谨慎投资义务,注意义务在投资领域中的表达为受托人行使投资时的行为标准,要求受托人运用合理的技能和注意进行投资,履行必要的调查和判断等投资程序,综合考量投资风险和回报,进行建设性投资。也就是说,原则上受托人管理信托,建设性使用信托财产,需产生合理收益,否则将违反谨慎投资要求。受托人参与 ESG 投资能否带来合理收益存疑,其行为是否符合谨慎投资义务并不确定,甚至可能违反该义务。目前学界关于 ESG 表现与企业财务绩效之间的关系尚无确切定论,存在积极关系、消极关系、中性关系和混合关系等观点。ESG 表现和财务绩效之间关系的研究结果混乱的原因可能包括 ESG 表现和财务绩效的不同衡量标准、研究背景和时期不同、样本大小和所属行业差异等。通过系统叙述式文献综述的实证研究分析后,发现 ESG 表现和财务绩效存在轻微消极关系。当然,该结论同样具有局限性。这种情况下,ESG 投资与注意义务之间的协调需要根据投资项目具体分析:(1)当所参与的 ESG 投资项目中 ESG 表现和财务绩效之间呈现积极关系时,所投资的项目能够产生合理收益,受托人符合谨慎投资义务的要求。(2)当所参与的 ESG 投资项目中 ESG 表现和财务绩效之间呈现中性关系或消极关系时,所参与的 ESG 投资项目未能产生合理收益或产生亏损,受托人违反谨慎投资义务。(3)当所参与的 ESG 投资项目中 ESG 表现和财务绩效之间呈现混合关系时,判断受托人是否违反谨慎投资义务的关键在于所参与 ESG 投资项目的收益表现如何。新的问题是,如何衡量 ESG 表现影响企业财务绩效的程度大小?可以从构建一套完善的 ESG 信息披露制度开始。完善的 ESG 信息披露制度能够提供具有权威性和公信力的 ESG 表现数据,明确具体投资项目中 ESG 表现与财务绩效之间的关系,从而判定受托人参与 ESG 投资的行为是否违反注意义务。我国 ESG 信息披露制度存在披露公司数量偏少且分布不均、披露信息可比性弱且可信度低、披露内容流于形式且指标各异等问题,完善我国 ESG 信息披露制度可从实施二元信息披露机制、采用双重重要性原则、统一 ESG 信息披露标准和设立信息强制鉴证规则四个方面着手。

目前关于 ESG 投资与信义义务的冲突与协调的探讨都是围绕

受益人的利益来展开论述,但受益人的利益仅仅是经济利益吗?还是说应将社会和环境利益等其他利益考虑在内?“利益”是一个含义非常广泛的词,在某些情况下,对受益人的财产的不利安排可能对其更有价值。试想这么一个问题:受益人在美好环境中享受生活,而后代将在恶劣环境中苟延残喘,那么再富足的遗产也没有意义。事实上,生活质量和环境质量都有价值,即便这些暂时无法带来经济利益。是故,受益人的利益不应仅以经济利益为限。妥善协调 ESG 投资与信义义务之间的冲突,既是全面建设社会主义现代化强国的发展需要,也是增进民主福祉的应有之义。

参考文献

一、中文著作

[1]白建军:《法律实证研究方法》,北京大学出版社2008年版。

[2]陈瑞华:《论法学研究方法》,法律出版社2017年版。

[3]陈雪萍、豆景俊:《信托关系中受托人权利与衡平机制研究》,法律出版社2008年版。

[4]陈雪萍:《信托在商事领域发展的制度空间》,中国法制出版社2006年版。

[5]陈颐:《英美信托法的现代化:19世纪英美信托法的初步考察》,上海人民出版社2013年版。

[6]邓峰:《代议制的公司:中国公司治理中的权力和责任》,北京大学出版社2015年版。

[7]邓峰:《普通公司法》,中国人民大学出版社2009年版。

[8]方嘉麟:《信托法之理论与实务》,中国政法大学出版社2004年版。

[9]甘培忠、楼建波:《公司治理专论》,北京大

学出版社 2009 年版。

[10]高凌云:《被误读的信托——信托法原论》,复旦大学出版社 2010 年版。

[11]韩良主编:《家族信托:法理与案例精析》,中国法制出版社 2018 年版。

[12]何宝玉编著:《信托法案例评析》,中国法制出版社 2016 年版。

[13]何宝玉:《信托法原理研究》,中国法制出版社 2015 年版。

[14]何宝玉:《英国信托法原理与判例》,法律出版社 2001 年版。

[15]江平主编:《法人制度论》,中国政法大学出版社 1994 年版。

[16]解锟:《英国慈善信托制度研究》,法律出版社 2011 年版。

[17]康锐:《信托业发展困境的法律对策研究(2001—2007)》,厦门大学出版社 2010 年版。

[18]冷霞:《英国早期衡平法概论——以大法官法院为中心》,商务印书馆 2010 年版。

[19]李升:《财富传承工具与实务:保险·家族信托·保险金信托》,中国法制出版社 2018 年版。

[20]李升:《七堂保险金信托课》,电子工业出版社 2020 年版。

[21]李宇:《商业信托法》,法律出版社 2021 年版。

[22]刘俊海:《股份有限公司股东权的保护》,法律出版社 2004 年版。

[23]刘鸣炜:《信托制度的经济结构》,汪其昌译,上海远东出版社 2015 年版。

[24]刘燕:《公司财务的法律规制:路径探寻》,北京大学出版社 2021 年版。

[25]罗培新等:《公司法的法律经济学研究》,北京大学出版社2008年版。

[26]罗培新:《公司法的合同解释》,北京大学出版社2004年版。

[27]潘秀菊:《人寿保险信托:所生法律问题及其运用之研究》,台北,元照出版有限公司2001年版。

[28]潘秀菊:《身心障碍者信托之理论与实务》,台北,新学林出版股份有限公司2010年版。

[29]彭插三:《信托受托人法律地位比较研究》,北京大学出版社2008年版。

[30]沈朝晖:《证券法的权力分配》,北京大学出版社2016年版。

[31]施天涛:《公司法论》(第4版),法律出版社2018年版。

[32]史尚宽:《信托法论》,台北,台湾商务印书馆1972年版。

[33]粟玉仕:《信托公司主营业务塑造及其风险控制》,经济管理出版社2008年版。

[34]孙洁丽:《慈善信托法律问题研究》,法律出版社2019年版。

[35]唐勇:《论共有:按份共有、共同共有及其类型序列》,北京大学出版社2019年版。

[36]赖源河、王志诚:《现代信托法论》(增订3版),中国政法大学出版社2002年版。

二、中文译著

[1][德]C. W. 卡纳里斯:《德国商法》,杨继译,法律出版社2006年版。

[2][德]迪特尔·施瓦布:《民法导论》,郑冲译,法律出版社

2006 年版。

[3][德]卡尔·拉伦茨:《法律行为解释之方法——兼论意思表示理论》,范雪飞、吴训祥译,法律出版社 2018 年版。

[4][德]卡尔·拉伦茨:《法学方法论》,陈爱娥译,商务印书馆 2004 年版。

[5][德]托马斯·莱赛尔、[德]吕迪格·法伊尔:《德国资合公司法》,高旭军等译,法律出版社 2007 年版。

[6][加]莱昂纳尔·史密斯主编:《重塑信托:大陆法系中的信托法》,李文华译,法律出版社 2021 年版。

[7][美]彼得·德鲁克:《管理的实践》,齐若兰译,机械工业出版社 2006 年版。

[8][美]弗兰克·B. 克罗斯、[美]罗伯特·A. 普伦蒂斯:《法律与公司金融》,伍巧芳、高汉译,北京大学出版社 2011 年版。

[9][美]弗兰克·伊斯特布鲁克、[美]丹尼尔·费希尔:《公司法的经济结构》,罗培新、张建伟译,北京大学出版社 2005 年版。

[10][美]哈特利·戈德斯通、基思·惠特克、小詹姆斯·E. 休斯:《家族信托:面向受益人、受托人、保护人及创立人的信托指南》,武良坤译,上海财经大学出版社 2020 年版。

[11][美]肯特·格林菲尔德:《公司法的失败:基础缺陷与进步可能》,李诗鸿译,法律出版社 2019 年版。

[12][美]莱纳·克拉克曼等:《公司法剖析:比较与功能的视角》,罗培新译,法律出版社 2012 年版。

[13][美]马克·墨比尔斯、[美]卡洛斯·冯·哈登伯格、[美]格雷格·科尼茨尼:《ESG 投资》,范文仲译,中信出版集团 2021 年版。

[14][美]斯蒂芬·M. 班布里奇、[美]M. 托德·亨德森:《有限责任:法律与经济分析》,李诗鸿译,上海人民出版社 2019 年版。

[15][美]约翰·C. 科菲:《看门人机制:市场中介与公司治理》,黄辉、王长河译,北京大学出版社 2011 年版。

[16][挪威]马德斯·安登斯、[英]弗兰克·伍尔德里奇:《欧洲比较公司法》,汪丽丽、汪晨、胡曦彦译,法律出版社 2014 年版。

[17][日]道恒内弘人:《信托法入门》,姜雪莲译,中国法制出版社 2014 年版。

[18][日]能见善久:《现代信托法》,姜雪莲译,中国法制出版社 2011 年版。

[19][日]日本商事信托研究会编著:《日本商事信托立法研究》,朱大明译,法律出版社 2019 年版。

[20][日]田中和明、[日]田村直史:《信托法理论与实务入门》,丁相顺等译,中国人民大学出版社 2018 年版。

[21][日]樋口范雄:《信托与信托法》,朱大明译,法律出版社 2017 年版。

[22][日]新井诚:《信托法》,刘华译,中国政法大学出版社 2017 年版。

[23][日]中野正俊:《信托法判例研究》,张军建译,中国方正出版社 2006 年版。

[24][意]F. 卡尔卡诺:《商法史》,贾婉婷译,商务印书馆 2017 年版。

[25][英]D. J. 海顿:《信托法》(第 4 版),周翼、王昊译,法律出版社 2004 年版。

[26][英]F. W. 梅特兰著,[英]大卫·朗西曼、[英]马格纳斯·瑞安编:《国家、信托与法人》,樊安译,北京大学出版社 2008 年版。

[27][英]阿拉斯泰尔·哈德逊:《衡平法与信托的重大争论》,沈朝晖译,法律出版社 2020 年版。

[28][英]保罗·S. 戴维斯、[英]詹姆斯·佩恩主编:《衡平法、信托与商业》,葛伟军、李攀、方懿译,法律出版社 2020 年版。

[29][英]大卫·约翰斯顿:《罗马法中的信托法》,张凇纶译,法律出版社 2017 年版。

[30][英]丹宁:《法律的正当程序》,李克强等译,群众出版社 1984 年版。

[31][英]菲利普·H. 佩蒂特:《佩蒂特衡平法与信托法》(上下册),石俊志译,法律出版社 2020 年版。

[32][英]格雷厄姆·弗戈:《衡平法与信托的原理》,葛韦军、李攀、方懿译,法律出版社 2018 年版。

[33][英]里亚斯·班特卡斯:《国际法体系下的信托基金》,伏军译,法律出版社 2021 年版。

[34][英]马克·哈伯德、[英]约翰·尼迪诺:《信托保护人》,彭晓娟译,法律出版社 2021 年版。

三、中文论文

[1]北京证监局课题组:《关于上市公司环境、社会责任及公司治理(ESG)信息披露的研究》,载《财务与会计》2021 年第 11 期。

[2]操群、许骞:《金融"环境、社会和治理"(ESG)体系构建研究》,载《金融监管研究》2019 年第 4 期。

[3]范世乾:《信义义务的概念》,载《湖北大学学报(哲学社会科学版)》2012 年第 1 期。

[4]高丝敏:《智能投资顾问模式中的主体识别和义务设定》,载《法学研究》2018 年第 5 期。

[5]郭凯明:《人工智能发展、产业结构转型升级与劳动收入份额变动》,载《管理世界》2019 年第 7 期。

[6]郭雳:《智能投顾开展的制度去障与法律助推》,载《政法论

坛》2019 年第 3 期。

[7]韩疆、王洋:《论私益信托引入信托监察人制度的必要性及其实现途径——以证券投资基金为例》,载《上海商学院学报》2017 年第 5 期。

[8]侯宇:《美国公共信托理论的形成与发展》,载《中外法学》2009 年第 4 期。

[9]姜海燕、吴长凤:《智能投顾的发展现状及监管建议》,载《证券市场导报》2016 年第 12 期。

[10]姜雪莲:《信托受托人的忠实义务》,载《中外法学》2016 年第 1 期。

[11]蒋辉宇:《论智能投顾技术性风险的制度防范》,载《暨南学报(哲学社会科学版)》2019 年第 9 期。

[12]解学梅、韩宇航:《本土制造业企业如何在绿色创新中实现“华丽转型”?——基于注意力基础观的多案例研究》,载《管理世界》2022 年第 3 期。

[13]景鹏、陈明俊:《基本养老保险基金投资管理困境及对策研究》,载《金融理论与实践》2018 年第 9 期。

[14]剧锦文、刘一涛:《疫情“清醒剂”倒逼 ESG 加速落地》,载《董事会》2020 年第 Z1 期。

[15]黎文靖:《所有权类型、政治寻租与公司社会责任报告:一个分析性框架》,载《会计研究》2012 年第 1 期。

[16]李文莉、杨玥捷:《智能投顾的法律风险及监管建议》,载《法学》2017 年第 8 期。

[17]李智、阚颖:《智能投顾模式下信义义务的冲击与重构》,载《上海师范大学学报(哲学社会科学版)》2021 年第 3 期。

[18]刘杰勇、许万春:《环境公益信托的功能、挑战与对策》,载《环境保护》2021 年第 23 期。

[19]刘杰勇:《保险金信托受托人的法律地位探析》,载《时代法学》2022 年第 2 期。

[20]刘杰勇:《捐赠人建议基金:美国经验与中国镜鉴》,载《南方金融》2022 年第 4 期。

[21]刘杰勇:《论 ESG 投资与信义义务的冲突和协调》,载《财经法学》2022 年第 5 期。

[22]刘杰勇:《世行营商环境视域下新股优先认购权的模式选择》,载《金融法苑》2020 年第 4 期。

[23]刘杰勇:《智能投顾模式下信义义务的更新适用》,载《西北民族大学学报(哲学社会科学版)》2022 年第 6 期。

[24]刘正锋:《美国信托法受托人谨慎义务研究》,载《当代法学》2003 年第 9 期。

[25]楼建波、姜雪莲:《信义义务的法理研究——兼论大陆法系国家信托法与其他法律中信义义务规则的互动》,载《社会科学》2017 年第 1 期。

[26]楼建波、刘杰勇:《论私益信托监察人在我国的设计与运用》,载《河北法学》2022 年第 3 期。

[27]楼建波、刘杰勇:《未成年人财产保护信托:域外经验与中国实践》,载《当代青年研究》2022 年第 1 期。

[28]马克斯 · M. 尚岑巴赫等:《信托信义义务履行与社会责任实现的平衡:受托人 ESG 投资的法经济学分析》,载《证券法苑》2021 年第 4 期。

[29]莫小龙等:《美国 ESG 责任投资实践经验及启示》,载《中国财政》2021 年第 15 期。

[30]邵万雷:《德国资合公司法律中的小股东保护》,载梁慧星主编:《民商法论丛》第 12 卷,法律出版社 1999 年版。

[31]马明生、张学武:《资本多数决的限制与小股东权益保护》,

载《法学论坛》2005 年第 4 期。

[32]沈洪涛、苏亮德:《企业信息披露中的模仿行为研究——基于制度理论的分析》,载《南开管理评论》2012 年第 3 期。

[33]史志磊:《试论罗马法中关于信托质的三个问题》,载《政法学刊》2010 年第 3 期。

[34]孙弘儒:《受托人信义义务的弱化及其反思》,载《法治社会》2020 年第 6 期。

[35]唐建辉:《美国信托法之受托人投资标准初探》,载《上海金融》2006 年第 4 期。

[36]唐耀祥、郑少锋、郑真真:《个人投资者对开放式基金信息需求的偏好分析》,载《财会通讯》2011 年第 17 期。

[37]屠光绍:《ESG 责任投资的理念与实践》(上),载《中国金融》2019 年第 1 期。

四、英文著作

[1]L. B. 科尔森:《朗文法律词典》(第 6 版),法律出版社 2003 年版。

[2]Adolf Berle & Gardiner Means, T*he Modern Corporation and Private Property*, Transaction Publishers, 1932.

[3] Plantinga, Auke & Bert Scholtens, *Socially Rresponsible Investing and Management Style of Mutual Funds in the Euronext Stock Markets*, *Research School Systems*, Organisation and Management, 2001.

[4]Sparkes & Russell, *Socially Responsible Investment*: *A Global Revolution*, John Wiley & Sons, 2003.

[5] John Hill, *Environmental*, *Social*, *and Governance* (*ESG*) *Investing*: *A Balanced Analysis of the Theory and Practice of a*

Sustainable Portfolio, Academic Press, 2020.

[6] Penner & James, *The Law of Trusts*, Oxford University Press, 2016.

[7] Finn, Paul D. & Timothy G. Youdan, *Equity, Fiduciaries and Trusts*, Carswell, 1989.

[8] D. Hayton, *Fiduciaries in Context: An Overview*, Clarendon, 1997.

[9] J. Glover, *Commercial Equity: Fiduciary Relationships*, Butterworths, 1995.

[10] Virgo, Graham, *The Principles of Equity & Trusts*, Oxford University Press, 2012.

[11] Kotler, Philip & Nancy Lee, *Corporate Social Responsibility: Doing the Most Good for Your Company and Your Cause*, John Wiley & Sons, 2008.

[12] Hartley & Robert F., *Management Mistakes and Successes*, Wiley, 2011.

[13] Dukelow et al., *Dictionary of Canadian Law*, Thomson Professional, 1991.

[14] Gary Watt, *Trusts and Equity*, Oxford University Press, 2012.

[15] Paul Todd, *Textbook on Trusts*, Oxford University Press, 1996.

[16] Williamson, Oliver & Sidney Winter, *The Nature of the Firm: Origins, Evolution, and Development*, Oxford University Press, 1991.

[17] Hayton David, *Trend in Contemporary Trust Law*, Oxford Clarendon, 1996.

[18] Cane & Peter, *The Anatomy of Tort Law*, Bloomsbury Publishing, 1997.

[19] Leonard Ian Rotman, *Fiduciary Law*, Thomson Carswell, 2005.

[20] Dan Dobbs, *Law of Remedies: Damages, Equity*, Restitution, West Publishing Co., 1993.

[21] Hayton et al., *Hayton and Marshall Commentary and Cases on the Law of Trusts and Equitable Remedies*, Sweet & Maxwell, 2005.

[22] Lynton Tucker, Nicholas Le Poidevin & James Brightwell, *Lewin on Trusts (19th ed.)*, Sweet & Maxwell Ltd., 2014.

[23] Friedman, *Capitalism and Freedom*, University of Chicago Press, 1962.

[24] Vogel David, *The Market for Virtue: The Potential and Limits of Corporate Social Responsibility*, Brookings Institution Press, 2007.

[25] Keynes & John Maynard, *The End of Laissez-faire*, Palgrave Macmillan, 2010.

[26] Freeman & R. Edward, *Strategic Management: A Stakeholder Approach*, Cambridge University Press, 2010.

[27] Sherwood Matthew W. & Julia Pollard, *Responsible Investing: An Introduction to Environmental, Social, and Governance Investments*, Routledge, 2018.

[28] J. Ramseyer, *Corporate Law Stories*, Foundation Press, 2009.

[29] Bayless Manning & James Hanks Jr, *Legal Capital*, Foundation Press, 2013.

[30] Austin Wakeman Scott & Mark L. Ascher, *Scott and Ascher on Trusts*, Wolters Kluwer, 2019.

[31] Hudson Alastair, *Understanding Equity & Trusts*, Routledge, 2021.

[32] Ho Lusina & Rebecca Lee, *Trust Law in Asian Civil Law Jurisdictions: A Comparative Analysis*, Cambridge University Press, 2013.

[33] Watt Gary, *Equity and Trusts Law Directions*, Oxford University Press, 2012.

[34] Frankel Tamar T., *Fiduciary Law*, Oxford University Press, 2010.

[35] Rotman Leonard I., *Fiduciary Law*, Thomson, 2005.

[36] Webb Charlie & Tim Akkouh, *Trusts Law*, Bloomsbury Publishing, 2017.

[37] Wilson Sarah, *Todd & Wilson's Textbook on Trusts*, Oxford University Press, 2013.

五、英文论文

[1] Marinescu Ada, *Axiomatical Examination of the Neoclassical Economic Model, Logical Assessment of the Assumptions of Neoclassical Economic Model*, 23 Theoretical & Applied Economics 47 (2016).

[2] Zafirovski & Milan, *The Rational Choice Generalization of Neoclassical Economics Reconsidered: Any Theoretical Legitimation for Economic Imperialism*, 18 Sociological Theory 1 (2000).

[3] Brimble, Mark & Ciorstan Smark, *Financial Planning and Financial Instruments: 2013 in Review, 2014 in Prospect*, 7

Australasian Accounting, Business and Finance Journal 1 (2013).

[4] Lobe Sebastian, Felix Rößle & Christian Walkshäusl, *The Price of Faith: Performance, Bull and Bear Markets, and Screening Effects of Islamic Investing around the Globe*, 21 The journal of Investing 153 (2012).

[5] Luc Renneboog, Jenke Ter Horst & Chendi Zhang, *Socially Responsible Investments: Institutional Aspects, Performance, and Investor Behavior*, 32 Journal of Banking & Finance 1723 (2008).

[6] Albion W. Small, *Private Business Is a Public Trust*, 1 American Journal of Sociology 276 (1895).

[7] Ronald Paul Hill, *Corporate Social Responsibility and Socially Responsible Investing: A Global Perspective*, 70 Journal of Business Ethics 165 (2007).

[8] Steve Schueth, *Socially Responsible Investing in the United States*, 43 Journal of Business Ethics 189 (2003).

[9] Katie Gilbert, *The Managers: Money from Trees Asset Managers Are Finding an Unlikely New Source of Alpha: Responsible Investing*, 44 Institutional Investor 42 (2010).

[10] Thomas C. Berry & Joan C. Junkus, *Socially Responsible Investing: An Investor Perspective*, 112 Journal of Business Ethics 707 (2013).

[11] Christophe Revelli, *Re-embedding Financial Stakes within Ethical and Social Values in Socially Responsible Investing (SRI)*, 38 Research in International Business and Finance 1 (2016).

[12] Rushdi Siddiqui, *Shari'ah Compliance, Performance, and Conversion: The Case of the Dow Jones Islamic Market Index*, 7 Chicago Journal of International Law 495 (2006).

[13] James B. Stewart, *Amandla! The Sullivan Principles and the Battle to End Apartheid in South Africa: 1975 - 1987*, 96 Journal of African American History 62 (2011).

[14] John H. Langbein & Richard A. Posner, *Social Investing and the Law of Trusts*, 79 Michigan Law Review 72 (1980).

[15] Peter Waring & John Lewer, *The Impact of Socially Responsible Investment on Human Resource Management: A Conceptual Framework*, 52 Journal of Business Ethics 99 (2004).

[16] Emiel Van Duuren, Auke Plantinga & Bert Scholtens, *ESG Integration and the Investment Management Process: Fundamental Investing Reinvented*, 138 Journal of Business Ethics 525 (2016).

[17] Darlene Himick, *Relative Performance Evaluation and Pension Investment Management: A Challenge for ESG Investing*, 22 Critical Perspectives on Accounting 158 (2011).

[18] Christopher Cowton, *Playing by the Rules: Ethical Criteria at an Ethical Investment Fund*, 8 Business Ethics: A European Review 60 (1999).

[19] Greg Filbeck, Timothy A. Krause & Lauren Reis, *Socially Responsible Investing in Hedge Funds*, 17 Journal of Asset Management 408 (2016).

[20] Lin Yuchen, Yangbo Song & Jinsong Tan, *The Governance Role of Institutional Investors in Information Disclosure: Evidence from Institutional Investors' Corporate Visits*, 8 Nankai Business Review International 304 (2017).

[21] Paul Rose, *Sovereign Investing and Corporate Governance: Evidence and Policy*, 18 Fordham Journal of Corporate and Financial Law 913 (2012).

[22] Effiezal Aswadi Abdul Wahab, Janice How & Peter Verhoeven, *Corporate Governance and Institutional Investors: Evidence from Malaysia*, 4 Asian Academy of Management Journal of Accounting and Finance 67 (2008).

[23] Ahmet Faruk Aysan, Mustapha Kamel Nabli & Marie-Ange Véganzonès-Varoudakis, *Governance Institutions and Private Investment: An Application to the Middle East and North Africa*, 45 The Developing Economies 423 (2007).

[24] Emiel Van Duuren, Auke Plantinga & Bert Scholtens, *ESG Integration and the Investing Management Process: Fundamental Investing Reinvented*, 138 Journal of Business Ethics 523 (2016).

[25] William Sanders, *Resolving the Conflict between Fiduciary Duties and Socially Responsible Investing*, 35 Pace Law Review 535 (2014).

[26] Edwin J. Elton & Martin J. Gruber, *Risk Reduction and Portfolio Size: An Analytical Solution*, 50 The Journal of Business 415 (1977).

[27] Jamieson Odell & Usman Ali, *ESG Investing in Emerging and Frontier Markets*, 28 Journal of Applied Corporate Finance 96 (2016).

[28] Patrick Velte, *Women on Management Board and ESG Performance*, 7 Journal of Global Responsibility 98(2016).

[29] Foo Nin Ho, Hui-Ming Deanna Wang & Scott J. Vitell, *A Global Analysis of Corporate Social Performance: The Effects of Cultural and Geographic Environments*, 107 Journal of Business Ethics 423 (2012).

[30] Justin Doran & Geraldine Ryan, *The Importance of the*

Diverse Drivers and Types of Environmental Innovation for Firm Performance, 25 Business Strategy and the Environment 102 (2016).

[31] Susan N. Gary, *Best Interests in the Long Term: Fiduciary Duties and ESG Integration*, 90 University of Colorado Law Review 731 (2019).

[32] Andy Green, *Making Capital Markets Work for Workers, Investors, and the Public: ESG Disclosure and Corporate Long-Termism*, 69 Case Western Reserve Law Review 909 (2019).

[33] P. Hood, *What Is So Special About Being a Fiduciary*, 4 Edinburgh Law Review 308 (2000).

[34] John H. Langbein, *Questioning the Trust Law Duty of Loyalty: Sole Interest or Best Interest*, 114 The Yale Law Journal 929 (2004).

[35] Austin Wakeman Scott, *The Trustee's Duty of Loyalty*, 49 Harvard Law Review 521 (1935).

[36] Robert H. Sitkoff, *Trust Law, Corporate Law, and Capital Market Efficiency*, 28 Journal of Corporation Law 565 (2002).

[37] Max M. Schanzenbach & Robert H. Sitkoff, *Reconciling Fiduciary Duty and Social Conscience: The Law and Economics of ESG Investing by a Trustee*, 72 Stanford Law Review 381 (2020).

[38] William A. Gregory, *The Fiduciary Duty of Care: A Perversion of Words*, 38 Akron Law Review 181 (2005).

[39] Ellitt J. Weiss, *Disclosure and Corporate Accountability*, 34 Business Lawyer (ABA) 575 (1979).

[40] Thomas M. Jones, *Instrumental Stakeholder Theory: A Synthesis of Ethics and Economics*, 20 Academy of Management Review 404 (1995).

[41] Marc Orlitzky, Frank L. Schmidt & Sara L. Rynes, *Corporate Social and Financial Performance: A Meta-analysis*, 24 Organization Studies 403 (2003).

[42] Lin Chih-Wei et al., *Is the Improvement of CSR Helpful in Business Performance? Discussion of the Interference Effects of Financial Indicators from a Financial Perspective*, 2021 Complexity 1 (2021).

[43] Christine Mallin, Hisham Farag & Kean Ow-Yong, *Corporate Social Responsibility and Financial Performance in Islamic Banks*, 103 Journal of Economic Behavior & Organization 21 (2014).

[44] Kludacz-Alessandri, Magdalena & Małgorzata Cygańska, *Corporate Social Responsibility and Financial Performance among Energy Sector Companies*, 14 Energies 6068 (2021).

[45] Grigoris Giannarakis et al., *The Impact of Corporate Social Responsibility on Financial Performance*, 13 Investment Management and Financial Innovations 171 (2016).

[46] Yusoff, Wan Fauziah Wan & Muhammad Sani Adamu, *The Relationship between Corporate Social Responsibility and Financial Performance: Evidence from Malaysia*, 10 International Business Management 345(2016).

[47] Okafor Anthony, Bosede Ngozi Adeleye & Michael Adusei, *Corporate Social Responsibility and Financial Performance: Evidence from US Tech Firms*, 292 Journal of Cleaner Production 126078 (2021).

[48] Rajput Namita, Geetanjali Batra & Ruchira Pathak, *Linking CSR and Financial Performance: An Empirical Validation*, 10 Problems and Perspectives in Management 42 (2012).

后　记

本书是在我的博士学位论文基础上修改完成的。时光荏苒,岁月如梭,四年博士研究生的学习生涯已然结束。曾经幻想着博士毕业后的快意潇洒,但此刻更多的是不舍和感恩。

感谢恩师楼建波教授。他是一位渊博的法学学者,有着深厚的理论功底和丰富的实践经验,严谨、认真、细致的治学态度深深地感染着我。在博士论文的写作过程中,楼老师始终给予我无微不至的指导和帮助,不厌其烦地为我解答疑难问题,并鼓励我继续深入研究。没有楼老师的指导和帮助,我的论文将无法达到现在的水平。楼老师是我学术路上的一盏明灯,是我生命中的一位重要导师,我将永远铭记在心。

感谢北京大学。从法图自习研讨到百讲观影看话剧,再到未名湖畔喂鸳鸯,北大满足了我关于读博的所有美好想象。学校老师不仅在课堂上传授我丰富的知识,还在生活上给予了我细致的关怀,特别感谢刘凯湘教授、葛云松教授、薛军教授、常鹏翱教授、许德风教授、王成教授、张双根教授、金锦萍教授、陈若英教授、贺剑教授、杨东宁教授等老师。除了学校老师的指导,还要感谢同学们的帮助和陪伴,尤其是“晚酒”组合。作为学术路上的伙伴,我们共同学习,互帮互助,不断进步。在北大法学院这个大家庭中,互相陪伴度过了艰辛的学习和研究生活,一起探讨问题、交流思想,不断碰撞出思维的火花。

感谢我的家人。我生于南方,学于北方。自高中毕业以来,先后在吉林大学、山东大学、首尔大学、北京大学和伦敦国王学院等北方院校求学,工作也定在北方。能够如此随心而行,离不开父母的包容和体谅。感谢父母无私的关爱。同时,也要感谢我的爱人对我工作上的支持,以及生活中无微不至的照顾。

感谢中国商法学研究会和王保树商法教育基金的大力支持与出版资助。拙文获得第五届“王保树商法学优秀博士论文奖”,让我出书的梦想得以实现。出版过程中,法律出版社的责任编辑对本书进行了细致和专业的编辑工作,在此深表感谢!

刘杰勇

2024 年 5 月于北京

图书在版编目（CIP）数据

ESG 投资与信义义务的冲突与协调 / 刘杰勇著.
北京：法律出版社，2025. --（王保树商法学优秀博士论文奖）. -- ISBN 978-7-5197-9918-2

Ⅰ. X196；D922.282.4

中国国家版本馆 CIP 数据核字第 20256MX482 号

ESG 投资与信义义务的冲突与协调
ESG TOUZI YU XINYI YIWU DE CHONGTU YU XIETIAO

刘杰勇 著

责任编辑 王 珊
装帧设计 鲍龙卉

出版发行 法律出版社
编辑统筹 学术·对外出版分社
责任校对 王晓萍
责任印制 胡晓雅 宋万春
经　　销 新华书店

开本 710 毫米×1000 毫米 1/16
印张 18.75 **字数** 214 千
版本 2025 年 1 月第 1 版
印次 2025 年 1 月第 1 次印刷
印刷 北京新生代彩印制版有限公司

地址：北京市丰台区莲花池西里 7 号（100073）
网址：www.lawpress.com.cn
投稿邮箱：info@lawpress.com.cn
举报盗版邮箱：jbwq@lawpress.com.cn
销售电话：010-83938349
客服电话：010-83938350
咨询电话：010-63939796

书号：ISBN 978-7-5197-9918-2
定价：88.00 元